煤矿岗位标准作业流程管理实践

王存飞　著

应急管理出版社

·北　京·

图书在版编目（CIP）数据

煤矿岗位标准作业流程管理实践/王存飞著. --北京：应急管理出版社，2021

ISBN 978-7-5020-8487-5

Ⅰ.①煤… Ⅱ.①王… Ⅲ.①煤矿开采—作业管理—标准化管理—流程—中国 Ⅳ.①TD82-65

中国版本图书馆 CIP 数据核字(2020)第 241530 号

煤矿岗位标准作业流程管理实践

著　　者　王存飞
责任编辑　杨晓艳
责任校对　李新荣
封面设计　于春颖

出版发行　应急管理出版社（北京市朝阳区芍药居 35 号　100029）
电　　话　010-84657898（总编室）　010-84657880（读者服务部）
网　　址　www. cciph. com. cn
印　　刷　海森印刷（天津）有限公司
经　　销　全国新华书店

开　　本　787mm×1092mm 1/16　**印张**　16 1/4　**字数**　393 千字
版　　次　2021 年 3 月第 1 版　2021 年 3 月第 1 次印刷
社内编号　20201750　　**定价**　188.00 元

前　　言

标准作业流程（SOP）产生于工业革命后期，自弗雷德里克·温斯洛·泰勒（Frederick Winslow Taylor）首次提出以来，在全球各行各业知名企业中得到不断持续推进。丰田公司的JIT（Just In Time）生产方式、美国麻省理工学院提出的精益生产（Lean Production）、麦当劳公司的标准化管理体系，以及BP石油公司的作业控制标准等一系列先进的生产理念都是在标准作业流程的基础上发展而来的。国家电网、中国石油、华为等公司通过标准作业流程的研发和应用，迅速跻身世界500强企业。著名管理学家、丰田生产制度研究学者杰弗瑞·莱克（Jeffrey Liker）和戴维·梅尔（David Meier），以及现代管理学之父彼得·德鲁克（Peter Drucker）均对此做出经典论述。

改革开放以来，国外先进的管理方式不断引入中国，标准作业流程作为一种先进的管理理念，在我国煤炭行业得到了应用和发展，推动了我国煤炭企业生产管理逐步由粗放式、经验式向精细化和规范化转变。国内有些煤炭企业先后在煤矿岗位标准作业方面做了一些有益探索，但与国际上通行的标准作业流程理念还存在较大差距。由于缺少科学、合理的煤矿岗位标准作业流程和岗位规范，煤矿现场人员习惯性、随意性作业长期存在。《煤矿安全风险预控管理体系规范》（AQ/T 1093—2011）中明确规定“在员工不安全行为识别与梳理的基础上，煤矿应制定员工岗位规范，明确各岗位工作任务，规定各岗位所需个人防护用品和工器具，明确各岗位安全管理职责及安全行为标准”。因此，亟须研发煤矿岗位标准作业流程，填补行业空白。

神东煤炭集团作为煤矿岗位标准作业流程的先行者，在2009年就已经开始探索煤矿岗位标准作业流程，并在2010年提出“标准化作业流程”理念。2013年神华集团煤炭生产部、中国煤炭工业协会咨询中心创造性地研发出服务于原神华集团各煤矿、选煤厂的岗位标准作业流程。2017年，神华集团在历经5年的试用、修订和完善之后，推出新版煤矿岗位标准作业流程共计2819项，融合了55402条安全风险预控体系辨识危险源，填补了煤炭行业岗位标准作业流程的空白，推动了行业创新驱动发展，实现了煤炭生产的又一次革命。

煤矿岗位标准作业流程汇集和提炼了广大员工现场优秀作业经验，理顺了现场作业潜在的逻辑关系，辨识了煤矿现场大量危险源，在实现员工安全作业的前提下，能够有效指导和规范现场员工作业。自煤矿岗位标准作业流程编制以来，已在原神华集团各子分公司所属91处矿厂、近5万人中得到应用，员工不安全行为次数大幅度下降，机电设备故障率显著降低，作业工序得到了优化，生产效率和作业质量得到了提升，同时缩短了人才培养周期，提高了岗位技能水平，实现了流程信息化管理，全面提升了煤矿安全生产管理水平。神东煤炭集团等子分公司也相继开展了煤矿岗位标准作业流程示范工程项目，进一步扩大了煤矿岗位标准作业流程的应用范围，并在生产和安全管理方面取得了显著成效。

鉴于煤矿岗位标准作业流程的良好应用效果，2020年5月，国家煤监局印发了《〈煤矿安全生产标准化管理体系考核定级办法（试行）〉和〈煤矿安全生产标准化管理体系基本要求及评分方法（试行）〉的通知》（煤安监行管〔2020〕16号），将“上标准岗、干标准活，实现岗位作业流程标准化”作为评估工作的原则之一。为此，神东煤炭集团在总结多年实践的基础上，组织编写了本书，目的就是为煤炭行业兄弟单位、管理人员学习煤矿岗位标准作业流程提供参考借鉴。

本书共分为5篇，第一篇为理论篇，第二篇为编制篇，第三篇为管控篇，第四篇为执行篇，第五篇为规划篇。

在本书的编写过程中得到了神东煤炭集团生产管理部罗文、高登云、周海丰、刘英杰、吕谋、王庆雄，以及中国煤炭工业协会咨询中心汤家轩、吴建华、康文泽、高晓芬、何尚森、赵飞虎、王盛铭、王琢、刘具、肖翠艳、王猛、杨锐、张学谦等同志的帮助和指导，也借鉴了众多学者的研究成果，在此一并表示感谢！

由于煤矿岗位标准作业流程在全国范围内尚处于起步阶段，相关理论和实践还有待进一步研究和探索，加上著者水平有限，书中难免有不足之处，恳请广大读者批评指正！

著 者

2020年10月

目　　录

第一篇　理　论　篇

第二篇　编　制　篇

第三篇　管　控　篇

第四篇　执　行　篇

第五篇 规 划 篇

第一篇　理　论　篇

第一章　流程起源和发展

流程源于人类的生存本能，作为一种隐性的知识和逻辑，指导我们的工作和生活有序开展。流程进一步发展便产生了标准作业流程（Standard Operation Procedure，SOP），自近代社会大规模的机械化、自动化生产诞生至今已有近百年的历史，在规范现场人员作业、提高工作效率方面效果显著，目前已在餐饮、制造、能源、航空等领域得到广泛应用并取得了良好效果。

第一节　流　程　起　源

一、流程起源

（一）流程源于人类的生存本能

案例：远古人捕猎

远古人为了能够成功地捕获猎物，提高生存能力，在长期的实践过程中总结出了一套捕获猎物的方法：首先找好一个三面环山的峡谷，一部分人在峡谷周围的三面高地上埋伏，剩下的人对猎物实施三面包围地追赶，仅留下通往峡谷的一面供猎物逃跑。在人群的追赶下，受惊的猎物跑进预先埋伏好的峡谷时，人们将峡谷口堵上，然后站在三面山上的伏兵推下巨石将猎物砸死。远古人捕猎图片如图1－1所示。远古人类觅食方式的改进充分体现了“流程”的形成和实践。

(a)

(b)

图1－1　远古人捕猎图片

从远古人捕猎的例子可以看出流程源于人类的生存本能，流程并不是人类突然发明创造出来的，而是作为一种必要的生存方法一直客观存在的，只不过限于理解和认识，在流程长期实践中并没有将流程这种思想方法进一步提炼和总结，可以说人类对流程这种方法的使用远早于对流程思想本身的认识。如果利用当今的流程梳理和绘制方法，那么远古人的捕猎流程可以编写成图1－2的形式。

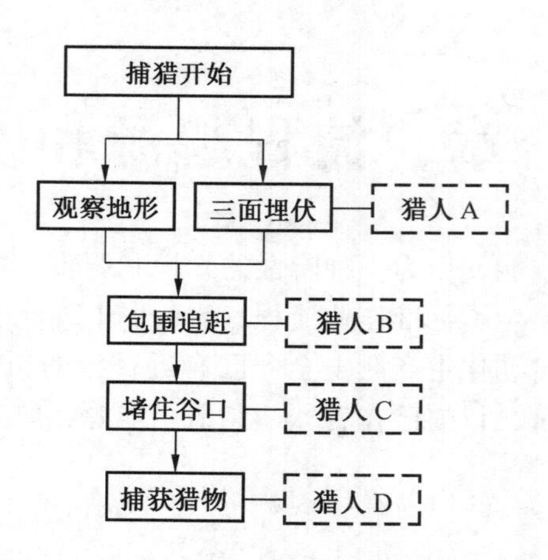

图1－2 远古人捕猎流程

（二）流程无处不在

案例一：煤炭开采流程

煤炭开采是煤炭生产的核心环节，从宏观到最终的现场执行都是按照一定的流程进行的。以井工煤矿为例，宏观层面煤炭开采的一般流程为：开拓—掘进—采煤—运输—提升，如图1－3所示，各环节按照先后顺序逐一运行和开展，最终将深埋地下的煤炭开采至地面，各环节的先后顺序在长期的生产实践中固化，形成一种共识，无法调整，但也保证了煤炭开采的科学和效率；再以采煤为例，按照设备安装—进刀—割煤—移架—返刀的流程将煤炭割落至刮板输送机，再进一步，以设备安装为例，由井下工人按照某一设备的操作流程，从准备工器具和材料开始，再到现场具体安装，最后到清理现场，最终完成设备的安装工作。除此之外，煤炭开采中的采煤、掘进、机电、运输、通风等各大环节都存在大量流程。相较于其他行业，煤矿的工作环境更加复杂，不确定性更高，对安全生产的要求更高，因此对于工作的规范性和程序性要求就更高，同时煤炭生产中存在大量隐性流程，需要进行总结和提炼，相关的思路和方法等将会在后续章节逐一论述。

图1－3 煤炭开采流程

案例二：日常工作和生活流程

回想下我们每天工作和生活的场景，从大的方面来看，我们基本的工作、生活流程是：起床—吃早餐—上班—工作—下班—吃晚饭—休闲—睡觉（图1－4），可见每个人都是按照一定的逻辑顺序开展各种各样的事情和工作的，个体之间可能有所差异，但大的环节和顺序基本相同，如果缺少环节或者环节顺序混乱，那么我们的工作和生活就可能出现问题。再进一步想，将我们每天工作生活的各大环节展开，也同样是由一系列流程构成的，如晚上去饭店用餐，整个流程是从看菜单开始，最后以买单结束的，如果再进一步，如吃晚饭的做菜环节，是按照做菜—切菜—炒菜—盛菜这一基本流程开展的。

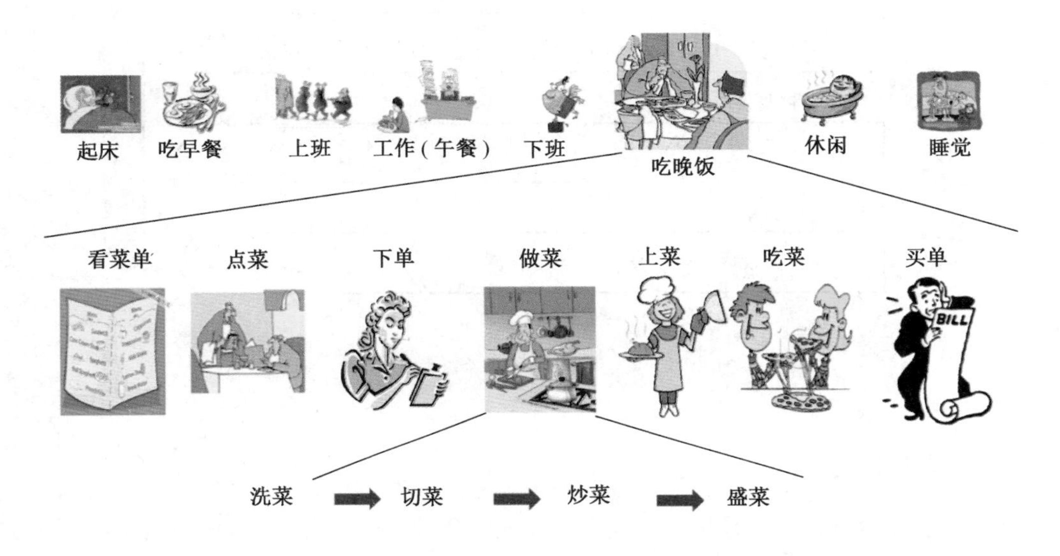

图1-4　日常工作和生活流程

从这个例子可以看出流程存在于生活和工作的方方面面，也再一次印证了流程的客观性和隐藏性，只是大多数流程已经成为我们工作和生活的习惯，即便不进行专门的提炼和总结，也能顺利开展相关的事务。同时，还可以看出流程具有层级性，从不同的层面进行分析，就会得到不同级别的流程，层层流程一起构成工作和生活的流程网络，这与流程管理中流程地图概念本质上是一样的。

与个体相同，集体也具有这样的流程分级。以企业为例，一般划分为4个层级，第一层是战略流程，决定了企业发展方向和盈利模式等；第二层是跨部门流程，一般是涉及众多管理层和重要事务的管理流程；第三层是部门内的流程，是具体的业务流程；第四层是作业流程，是个体具体操作和执行的标准。根据企业规模以及性质等，流程可能划分为更多层级。

案例三：华为业务流程

近20年来，华为公司花费数十亿美元从西方引进了流程管理，经过多年的探索，目前已经形成了IPD、LTC、ITR三大核心流程，大幅度提高了管理效率，也创造了大量价值。以IPD为例，在华为公司实施15年后，已经融入华为流程管理的各层级，所有员工都是在这个大框架的管理下开展工作的。即便很多普通员工浑然不知，但是经历过整个IPD导入过程的员工，会深深地体会到IPD给华为公司管理带来的实质性改变。可以说，如果没有这个体系的支撑，华为公司难以取得今天的成就。从某种程度上说，华为就是用IPD体系来管理的。华为公司之所以成功，是因为其在国内开创性地应用了IPD管理体系，同时又全面丰富了这个体系。华为公司管理流程体系如图1-5所示。

华为公司的案例是流程应用的典范，华为公司的流程管理“来源于实践，更高于实践”，将流程这一普遍存在的理念和方法进行抽象、提炼和升华，成为其迈向伟大的核心竞争力。

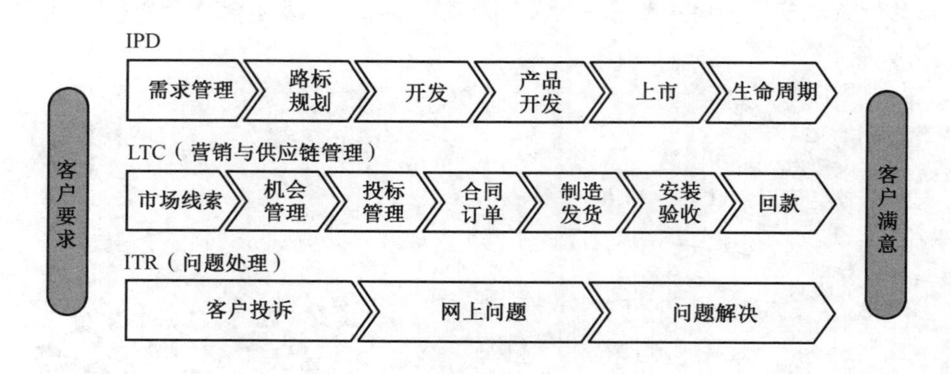

图1-5　华为公司管理流程体系

二、流程的概念

所谓流程，哈默提出它是把一个或多个输入转化为对顾客有价值的输出活动。达文波特提出业务流程是一系列结构化的可测量的活动集合，并为特定的市场或特定的顾客产生特定的输出。斯切尔提出业务流程是在特定时间产生特定输出的一系列客户、供应商关系。约翰逊提出业务流程是把输入转化为输出的一系列相关活动的结合，它增加输入的价值并创造出对接受者更为有效的输出。ISO 9000 中指出业务流程是一组将输入转化为输出的相互关联或相互作用的活动。

分析以上内容可知，流程是指为完成某一目标（或任务）而进行的一系列与逻辑相关的活动的有序集合。流程四大基本要素包括：活动、活动间逻辑关系、活动承担者与活动执行方式。

以做菜流程为例进行分析，做菜的目的是为了制作满足客户需求的食物，从而增加营业收入；做菜的活动有4项，即洗菜、切菜、炒菜和盛菜4个步骤，如图1-6所示；它们之间的逻辑顺序即按照图中箭头顺序依次开展的这种形式，并且只有这一种形式，调整

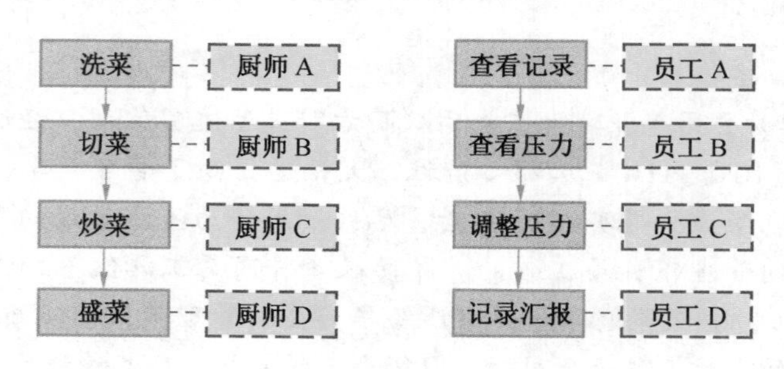

图1-6　流程示意图

这种程序将会导致做菜这一环节失败；4个环节各有承担者，如洗菜的承担者是厨师A等，明确指出了这一环节的责任人；活动的执行方式即各步骤的具体实施内容和标准等，如洗菜应该洗几遍，洗到什么程度等都是活动执行方式的具体体现。

第二节　标准作业流程（SOP）的发展

一、SOP的概念

分析上节内容可知，流程的本质是一种隐性的逻辑和知识，将这种隐性的逻辑和知识进行提炼和总结就能形成最初的流程，借助于流程，工作有章可循，工作效率也能进一步提高。但这样的流程只是个性化的流程，无法进行全面推广，还需要进行集优、完善，并进行标准化，形成统一的标准作业流程才能发挥其最大的作用。

案例一：父亲的字条

小王的父亲是一位基层教育工作者，不懂电脑但要使用教育软件，于是有了下面的字条：

（1）将光盘插入软驱。

（2）双击“我的电脑”，打开A盘。

（3）点击“编辑”—>“全部选定”，右键，点“复制”。

（4）点“向上”，双击“C:”进入；右键，点“新建”—>文件夹，双击进入。

（5）右键，点“粘贴”，双击TJwq. exe。

（6）取出光盘。

案例二：保安的白条

某小区“严格”管理出入车辆，每台车辆进入的时候保安都会开一张“白条”，开出的时候进行核对。为了避免车辆随意闯入，还在门口立了一根铁杆，一般情况下，保安都先拔开铁杆，将“白条”送给车主，然后车主直接开车驶入。这一日换了一个新保安，由于不熟悉工作流程，并未给进入的车主开具“白条”，造成小区车辆管理混乱。

案例一中小王的父亲每次都按照字条的流程操作电脑，几次之后便熟练掌握了具体的操作方法，而案例二中的新保安由于没有按照管理要求严格执行车辆“出入”管理流程，给工作造成了困难，以上两个案例都体现了流程的标准化、规范化的重要意义。这种对隐性的工作经验或工作方法进行的总结和提炼，就是标准作业流程理念的体现。

标准作业流程，也称为标准作业程序，就是将某一事件的标准操作步骤和要求以统一的格式描述出来，用来指导和规范日常的工作。某钢铁企业典型的SOP如图1－7所示。

二、SOP的发展历程

SOP是在工业革命兴起后产生的，随着生产规模的扩大，产品日益复杂，分工日益明细，品质成本急剧增加，各工序的管理日益困难。如果只是依靠口头传授的操作方法，已经无法控制生产效率和产品品质，这意味着手工作坊时代学徒形式的培训已不能适应规模化的生产要求，必须要转型为对知识和经验的记录、总结、培训和传授。

步入现代，管理与科学技术发展迅速，市场竞争激烈，绝大多数行业的生产和经营环

NISCO

福尼斯气体保护焊机标准化作业指导书

单位	科室	人员定额	设备名称	执行状态	生效日期
南钢研究院	用户技术研究所	1人	福尼斯气体保护焊机	试运行	2013年10月

图示流程

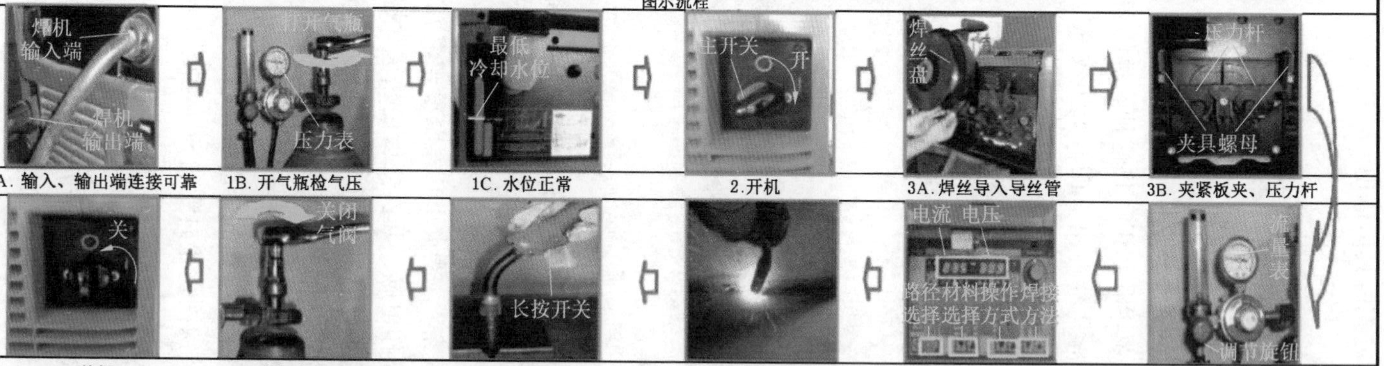

1A. 输入、输出端连接可靠　1B. 开气瓶检气压　1C. 水位正常　2. 开机　3A. 焊丝导入导丝管　3B. 夹紧板夹、压力杆

4. 调至合适气体流量　5. 设置焊接工艺参数　6. 试焊　7. 焊接　8A. 关闭气瓶阀门　8B. 关机

1. 开机前检查：确认焊机输入、输出端连接可靠；确认气瓶、压力表、气管连接可靠，气瓶有足够的气压；确认冷却水位正常

2. 开机：旋转主开关至“I”位置

3. 焊丝安装：按焊接实验方案要求领取焊丝，装入焊丝盘，打开送丝机压紧装置，向导丝管中手动送入约5cm长的焊丝，合紧送丝装置

4. 设置保护气流量：旋转流量计调节旋钮，直到流量计指示的数值与焊接实验方案要求一致

5. 设置焊接工艺参数：① 按焊接实验方案要求，通过控制面板设置焊材类型及规格、气体种类、实验用钢类型选项，通过参数选择键和调节旋钮设置焊接电流、焊接电压、焊接速度；② 参数设置完成后，对照检查表逐个检查确认打勾

6. 试焊：① 在试焊板上焊接长度为50~100mm的焊缝，验证所设置的焊接工艺参数是否符合焊接实验方案要求；② 调节送丝机面板上电压微调旋钮修正焊接电压值，以保证焊接过程中电弧稳定；③ 如需调整焊接工艺参数，需在试焊结束后进行，再重新试焊，直至焊接工艺参数符合焊接实验方案要求

7. 焊接：①用电动砂轮机和钢丝刷清除坡口表面及附近的水分、油、锈及其他杂质；②把被焊试件放到焊接平台上，按下焊枪开关开始焊接，松开焊枪开关结束焊接

8. 关机：关闭气瓶阀门，旋转焊机主开关到“O”位置，焊丝回收，整理焊机

图1-7　某钢铁企业典型的SOP

节不断改进，使得分工越来越细，工序越来越复杂，生产过程和最终产品的技术含量越来越高，企业间的协作关系也日益密切。这推动了企业优化并形成统一的各工序操作步骤及方法，形成稳定的生产效率和生产质量，降低人为因素导致的低效低质。目前，这种统一的各工序操作步骤及方法构成了企业的标准作业流程，并以作业指导书的形式纳入应用环节。SOP 的发展历程大致可分为形成、发展以及成熟 3 个阶段，如图 1－8 所示。

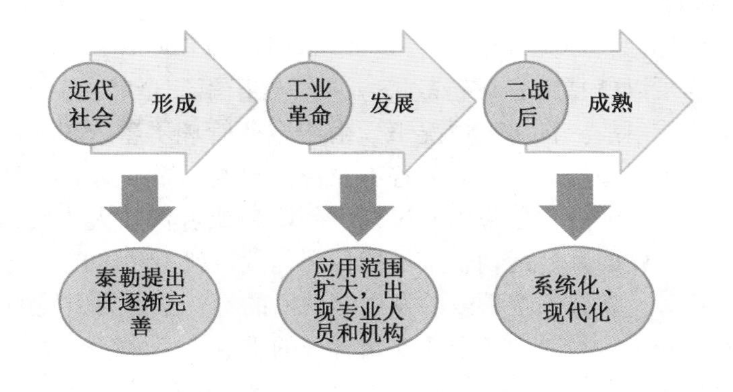

图 1－8　SOP 发展历程

（一）流程的形成阶段

现代意义上的标准作业流程是在近代社会形成的，大规模的机械化生产为标准作业流程的发展和成熟奠定了物质基础。标准作业流程理论创始人是被称为“科学管理之父”的美国著名管理学家泰勒，他在大量生产试验的基础上，提出并逐渐完善了科学管理和标准化思想。

（二）流程的发展阶段

20 世纪，特别是第二次世界大战结束以后，标准作业流程的理论与实践已经进入了成熟期，出现了流程研究的专业人员和专业机构，其在各行各业中的应用已经相当普及。标准作业流程的制定、修改、审批过程也发展得十分规范。

（三）流程的成熟阶段

标准作业流程目前已经在高科技领域，如航空航天、生物工程、智能机器人、核能技术等得到了广泛应用，这使得当前标准作业流程中使用的工具越来越现代化、科技含量越来越高、技术手段也越来越有创新性。

三、SOP 理论

（一）标准化理论

SOP 本质上是一种标准化的思想，标准化理论作为科学管理的基础，在经历上百年的发展之后至今仍发挥着巨大的科学作用，我们熟悉的 ISO 9000 标准化体系就是当前较为成熟的一种标准化应用成果。标准化是指在经济、技术、科学和管理等社会实践中，对重复性的事物和概念，通过制订、发布和实施标准达到统一，以获得最佳秩序和社会效益。具体到企业，尤其是生产企业，为了节省时间、资源，实现生产效益最大化，就必须实行标准化生产，最大限度地实现生产环境、人员、工艺、操作等的统一化和标准化，从而实现标准化产出，达到节约成本、提高效益的目的。

SOP 就是标准化的一种形式，其主要强调作业步骤的逻辑性、作业内容的统一性和标准性，从而将由于人的操作原因造成的偏差或失误降到最低。相较于广义上的标准化理论，SOP 是一项具体的应用和成果，但其适用范围十分广泛，只要有人参与的工作都可以应用 SOP 进行规范。例如餐饮服务行业、安全生产、航空作业，等等。

（二）事故致因理论

事故致因理论又称为轨迹交叉理论（Trace Intersecting Theory），是一种研究伤亡事故致因的理论。其内容可以概括为：设备故障（或物处于不安全状态）与人失误，两事件链的轨迹交叉就会构成事故。在多数情况下，由于企业管理不善，工人缺乏教育和训练，或者机械设备缺乏维护、检修以及安全装置不完备，导致人的不安全行为或物的不安全状态。若设法排除机械设备或处理危险物质过程中的隐患或者消除人为失误和不安全行为，使两事件链连锁中断，则两系列运动轨迹不能相交，危险就不能出现，就可以避免事故的发生。据有关资料统计，多数安全事故的发生是由人的不安全行为引发的，因此，规范人的操作，减少人的不安全行为是生产企业安全管理的重点。

SOP 由于给作业人员提供了具体的操作标准，而这种标准又是经过长时间优化和完善的一种优秀作业方法，因此，执行 SOP 可以很大程度地减少人的不安全行为，从而减少和避免事故的发生。

四、SOP 的特征

SOP 定位准确，涉及作业的每一个层面、每一个环节、每一个步骤，强化过程控制，保障作业的质量和人身安全，SOP 具有以下特征：

（1）SOP 是一种程序，是对一个过程的描述，不是对一个结果的描述。SOP 通过对过程的标准化操作，减少和预防差错和不良后果的发生。同时，SOP 又不是制度，也不是表单，是流程下面某个程序中关于控制点如何来规范的程序。

（2）SOP 是一种作业程序。SOP 首先是一种操作层面的程序，是实实在在的、具体可操作的标准作业指导，不是理念层次上的东西。如果结合 ISO 9000 体系的标准，SOP 是三阶文件，即作业性文件。

（3）SOP 是一种标准的作业程序。所谓标准，在这里有最优化的概念，即不是随便写出来的操作程序都可以称作 SOP，一定是经过不断实践总结出来的在当前条件下可以实现的最优化的操作程序设计。说得更通俗一些，所谓标准，就是尽可能地将相关操作步骤进行细化、量化和优化，细化、量化和优化的度就是在正常条件下大家都能理解又不会产生歧义。从这个意义上讲，SOP 本身也是企业管理知识的积累总结和显性化。

（4）SOP 是一个体系。虽然可以单独地定义每一个 SOP，但真正从企业管理来看，SOP 不可能只是单个的，必然是一个整体和体系，是企业不可或缺的。

（5）SOP 不是万能的，不能解决和预防所有问题的发生。SOP 本身就是一个遵循 PDCA（计划、执行、检查、改进实施）不断优化的过程。

五、SOP 的优势及作用

SOP 是企业最基本、最有效的管理工具，是企业技术能力和数据的积累。从 SOP 的定义、特征可以看出，SOP是操作层面上将某一事件的标准操作步骤和要求以统一的格式描述出来的作业文件，其主要制定者是企业，并服务于企业的各个岗位和工作。SOP既是基于技术标准的生产实施方法，又是管理标准下的具体实施业务性指导文件，构成了标准化体系应用的基础。它主要有以下几个优点：

（1）企业隐性知识显性化。SOP能起到对企业知识的积累和提炼的作用，使企业知识得到传承和使用。

（2）使所有流程一目了然。SOP促使保障企业业务稳定健康发展，而不会因为某个人的原因（离职、休假等）而导致业务中断或出现差错。当发生人事异动时，接替的员工就能在最短的时间内掌握业务要领，基本达到熟练工的技能水平。

（3）所有作业更规范有序。在所有流程制定时，容易发现这些流程的疏失之处，进而适时予以调整更正，使各项作业更为严谨、规范。

（4）保持动态优化与改进。SOP本身的建设是一个不断优化的过程，可促使企业作业流程不断优化、改革和进步。

（5）强化个人行为的自觉性。能让个人在SOP的推动力下形成一种原动力，最后不断推进，让其在原动力下做到这样的标准，进而强化执行力。

六、SOP与制度、规范和手册的关系

SOP是一个体系，是相互联系、相互衔接、相互支撑的一个整体，而不仅仅是一个个独立的标准操作流程。在SOP中，规章制度、标准规范、操作手册和表格单据等是支撑SOP的依据和内容表现形式。SOP与规程、规范和标准的关系如图1－9所示。

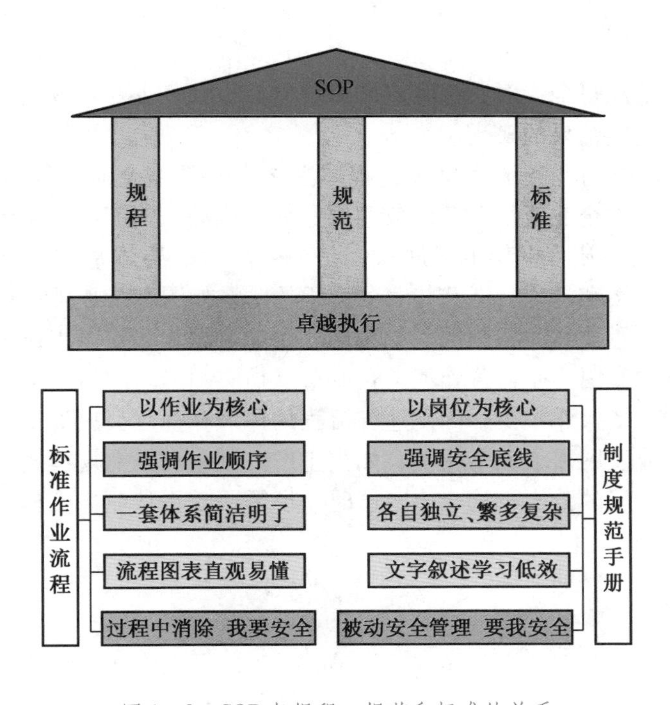

图1－9　SOP与规程、规范和标准的关系

（1）从整体上来看，SOP 与规程、规范和标准一样，都是企业实现规范化、标准化的管理工具，两者相对独立，在实际应用过程中，两者可以有机结合，共同构成企业标准化管理体系。

（2）从应用效果来看，SOP 与规程、规范和标准一样，都需要卓越执行作为基础才能真正发挥作用，因此辅以针对性的管理措施，才能保证 SOP 的落地和应用。

（3）从制定过程来看，SOP 的制定除了依据已有的作业或操作经验外，还必须符合国家相关的安全规程、技术标准、技术规范等，SOP 包含的具体操作步骤、操作说明、相关表格和作业表单等的编写，都必须以规程、规范和标准为依据。

（4）从两者的区别来看，SOP 是以作业为核心，侧重具体开展的事务，而制度、规范和手册则以岗位为核心；SOP 强调步骤之间的逻辑关系，这也是流程发挥作用的关键，而制度、规范和手册强调安全底线，多用于生产和安全管理；SOP 在编制过程中一般会融合相关的制度和规范等，形成一套有机体系便于使用，而制度、规范和手册往往各自成为一套体系，并且涉及的层面多，不仅有国家层面、行业层面还有企业层面，甚至一线生产层面也会出台相关规定，给现场使用带来诸多不便；从展示形式上来看，SOP 图文并茂，直观易懂，易于理解，而制度、规范和手册多以文字叙述为主，学习效率较 SOP 低；从保障安全的角度来看，SOP 用科学的程序在作业过程中主动消除安全风险和隐患，而制度、规范和手册则是一种被动安全管理。

七、SOP 与业务流程的关系

从内容上看，业务流程是一系列结果的逻辑关联，是对全局性业务流程的描述。业务流程指引企业运作的基本流程和方向，主要告诉企业相关人员要去做什么，但不指导具体的业务操作。SOP 则是一系列过程的逻辑关联，它详细描述每个关键环节，并通过对每个关键动作的标准化消除每个人对关键节点的理解差异。SOP 主要告诉企业相关人员如何一步步去做，并保证期望结果的实现。

从结构上看，SOP 与业务流程处于流程体系之内，都是企业流程框架的重要组成部分，业务流程一般处在企业流程框架的较高层，如企业的采购流程、生产流程以及战略规划等，而 SOP 一般处在流程框架的最底层，是整个流程框架体系的基础，是业务流程的落地和实施的具体方案和措施。SOP 与业务流程的关系如图 1－10 所示。SOP 和业务流程对于不同性质企业的重要性并不相同，如生产、制造类企业的重点工作是现场操作，因此 SOP 将发挥更重要的作用，而运营管理类企业重点是协调不同部门和机构之间的衔接和配合，而涉及具体的现场操作较少，因此业务流程的梳理和优化会更加重要。但两者之间的重要程度是根据企业发展需求而变化的，如当生产、制造类企业规模发展到一定程度，涉及上、下游产业，所属的分支机构众多，这时候也需要重视从业务流程的角度开展企业管理。

八、应用实践

任何一家企业的运营都离不开流程，科学、适宜的标准作业流程能够将管理者从烦琐的事务中解放出来，也有助于企业员工在具体的执行过程中更加明确、清楚地知道自己什么时候该做什么事，应该先干什么、后干什么，做事情要达到怎样的标准等。合理高效的

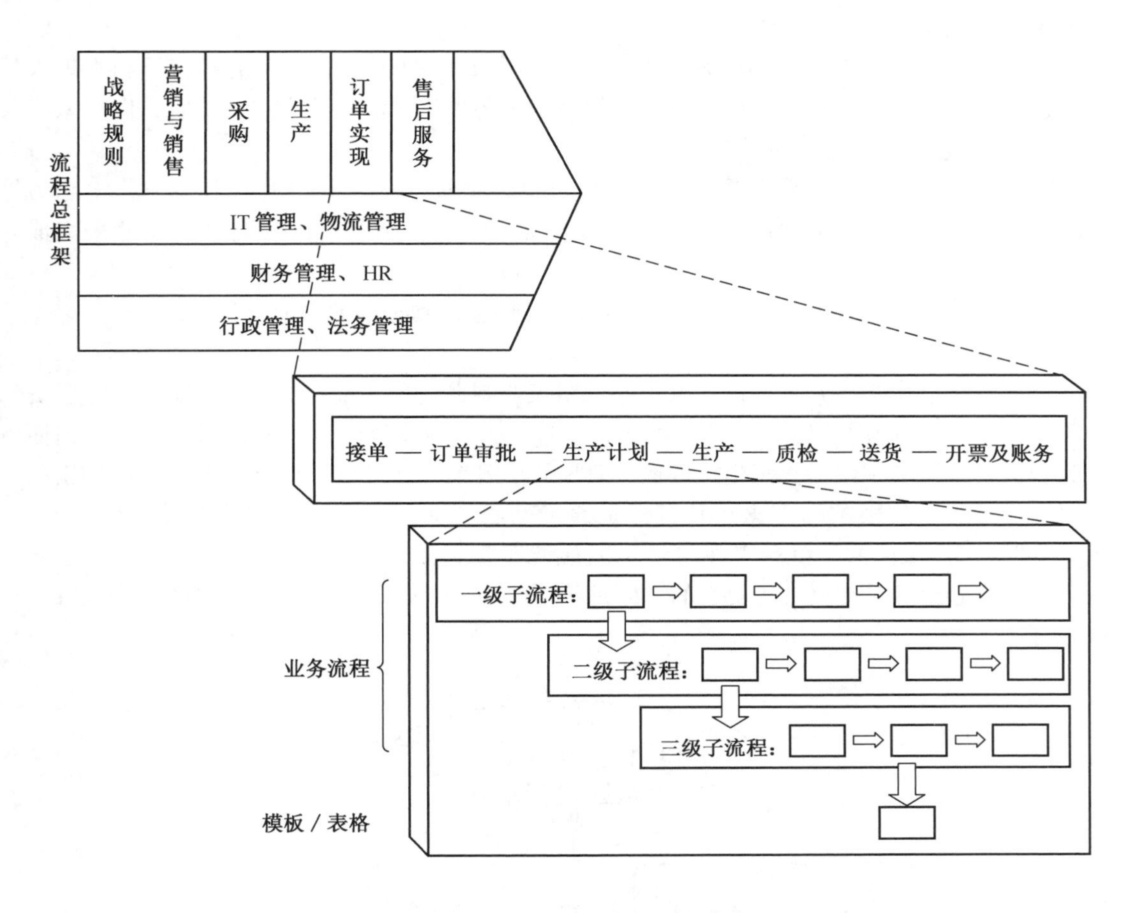

图1-10　SOP与业务流程的关系

标准作业流程能够消除企业部门壁垒，消除职务空白地带，解决执行不力的顽疾，这无疑是提高企业效能的关键，也是企业降低成本、增强竞争力的基础。很多世界一流企业都从标准作业流程中受益,如麦当劳、丰田汽车公司、国家电网、开滦集团和神东煤炭集团等。

（一）餐饮行业

作为全球最大的连锁快餐企业之一的麦当劳于1955年在美国芝加哥创立，目前遍布全球六大洲119个国家，拥有约32000间分店，在很多国家代表着一种美式生活方式，它能够在国内稳步快速发展，与其各方面的标准化有密切关联。麦当劳内部的经营管理标准化涉及品牌、服务、品质控制、运营、员工培训、特许经营等多个方面，奠定了成功的基石。产品质量是餐饮类行业的核心竞争力之一，麦当劳的产品质量标准化是以标准化的原材料、标准化的作业流程（SOP）、标准化的质量要求和标准化的制作设备为基础的。

SOP是麦当劳产品质量标准化的重要内容。麦当劳餐厅创始人设计了一套非常严格的作业程序，使得食物的准备过程转化为简单的流水线作业，新手也能很快上手。如今，麦当劳的食品制作已实现了高度的标准化，有规定的标准化程序，有标准的机器设备，甚至每一项工作的细节麦当劳都会事先考虑到、安排好，以节省时间。最终麦当劳餐厅实现了无论何时，无论何地，无论何人操作，产品无差异的“四无理念”。麦当劳的SOP的特点主要有以下几点：

（1）全球统一的SOP，为此麦当劳不仅设立了专门的培训机构来培养店长和管理人员，还编写了长达350页的操作手册，详细规定了各项工作的作业方法和步骤，以此来指导世界各地员工的工作。

（2）具备标准化的人员配置，每一个标准岗位上都有一张SOP作业指导书。麦当劳要求在岗的员工学习、掌握该指导书的具体要求，并从基层做起，按规定的SOP来完成工作。

（3）具备标准的输入输出，即有标准的原材料选择和标准的服务流程等。

（二）制造行业

丰田汽车公司是一家总部设在日本的汽车工业制造公司，现有员工69125人，注册资金3970亿日元，国内外控股相关公司共56家，它自2008年起逐渐取代通用汽车公司而成为全世界排行第一位的汽车生产厂商。TPS是丰田汽车公司基于“顾客至上”而构筑的丰田生产环节中最根本的理念。其目标是通过彻底消除浪费以实现“高质量、低成本、短交货期”。而保证这一目标实现的是“品质源于每道工序”的“自动化”及“在必要时间内生产必要数量的必要产品”的“准时化生产（Just in Time）”这两大理念，如图1－11所示。

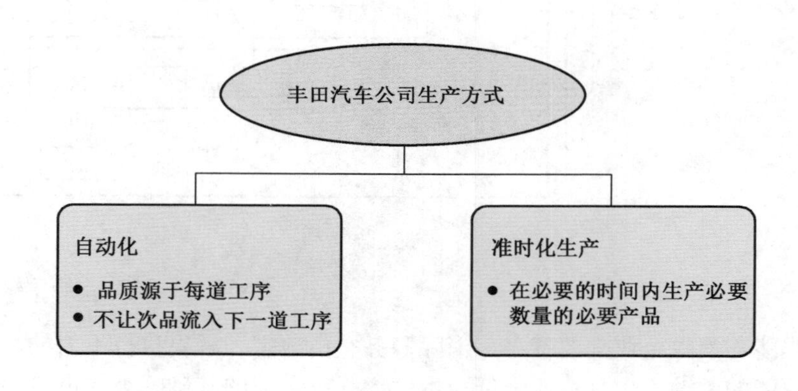

图1－11 丰田汽车公司的两大理念

丰田汽车公司以“精益制造”闻名于世的理念本质上是围绕SOP所发展和演变的。图1－11也体现了对SOP标准化和流程内涵的描述。丰田汽车公司制定和实施的改良版SOP有以下几个特点：

（1）要求身在生产现场的人必须亲自订立标准作业表，因为要想让别人了解这个标准作业表，生产现场的员工必须做到彻底清楚明白。

（2）要求发挥人的主观能动性，要求员工在实践中不断改进标准作业表，丰富SOP的内容和完整度。

（3）在多个国家设立了全球生产推进中心，培训生产部门的现场管理者具备最佳且统一的生产技能。来自世界各国的工作人员把在此学到的知识、技能带回所在国工厂，作为指导者培育自己的团队成员推广和实施有效的SOP。

（三）能源行业

1. 国家电网

国家电网石家庄鹿泉供电公司通过几年的实践，对中国电力企业的SOP进行了较为全面的制定和实施。该公司认为，标准化是现代企业管理的核心，只有提高企业标准化水平，才能提升企业核心竞争力。在标准化建设工作中，鹿泉供电公司共计梳理各类制度、流程1040项，各项工作得到全面整合，工作流程更加顺畅。公司员工充分发挥聪明才智，涌现出了调度指纹识别系统、防潮垫布、标准化信息管理系统等创新成果32项，其中10项被“标准化建设创新成果汇编”收录，公司编制的“标准化知识手册”也被多个兄弟单位借鉴推广。

在工作中，鹿泉供电公司将同业对标理念应用到各项日常工作中，专门成立了鹿泉供电公司标准化委员会，下设技术标准、管理标准、工作标准3个分委会及6个专业管理组，制定了“鹿泉供电公司标准化建设竞赛实施细则”“鹿泉供电公司标准化建设考核管理办法”，细化活动计划，明确时间节点，具体负责标准化工作的开展。组织开展月度业绩对标工作，将68项业绩指标分解落实到责任人，加强了同业对标过程管理和环节控制，组织人员到同行业进行外部对标，认真总结提炼同业对标典型经验。全面开展这项工作后第一个月，全市低压线损就由同期的8.41%下降到7.75%，下降了0.66%，少损电量近10万kW·h，仅此一项指标即产生经济效益6万元，为企业带来了巨大的经济效益，标准化建设成效显著。该公司线损管理日前被评为国网公司“十佳典型经验”。

2. 中国石油

近年来，中国石油长庆油田第五采油厂面对生产规模快速扩大，新员工大量增加等实际问题，始终把推行岗位标准作业程序作为提高岗位员工工作技能水平、培养员工良好安全习惯、夯实安全管理基础的利器，并积极探索、实践能够有效推行岗位标准作业程序的方法，在很大程度上规范了岗位员工具体生产操作行为，取得了显著成效。

在推广SOP中总结了5种主要做法：一是制定严谨的岗位标准作业程序，由专门的支撑小组及时深入各生产现场进行深入性测试，查找问题和漏洞，及时补充、修改、完善；二是强化全员岗位标准作业程序培训，以“岗位标准作业程序”为主要培训内容，多种形式并用，着重突出“教、说、练”3个环节，努力实现操作员工规范标准作业；三是强化推广岗位标准作业程序的示范引导，通过培育典型，以点带面以及制定实践计划等方式加强示范引导效果；四是加大岗位标准作业程序的监督考核；五是注重有效推广方法的系统总结与应用，在推广岗位标准作业程序的过程中，第五采油厂积极倡导员工提升“自我管理、自我完善、自我总结、自我创新、自我发展”的意识和能力，不断总结推广新方法、新经验。

通过推行岗位标准作业程序，在生产中取得了明显的成效：

一是促进了标准化体系建设的深入开展。岗位标准作业程序的有效推广，使员工深刻体会到标准化体系不仅是一种提高运行效率和安全环保能力的程序，更是一种新的管理思想的导入，是传统管理思路的转变，是提升企业竞争力和塑造企业形象的管理变革。

二是促进了基层突出问题的深入解决。岗位标准作业程序从明晰岗位职责入手，理清各岗位的工作界面，明确岗位的工作内容和要求，改变了传统管理模式下基层岗位分工不细、职责界定模糊、操作标准不规范的粗放式管理，使岗位员工明确了该干什么、怎么干、干到什么程度，使精细管理的内涵延伸到一线岗位，实现了岗位操作标准化、程序化、规范化、简单化。

三是培养了员工良好的操作行为习惯。由经验操作转变为标准操作，固化了员工操作行为，“只有规定动作，没有自选动作”的理念进一步深入人心，员工学标、对标、创标的热情日益高涨，标准操作习惯逐渐养成，有效杜绝了违章操作、麻痹大意的坏毛病、坏习惯。

四是提高了生产安全系数及工作效率。标准化的操作涵盖了岗位风险源及控制措施，对每个作业程序控制点的操作进行了细化、量化和优化，减少和避免了重复操作和无效操作，安全提示更加具体，操作程序更加简捷，有效提升了安全生产系数和工作效率。

（四）航空航天

航空公司作为民航运输的承运人，更应该关注本公司的飞行安全状态，防患于未然，作为飞行员安全飞行准则的标准操作程序，自然成为关注的重点。SOP是每位飞行员在航线飞行中必须遵守的行为规范，它用标准的流程和语言，明确了每一飞行阶段飞行机组的任务和责任。飞机制造商从技术和使用的角度，为飞行机组在航线飞行中提供安全有效操作飞机的最佳程序，并且根据制造商的经验和用户的意见，不断更新和修改。

以厦门航空公司为例，厦门航空公司的“标准操作程序”是按照国家法律、法规和《中国民用航空规章》的要求，结合厦门航空公司的具体实际情况编写而成的。旨在通过学习和践行“标准操作程序”，贯彻落实“安全第一，预防为主，综合治理”的安全生产指导方针。通过厦门航空公司训练和资质管理体系，对全体飞行员进行持续的训练和检查，确保在正常和非正常情况下，均能遵守厦门航空公司的标准程序，持续改进厦门航空公司的安全管理工作和安全运行水平。“标准操作程序”将定期根据局方政策法规、波音公司的服务技术通告和公司运行标准的更新进行修订，持续改进，使其符合行业内的运行要求。

厦门航空公司的标准操作程序经过各相关部门严格分析、精心设计并经实践检验，在某种程度上反映了飞机制造商对于驾驶舱的设计理念及实际运行理念，充分考虑了效能的优化、操作的简便和充裕的安全裕度。

每位飞行员只有按照标准操作程序进行操作就可以达到高效、简便和安全的高度统一，就可以防止或者减少机组出错，同时还能降低运行中可能遇到的风险，降低机组运行中的出错率，提高运行的安全水平。相反，偏离或者违反标准操作程序则会降低效益和安全裕度，还可能伴随潜在风险，增加工作负荷与额外失误的可能性。

第二章　煤矿岗位标准作业流程

煤炭行业长期致力于解决现场人员规范作业的问题，借鉴 SOP 的理念和实施经验，形成煤矿岗位标准作业流程，为煤炭行业安全和现场管理提供了有效抓手。本章主要介绍了煤矿岗位标准作业流程的产生背景、产生过程、基本概念及特点等，并阐述了对煤炭行业的意义和作用。

第一节　煤矿岗位标准作业流程简介

一、煤矿岗位标准作业流程诞生背景

（一）煤矿岗位标准作业流程是安全生产的需要

煤矿生产现场安全管理对煤矿来说至关重要。煤炭行业因历史原因和行业特点，长期存在生产现场管理粗放、人员作业随意的现象，各种事故时有发生，会造成人员伤亡和经济损失。近些年随着煤矿生产技术和管理水平的提升，煤炭的效益提高也使煤矿安全软硬件设施的投入比以前有较大改善（2 个煤炭黄金阶段带来的显著效益），煤矿事故得到了一定程度的遏制，尤其是重大事故的发生率显著下降。

但在实际生产中，煤矿零打碎敲的事故仍然比较频繁，尤其是员工不安全作业行为、违章作业以及管理人员违章指挥（俗称“三违”）导致的事故占了很大比例。以原神华集团为例：2005—2017 年，煤矿板块累计发生伤亡事故 95 起，因员工“三违”行为造成事故 73 起，占总量的 77%，充分说明员工“三违”尤其是习惯性“三违”现象仍较为突出，是煤矿现场安全管理的重点和难点。煤矿生产现场安全管理的主要要素是人、机、环，但核心在于人，因为人始终处于主导和主动执行。所以，从现场管理来说，规范人的行为是关键。

案例一：广隆煤矿“12 · 16”重大煤与瓦斯突出事故

事故经过：2019 年 12 月 16 日，该矿夜班当班入井共计 23 人，23 时 10 分，正在二部带式输送机机头操作的带式输送机司机突然感觉有一股风吹过来，巷道里粉尘变大，眼睛难以睁开。此时，在二采区皮带下山带式输送机机头操作的司机被风流冲倒，风流持续约 10 min 后停止；23 时 14 分，韦某发现水泵房、变电所、主水仓入口处甲烷传感器发出报警信号并闻到有焦臭味，韦某将 3 个甲烷传感器传输线拔掉并沿带式输送机运输线路往二采区方向查看情况；23 时 30 分许，韦某到达二采区运输下山斜巷刮板输送机处先后遇到田某和被冲倒后从二采区皮带下山走上来的杨某。此后，韦某随即打电话给彭某报告“可能发生煤与瓦斯突出了”，彭某接到井下汇报电话后，随即拨打 21202 运输巷及回风巷和开切眼的电话，电话均接通但无人接听，直至杨某等 4 人升井才确认发生了煤与瓦斯突出事故。事故共造成 16 人死亡、1 人受伤，直接经济损失约 2311 万元。

事故原因：该矿缺少规范的瓦斯检查和防治作业流程，违章指挥工人在有明显突出预兆的情况下冒险作业。2019 年 11 月中旬以来，21202 运输巷、回风巷瓦斯涌出量增加，频繁超限，在出现响煤炮、顶钻、卡钻、喷孔等明显突出预兆的情况下，煤矿既不立即停止作业撤出人员，也未制定防突措施和针对性作业流程，最终引发事故。

案例二：百吉矿业有限责任公司“1·12”重大煤尘爆炸事故

事故经过：2019 年 1 月 12 日，该矿连采队当班出勤 26 人，16 时 24 分，主平硐驱动机房带式输送机司机杭某发现主平硐口有黑烟喷出，电话汇报值班调度员王某。王某立即查看，发现安全监测监控系统和通信联络系统中 506 连采工作面信号中断，立即通知张某查明情况。16 时 25 分，井下带班矿领导杨某发现 507 综采工作面风流逆转，粉尘较大，电话汇报调度室后，到 506 连采工作面查看情况，发现 506 连采工作面回风巷有 2 处密闭墙损坏，烟尘较大，于 17 时 18 分将情况汇报调度室，17 时 40 分，该矿通知井下所有作业人员撤离。事故造成 21 人死亡，直接经济损失 3788 万元。

事故原因：未执行入井设备检查流程，违规使用国家明令禁止的设备，506 连采工作面主、辅运输车辆均为无 MA 标志的非防爆柴油无轨胶轮车，主运输车辆由个人购买，自管自用，在三支巷中部处于怠速状态下的无 MA 标志非防爆 C17 运煤车产生火花，点燃煤尘，发生爆炸，造成人员伤亡。

案例三：逢春煤矿“12·15”较大运输事故

事故经过：2018 年 12 月 15 日，该矿井带班矿领导为机电副总工程师胡某，综采三队跟班副队长罗某安排 8 名作业人员在副斜井 +272 m 矸石仓下口施工“横梁眼”；17 时 45 分左右，运输队跟班副队长李某（已在事故中遇难）跟班巡查运输系统到达此处。18 时 1 分，副斜井箕斗在 +300 m 矸石仓装矸后，沿斜井向上提升 145 m 后，箕斗牵引架右侧连接杆发生断裂，重载的箕斗与牵引钢丝绳脱离，失控的箕斗沿轨道高速下冲，撞向 +272 m 矸石仓下口还在施工的作业人员。事故造成 7 人死亡、1 人重伤、2 人轻伤。

事故原因：未制定检修流程进行定期巡检，导致该矿副斜井使用质量和加工存在缺陷的箕斗拉杆，同时缺少规范作业流程，部分人员违规指挥，违规作业，在副斜井箕斗提升期间违规组织人员在下段区域作业，最终造成人员伤亡。

案例四：红阳三矿“11·11”重大顶板事故

事故经过：2017 年 11 月 11 日，红阳三矿全矿入井 470 人，其中西三上采区 702 综采工作面 26 人。23 时 35 分，综采二队吴某和周某对工作环境安全确认后安排组织人员作业，采煤机从 40 号支架处开始上行割煤，11 日 2 时 26 分，当采煤机割煤至 37 号支架、支架移至 75 号支架时，40 号支架处周某听到一声巨大的闷响，随后发现工作面照明熄灭、煤尘飞起，感觉工作面风流停止，立即使用扩音电话通知在工作面 75 号支架附近的张某去工作面刮板输送机机尾通知人员撤离，张某到机尾处后，发现工作面上出口已被堵死，侯某被埋，不省人事，吴某带领人员赶到机尾处，发现王某被工字钢、单体支架和煤岩压埋且已无生命迹象。事故造成 10 人死亡、1 人轻伤，直接经济损失 1456.6 万元。

事故原因：该矿技术管理不到位是重要原因之一，其中未制定专人顶板离层监测和矿压观测流程，未在超前支护段安装支柱工作阻力检测设备，未对超前支护段矿山压力进行观测，导致未能及时掌握矿压变化情况，引发事故。

由以上事故案例可以看出，煤矿安全事故的发生大多都与缺少岗位作业流程造成作业步骤和环节缺失，或者没有明确的作业内容和作业标准引发误操作有关，因此开展煤矿岗位标准作业流程能够有效解决现场作业缺少规范和指导的问题，从而保障安全生产。此外，我国煤矿员工普遍存在的问题有：一是员工文化程度差异大；二是员工技能水平参差不齐，培训力度、手段单一；三是作业标准不统一，各有各的做法，随意性大。煤炭行业一直缺乏一种能有效约束员工作业行为的手段。如何有效规范员工的作业行为，保障安全生产是煤炭人一直致力于改善和提高的技术点，重中之重。保障安全生产其实就是最大的生产效益，发生人员伤亡事故、矿井停产整顿、安全整改需要很长时间，严重影响矿井的生产经营。

煤矿现场管理难点分析如图 2－1 所示。

图 2－1　煤矿现场管理难点分析

为了规范人的行为，煤炭人进行了一系列积极探索：

国家及行业相继出台了一系列规程、规范及标准等，如《煤矿安全规程》《煤矿防治水细则》《煤矿重大生产安全事故隐患判定标准》及《煤矿安全生产标准化考核评级办法（试行）》等，同时还出台了一系列的政策文件，在规范煤炭现场作业，保障安全生产等方面起到了重要作用。

但是，由于规程、规范及标准在现场落实仍然存在一些问题：一是规程、规范只针对关键作业环节、重点操作步骤进行规范和要求，而缺少现场作业的其他环节内容，不能全面覆盖现场作业需求；二是规程、规范及标准涉及的管理层级内容多，操作层级内容少，现场作业缺少具体的操作标准而达不到规程等提出的标准或要求；三是规程、规范及标准涉及的固定工种岗位描述得多，联合作业流程描述得少。因此，规程等的管理重点主要落在理论指导上，对于现场作业的规范性缺少有效的控制手段。

国内的煤炭企业也进行了一系列积极探索，如兖矿集团出版的《兖州煤业股份有限公司煤矿岗位标准化作业标准》涵盖了采煤、综机、掘进、机电、辅助运输、通防、选煤等各种作业的作业标准，具有一定的实用性和指导性。开滦集团按照“标准化上岗，规范化操作”的工作要求，本着全员、全过程、个性化的原则，以工序流程为主线，把各操作环节按照操作规程、安全规程和文明行为规范的具体要求进行分解，并确定岗位工序流程中的安全关键点，构建了一套现场管理和操作标准体系，并总结编写了《开滦集团煤矿操作岗位标准化作业标准》。

以上成果都为规范员工行为，保障安全生产起到了积极的作用，但仍然存在以下问题：一是相关成果过于宽泛，没有对具体的操作环节进行详细分解，没有明确各岗位工序中的安全风险点，实际操作性不强；二是只停留在对作业的技术标准进行规范，对煤炭开采加工过程中的风险管控、质量控制等没有实际的指导作用；三是由于地域和现代化程度的差异，存在内容不全、适用性不强、应用不灵活、过于表单化等不足；四是没有考虑信息化应用，传播效率较低，培训和学习效果较差，成果难以共享，优势难以互补；五是没有引入流程管理理念，没有借鉴当前先进企业 SOP 的经验。因此，有必要结合煤炭行业特点，探索新的方法，开展系统性研究，弥补现有成果的不足。

与此同时，国家多次强调安全生产的重要性，提出加强安全隐患排查，严格落实安全生产责任制，坚决防范重特大事故发生等要求，同时各级煤矿安全管理部门也发布了一系列规章、制度，从技术标准、安全管理等方面对煤矿的安全生产进行规范和指导，为煤矿现场安全生产提供了重要的参考和依据，在保障煤矿安全生产方面发挥了重要作用。从近年来国家有关的政策趋势来看，在继续强调煤矿安全生产这一核心理念之外，煤矿现场安全管理进一步细化，煤矿现场的规范化和标准化要求进一步提高。

2014 年，国家安全监管总局、国家煤矿安全监察局发布《关于下达 2014 年煤炭行业标准制修订项目计划的通知》（安监总煤装〔2014〕51 号）批准制定煤矿岗位标准作业流程编制方法这一行业标准，用以指导煤炭企业编制和应用流程。

2016 年 6 月，国家安全监管总局、国家煤矿安全监察局印发《〈关于减少井下作业人数提升煤矿安全保障能力的指导意见〉的通知》（安监总煤行〔2016〕64 号），在优化生产组织管理中，明确提出要推行岗位标准作业流程，首次将煤矿岗位标准作业流程纳入行业监督管理体系中。

2019 年 5 月，山西省应急管理厅、山西省地方煤矿安全监督管理局印发《关于开展煤矿岗位作业流程标准化试点工作的通知》（晋应急发〔2019〕160 号），要求在山西全省推广煤矿岗位标准作业流程，并确定了首批 27 家试点单位，是全国首个开展煤矿岗位标准作业流程试点工作的省份。

2020 年 5 月，国家煤矿安全监察局印发了《〈煤矿安全生产标准化管理体系考核定级办法（试行）〉和〈煤矿安全生产标准化管理体系基本要求及评分方法（试行）〉的通知》（煤安监行管〔2020〕16 号），将“上标准岗、干标准活，实现岗位作业流程标准化”作为评估工作的原则之一，首次将煤矿岗位标准作业流程纳入标准化评估管理工作中，扩大了煤矿岗位标准作业流程的应用范围和在全国的影响力。

（二）煤矿岗位标准作业流程是安全管理体系的补充

煤矿岗位标准作业流程填补了现场员工作业规范和标准这一空白，是煤矿安全生产管理体系的有效补充。

以煤矿风险预控管理体系为例，它是包含作业安全控制在内所有与安全生产相关要素的一个有机整体，以各安全要素为研究对象，梳理和评估生产中存在的危险源和安全风险，从避免和消除危险源的角度开展相关工作，而对于如何消除危险源或者如何规范操作规避操作风险却没有进行详细说明。煤矿岗位标准作业流程的研发恰好补充了煤矿安全风险预控管理体系所欠缺的内容，在《煤矿安全风险预控管理体系规范》(AQ/T 1093—2011)中也明确规定“在员工不安全行为识别与梳理的基础上，煤矿应制定员工岗位规范，明确各岗位工作任务、规定各岗位所需个人防护用品和工器具、明确各岗位安全管理职责及安全行为标准”。

再以煤矿安全生产标准化管理体系为例，它作为煤矿管理部分对煤矿考核定级的标准，强调的是煤矿内业资料、现场管理等是否达到所规定的标准，是对煤矿现场管理最终呈现出来状态的评价，而如何“达标”也需要通过煤矿岗位标准作业流程这一工具实现。同样的，在其体系中也对建设煤矿岗位标准作业流程提出了明确的要求。

由此可见，开展煤矿岗位标准作业流程建设工作不仅是贯彻习近平总书记安全生产指示和精神的具体体现，也是有关政策的要求，同时也是煤矿现场安全管理的重要补充和提高煤矿现场安全管理水平的重要抓手，因此有必要在全国范围内开展煤矿岗位标准作业流程建设工作。

二、煤矿岗位标准作业流程研发过程

SOP能够有效解决煤矿现场管理存在的问题，但应在已有成果的基础上进一步改进，新的煤矿岗位作业标准应该满足：既遵循规程、规范、标准、制度，又具有固定、统一、适用、先进的实操方法；既适应现代化大煤矿，又满足传统的中小煤矿员工的操作方法；既能保持最优的操作，又能进行持续改进；既能用传统的方式学习，又能用现代化的手机、电脑等互联网终端在线、离线随时随地学习、考核、建议；既能遏制事故发生，又能提高生产效率，保障员工安全。为此神东煤炭集团进行了长期的努力和探索。

(一) 前期探索

2009年9月神东煤炭集团开始煤矿岗位标准作业流程相关准备工作，2010年提出了“标准化作业流程”的理念，对标准作业流程在煤矿的应用进行了初步探索。但是一直没有形成系统的信息化管理体系。

与此同时，为响应国家和行业的要求，2011年底神华集团提出了“神华集团公司关于促进煤炭生产安全健康可持续发展的指导意见”(以下简称“指导意见”)。“指导意见”提出了以推进标准化体系工程建设为主的“十大工程建设”的理念。其中，标准化体系是以技术标准为核心，以管理标准为实施保障，以工作标准为应用基础的一系列制度、标准、规范、文件和表格的总和。它通过技术、管理等相关体系进行过程管理、质量策划与控制、质量保证与改进，最终实现生产质量和效率的提升，而标准作业流程的制定和实施构成了标准化体系建设的重要内容。自此，建立健全由技术标准、管理标准、工作标准构成的标准化体系成为原神华集团发展战略的重要内容，岗位标准作业流程的编制是原神华集团标准化体系建设的具体体现。

在此背景下，2012年9月6日神华集团正式立项启动神华集团煤矿岗位标准作业流程项目，联合中国煤炭工业协会咨询中心研究编制覆盖煤矿各工种、各岗位、各项工作的煤矿标准作业流程（煤矿岗位标准作业流程，Standard Operation Procedure of Coal Post)。

(二) 流程编制

2012年12月，神华集团联合中国煤炭工业协会咨询中心组织专家及神华集团一线技术骨干在神东煤炭集团开始了神华集团煤矿岗位标准作业流程的编制工作。其中，神东煤炭集团联合各领域专家、组织各级中层干部、抽调基层相关专业技术人员，成立了标准作业流程编制小组。小组成员在公司领导下通过召开专题研讨会、调研多家煤矿企业等形式研究了项目定位、研究目标、研究方法与思路，确定了标准作业流程目录，并以各类规程、规范、标准为依据，最终形成了流程基础表单与流程图。编制小组将煤矿岗位完成既定任务的标准操作步骤、要求以统一的格式描述出来，并以业务流程管理软件（Architecture of Integrated Information System，ARIS）为平台，实现了煤矿各岗位标准作业流程的信息化。历经半年的研讨、论证，神东煤炭集团于2013年5月编制了神东煤炭集团煤矿岗位标准作业流程，覆盖煤矿各工种、各岗位、各项工作的标准作业流程和标准作业工单，为员工“上标准岗、干标准活”提供依据。

（三）流程试行

2013年6月，由神东煤炭集团、中国煤炭工业协会组织专家及神华集团一线技术骨干等共同编制的“煤矿岗位标准作业流程”(以下简称“流程”）正式试行启动，为员工“上标准岗、干标准活、说标准话”提供依据。

随着2013年一期“流程”研究成果的推广，神东煤炭集团下属矿厂纷纷开展了流程应用推广工作，各矿厂均对“流程”的普适性进行了修订，并取得了良好的效果。2013年11月，“流程”修订完善。

（四）成果鉴定

2013年12月26日，中国煤炭工业协会对神华集团编制的岗位标准作业流程进行了鉴定，科学技术鉴定结果为：该成果在煤矿流程化管理方面达到国际领先水平。随即中国煤炭工业协会组织“流程”成果发布暨行业推广会，来自行业的29家煤炭企业代表共170余人参加了会议,交流、探讨了煤矿岗位标准作业管理经验,现场情况如图2－2所示。

(a)　　　　　　　　(b)

图2－2　煤矿岗位标准作业流程鉴定及成果推广现场

（五）信息系统研发

2014年3月，神华集团开展了流程管理信息系统研发工作，经过近1年的时间开发和测试，于2015年1月流程管理信息系统成功上线运行。系统的上线运行弥补了原有推广应用中的不足，实现了编、审、发、学、用、评闭环管理，使流程的管理工作更加系统、透明、规范、高效。

（六）推广应用

2014年5月，“神华煤矿（选煤厂）岗位标准作业流程”成果正式发布，并在全行业进行了推广。神华集团先后在2015年10月、2016年3月组织了“流程”推进现场会和“流程”推进视频会，针对“流程”研究成果在集团进行了推广应用。2016年8月，国家安全监管总局、国家煤矿安全监察局要求全行业推行标准作业流程。

（七）二期项目启动

2014年以来流程编制依据的国家及行业的部分规程规范，如《煤矿安全规程》等相继修订，为保证流程与新标准、新规程、新规范、新制度保持一致，同时更加突出与安全的融合和管控，2016年1月，神华集团明确提出“将岗位标准作业流程与风险管控系统有机融合，不断提高风险管控水平”的要求；同时，对运行过程中存在高风险岗位、检修作业、应急处置和管理岗位等方面的流程进行增补和完善，以满足煤矿现场安全需要。鉴于以上原因，2016年1月，神华集团立项开展了“煤矿岗位标准作业流程（第二期）”研究工作。神东煤炭集团积极响应集团号召，也着手开展了相关研究，并承担了部分编制任务。

（八）新版流程编制

2016年10月，开展了新版流程修编工作，充分调动了行业专家力量，从神华集团、中煤集团、大同煤矿集团等10余家煤炭企业选聘流程编写人员及审定专家211人，分神东（156人）、准能（55人）两个片区同时开展工作。项目组认真研究梳理基层各类反馈意见6400余条，采纳意见1450余条，并增补流程1151条，同时对集团风险管控体系数据库中的50000余条危险源进行了梳理、研究和融合，初步形成了新版煤矿岗位标准作业流程。

（九）新版流程试行

2017年1月，神华集团开展了新版流程试运行工作，充分征求基层单位对新版流程的使用意见，历时3个月，共征集反馈意见4439条，不仅有修改、完善意见，也提出了新增流程的意见，为新版流程的进一步完善提供了重要支撑。

（十）新版流程审定

2017年5月，开展了新版流程审定工作，目的是根据2017年一季度新版流程试运行反馈意见，对新版流程进行再次修改、补充和完善。审定期间对各厂矿现场反馈的各条意见逐一进行了梳理、审定，通过研究分析，采纳意见779条，部分采纳239条，修改流程799项。为确保新版流程审定全覆盖，对未提出意见的1424项流程，也进行了逐一审定。同时，根据基层需求，新增标准作业流程10项、管理流程9项，新融合危险源213条。通过流程审定工作，新版流程内容更加完善，更加符合现场使用需求，更加有利于流程在现场的推广和应用。

（十一）新版流程发布

2017年7月，在完成流程数据入库后，新版流程正式发布。新版流程共2819项，其中井工类1577项、露天类737项、洗选装车类495项、管理类10项。新版流程实现了流程与风险预控体系相互融合，员工通过自我规范作业行为从而避免风险，安全管理变被动为主动，实现了“要我安全”向“我要安全”的转变。同时，新版流程与现行煤炭行业相关法律法规进行了有效结合，进一步优化了流程作业步骤，细化了作业内容，作业标准更加具体量化，危险源及风险提示更加全面。

煤矿岗位标准作业流程发展历程如图2－3所示。

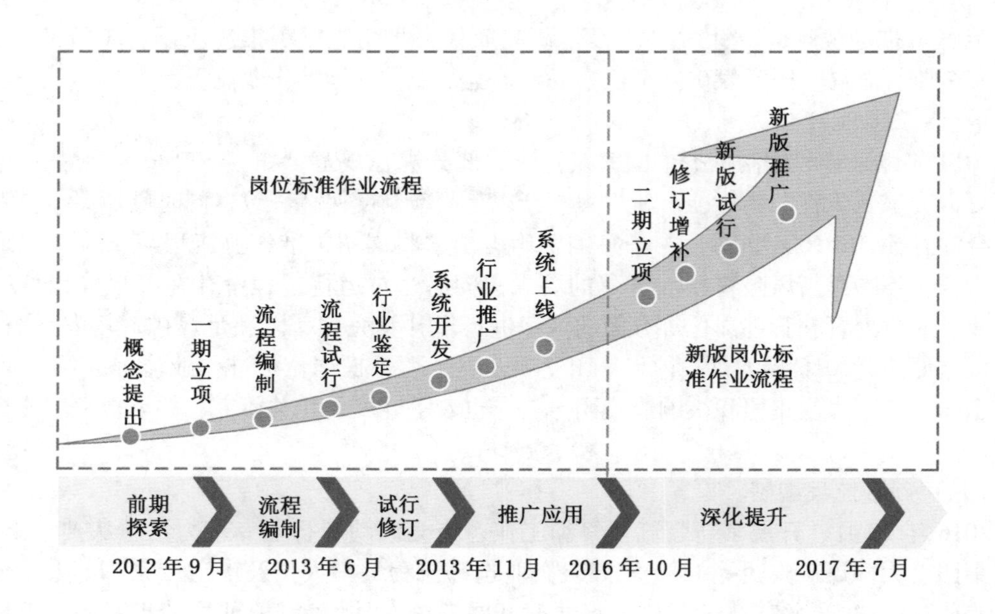

图2-3 煤矿岗位标准作业流程发展历程

三、煤矿岗位标准作业流程的概念

（一）定义

煤矿岗位标准作业流程是将煤矿岗位完成既定任务的标准操作步骤、要求以统一的格式加以描述、对作业环节的关键点进行细化和量化，用于指导和规范员工岗位作业的有序集合。它以流程管理理念为指引，以国家及煤炭行业各类规程、规范、标准为依据，以信息化平台为支撑，其核心是运用流程的管理理念，规范员工的作业行为，实现安全高效生产。

（二）构成要素

煤矿岗位标准作业流程主要包括流程图、流程表单，其中，流程图表达了执行层面的工作过程和工序之间的衔接关系，流程表单是每个流程中各个工序的工作顺序和工作质量要求。

1. 流程图

流程图是对某一个问题的定义、分析或解法的图形表示。它以图例形式直观表现出一个具体作业的主要步骤、作业人员、相关制度及作业表单，重点在于展示流程步骤之间的串行、并行、反馈与触发条件等逻辑关系。流程图将每个工作内容和工作节点有序衔接，从而形成统一质量的标准系统工作循环。以超前支护为例，其标准作业流程如图2-4所示。

2. 流程表单

流程表单主要用于梳理作业流程相关内容，是为绘制流程图提供依据，包含一个具体作业流程的步骤、作业内容、作业标准、相关制度、作业表单、作业人员、危险源及风险后提示等内容的表格。超前支护标准作业流程表单见表2-1。

3. 术语解释

表 2-1 超前支护标准作业流程表单

序号	流程步骤	作业内容	作业标准	相关制度	作业表单	作业人员	危险源及风险后果提示
1-1	检查作业环境	1. 敲帮问顶；检查作业范围内超前支护架设质量 2. 检查巷道畅通情况 3. 检查管线	1. 顶板、两帮支护完好 2. 作业地点 20 m 范围内无障碍物，风流正常 3. 管线吊挂整齐，指示明确	《煤矿安全规程》第一百零四条	记录单	采煤支护工	1. 清煤前未敲帮问顶，片帮、冒顶、超前支柱倾倒，造成人员伤害 2. 未及时观察顶板状况，未超前支护，冒顶周围区域支护不及时、不到位，冒顶区域扩大造成人员伤害或设备损坏 3. 敲帮问顶工具不当，顶板冒落、片帮造成人员伤害
1-2	准备材料、工具	1. 准备单体液压支柱 2. 准备棚梁或柱帽 3. 准备供液管路、注液枪、卸压手柄	1. 单体液压支柱完好，数量、型号满足要求 2. 棚梁或柱帽完好，数量、规格满足要求 3. 供液管路完好，工具齐全		记录单	采煤支护工	
2	架设支护	1. 搬运单体液压支柱到指定位置 2. 安装柱靴、柱帽 3. 调整单体液压支柱角度 4. 插入注液枪并加液 5. 挂连锁绳 6. 依次架设单体液压支柱，达到超前支护距离	1. 支设成线，其偏差小于 ±100 mm，单体液压支柱间排距符合作业规程规定 2. 棚梁或柱帽接实顶板 3. 单体液压支柱支设角度与顶底板垂直，单体液压支柱卸液口朝向采空区 4. 压力满足要求 5. 栓绳连锁，防倒可靠 6. 超前支护距离不小于 20 m		记录单	采煤支护工	
3	清理现场	1. 清淤、排水、清理杂物 2. 回收剩余材料 3. 回收工具	1. 巷道无积水、淤泥、杂物 2. 剩余材料回收干净，运到指定地点，分类码放整齐 3. 工具回收干净，放到指定地点，分类码放整齐		记录单	采煤支护工	

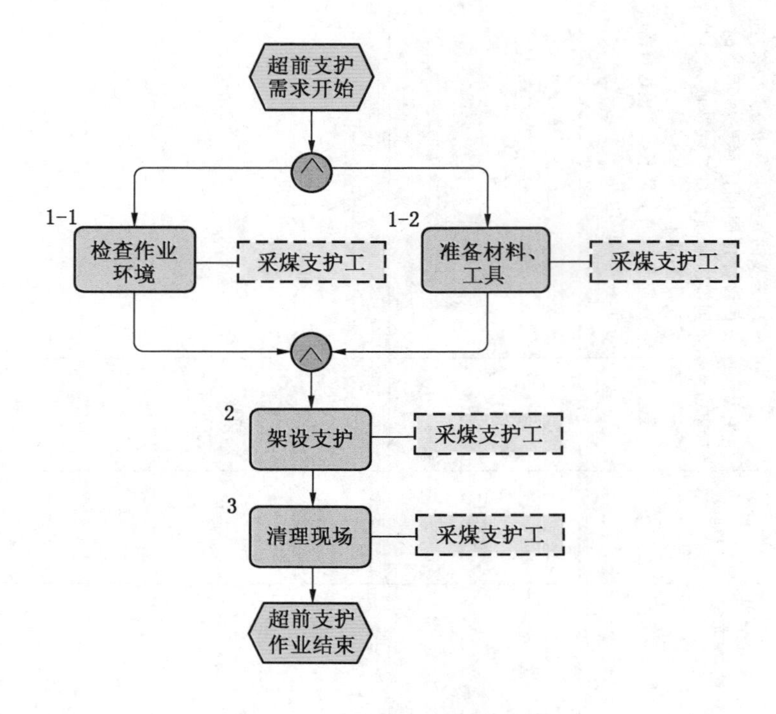

图 2-4 超前支护标准作业流程

（1）事件步骤及逻辑关系：事件步骤是指将各事件发生的逻辑关系用相应的逻辑符号来描述。事件间的逻辑关系包括与、或、异或、同或等。煤矿岗位标准作业流程体系岗位作业涉及较多步骤，但有些步骤则是不必要的。事件步骤的确定原则是根据对完成该项工作的重要性确定，影响作业的完成质量、进度和安全状况的就是事件的关键步骤。

（2）作业内容：作业内容是流程步骤工作内容的细化，是流程环节所在岗位授权范围内的工作责任，具体应说明执行岗位（部门）依据管理要求在该流程环节中需要履行的工作。煤矿岗位标准作业流程体系作业内容的描述主要用于指导作业，并非作业的每一个具体的细节都要展示。所以，作业内容应体现关键性要素，是完成某一个事件的重要方面的描述。

（3）作业标准：是作业内容所遵循技术、装备、工艺、质量及操作等要求，是流程环节岗位人员按规定应做出的标准的行为活动（操作与控制工作）。煤矿岗位标准作业流程体系作业标准依据作业内容确定，是现场实践经验和技术标准的总结。

（4）相关制度：相关制度是作业执行过程中所依据的规范性文件，是流程和其他制度体系融合的重要接口，也是流程编制应当遵循的准则。煤矿岗位标准作业流程体系依据的规程规范包括《煤矿安全规程》、选煤厂安全规程、作业操作规程、《煤矿防治水规定》等国家、行业标准规定。

（5）作业表单：是指煤矿规定的作业痕迹记录，如停送电工作票、交接班记录等。

（6）作业人员：是指参与煤矿某一作业流程步骤的，具有确定工种的作业人员。

（7）危险源与风险后果提示：风险后果提示是指根据经验判断，对流程各环节可能的风险点进行识别评估，并针对已识别的风险点，评估已采取的控制措施及有效性，当剩余风险不可接受时，需制定新的控制措施即风险缓释方案。煤矿岗位标准作业流程体系风险后果提示是作业中可能出现的风险，是安全管控在流程编制过程中的具体体现，主要为各岗位作业操作或检修过程中已识别的危险源信息。

（三）特点和创新性

1. 煤矿岗位标准作业流程的特点

1）定位准确

煤矿岗位标准作业流程引入流程理念，以各类规程、规范、标准为依据，以信息化系统为平台，以专业的流程管理软件为支撑，科学划分作业步骤，统一作业内容，明确作业标准，定位作业层面，瞄准安全高效，强化过程控制，保障作业质量。

2）内容丰富

煤矿岗位标准作业流程按照井工、露天、洗选装车三大类别进行编制，各类别又分为若干专业。煤矿岗位标准作业流程总计 2819 项，涉及岗位 281 个，其中井工矿 1577 项，包含采煤、掘进、机电运输、“一通三防”及地质测量等专业；露天矿 737 项，包含采装、穿爆、排土及辅助、运输等专业；洗选装车 495 项，包含采制化、分选、运输、筛分破碎、脱水等专业。除以上三大类别外，新版流程根据现场使用需求，另外编制了 10 项安全检查类标准作业流程，扩展了煤矿岗位标准作业流程的内涵。

3）可操作性强

煤矿岗位标准作业流程在编制过程中充分考虑了现场的实际使用情况，每个流程均是由现场人员根据使用需求提出的，再经班组、科室、矿厂、公司逐级审核，最终形成岗位标准作业流程，同时调动了全行业的专家力量，确保煤矿岗位标准作业流程的普适性。

4）使用便捷

通过开发业务流程管理软件 ARIS，为煤矿、选矿厂岗位的标准作业流程开发提供平台，利用流程管理系统的流程培训功能和移动 APP 的固有学习模式对流程进行学习，另外还可以通过大范围集体培训、班前会小范围培训和员工自学等方式，提高流程培训和学习效果。除了采用现代化手段以外，硬件条件较差的单位，还为员工制作了流程卡片和在井下现场主要设备、交接班地点悬挂常用标准作业流程图等方式，方便员工在作业现场进行查看、学习和操作流程。同时还充分利用地面实操培训基地，对新老员工进行培训，规范作业习惯，固化作业行为，提高员工岗位技能水平。

5）时效性强

标准作业流程本身就是一个遵循 PDCA（计划、执行、检查、改进实施）不断优化的过程。煤矿岗位标准作业流程并非固定不变，会根据标准、规范的修编、设备的更新换代、现场具体的使用效果等进行及时的修订和增补，确保煤矿岗位标准作业流程的时效性。

2. 煤矿岗位标准作业流程的创新性

煤矿岗位标准作业流程填补了煤矿作业管理空白，较传统的作业规程和操作规程更具有系统性、便捷性、直观性，是各类规程、规范在作业层面的有效落地。

（1）流程首次在煤矿作业层面引入国际先进的“流程化管理”理念，结合煤矿（选煤厂）生产实际，对煤矿（选煤厂）的主要岗位的作业进行标准化，对煤炭安全、高效生产具有指导意义。

（2）流程以《煤矿安全规程》、操作规程、作业规程等为依据，融合了煤矿安全生产标准化与煤矿安全风险预控管理体系成果，可操作性强，满足了煤矿作业安全、高效、精细管理的需要。

（3）流程研发了适用于煤矿岗位标准作业流程编制、管理、应用的信息化平台，建立了我国首个煤矿岗位标准作业流程数据库，实现了数据的分类、集中、统一化管理，使标准作业流程具有易于查找、易于浏览、易于学习、易于修改、易于输出等功能，为煤矿安全生产管理提供了科学手段。

第二节 煤矿岗位标准作业流程的作用

一、作用和效果

（一）四大作用

1. 规范作业习惯

可以使工作程序化、规范化、流程化，让所有员工学习、掌握、运用标准，并在作业中反复坚持训练，形成良好的习惯和规范的作业动作，实现精益生产，从而提高劳动生产率和生产效益。

2. 技能传授和安全培训

可以将企业积累下来的技术、经验记录在标准文件中，以免因技术人员的流动而使技术流失；使新入职员工经过短期培训，快速掌握较为先进合理的操作技术。

3. 控制和减少安全事故

按照标准作业流程进行设备操作检修，可以有效控制人的不安全行为和设备的不安全状态，从而达到控制零打碎敲事故的目的，实现煤炭生产可以不死人的安全理念。

4. 风险管控和安全精益管理

推行标准作业流程是对煤矿风险预控管理体系的“落地”和“无缝对接”。同时与安全生产标准化共同形成“三位一体”煤矿生产安全精益管理模式。

（二）五大效果

1. 员工不安全行为次数大幅度减少

神东煤炭集团自推行流程以来，员工“上标准岗、干标准活、说标准话”的意识明显提高，操作更加规范，不安全行为次数显著下降。截至2018年12月，全公司不安全行为累计发生21767起，与2015年相比下降19139起，降幅46.79%。流程推广后员工不安全行为统计如图2－5所示。

2. 设备故障明显减少

自流程应用以来机电设备事故和停机时间逐渐减少并趋于稳定。2018年全公司万吨煤停机时间0.08 h，与2012年相比下降0.1 h，降幅55.56%。流程推广后机电设备故障数量统计如图2－6所示。

3. 作业工序科学优化，单产单进生产效率提升

通过煤矿岗位标准作业流程对作业工序进行了优化，减少了生产作业中的不合理环节，有力促进了煤矿精益化管理，提高了生产管理水平。2018年连采单进水平比2017年

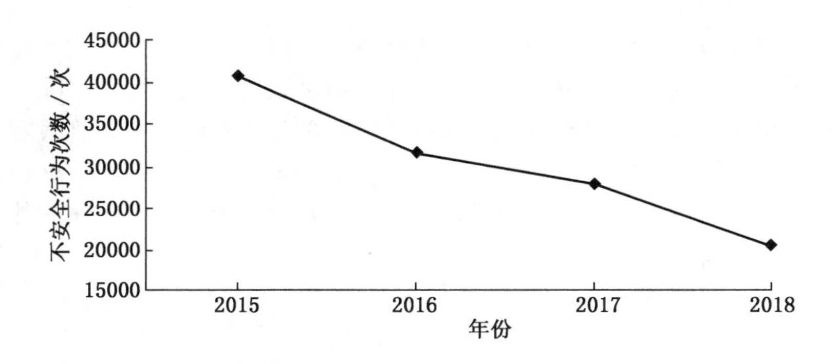

图2-5　流程推广后员工不安全行为统计

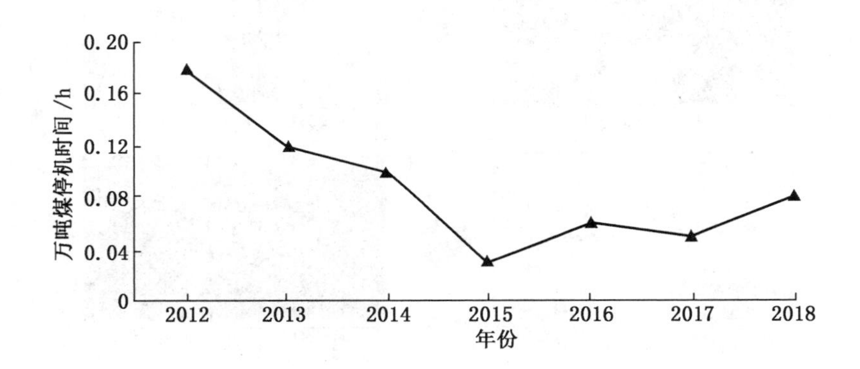

图2-6　流程推广后机电设备故障数量统计

提高12.76%，掘锚单进水平比2017年提高2.90%。

4. 人才培养周期缩短，岗位技能水平快速提升

煤矿岗位标准作业流程的推广应用改变了传统的“师带徒”模式，搭建了一个资源共享的学习平台，缩短了新员工掌握岗位知识的时间。以支架工培养为例，以前培养一名支架工需要6个月，现在只需要3个月即可独立上岗。由表2-2可以看出，自流程推广以来技能鉴定人员通过率明显增多；流程的推广使各工种之间实现了技术共享，为培养“一岗多能”的复合型人才提供了有效的载体。

表2-2　流程推广前后技术人员数量统计　　　　人

年份	初级工	中级工	高级工	技师	高级技师	合计	
2012	214	240	61	22	2	539	流程推广前
2013	131	433	175	60	5	804	流程推广后
2014	271	878	579	94	35	1857	
2015	28	337	338	72	3	778	
2016	233	81	164	33	12	523	

5. 现场管理水平明显提升

通过煤矿岗位标准作业流程，规范了员工现场作业内容，提出了明确的作业标准，有效消除了作业随意、杂乱无章、混乱无序等现象，显著改善了现场作业状况，提高了全公司矿井现场管理水平。以管线吊挂为例，流程推广前部分矿井液压支架管线随意放置，杂乱无章，煤壁电缆等随意吊挂，混乱无序，增加了现场安全作业风险；流程推广后，通过持续的培训和学习，明确了管线吊挂的具体内容、步骤和标准，管线统一捆扎、吊挂，整齐划一，显著提升了管线吊挂水平。

流程推广前后现场管理对比如图 2－7 所示。

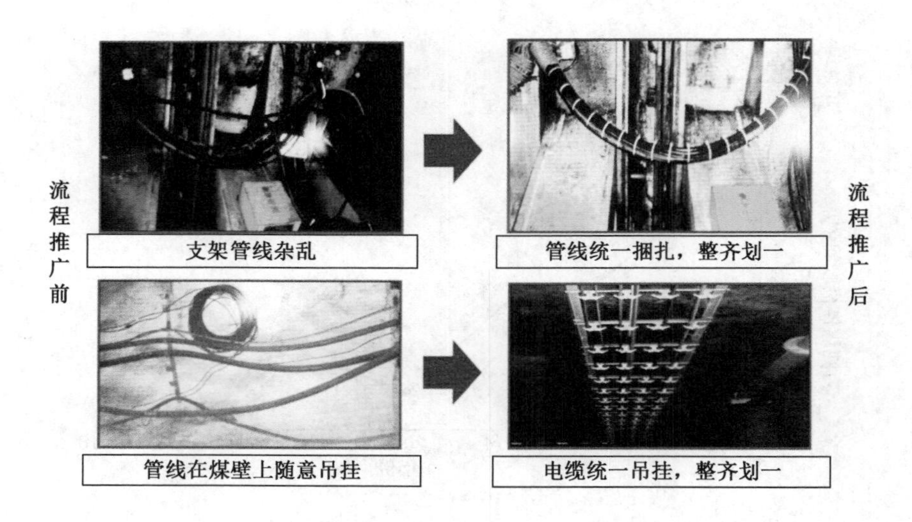

图 2－7 流程推广前后现场管理对比

二、为什么需要煤矿岗位标准作业流程?

（一）安全管理需求

安全生产等于知道加做到，用流程可以解决《煤矿安全规程》中不能、不得做的问题，如《煤矿安全规程》第四百四十二条规定“井下不得带电检修电气设备”，但并未对具体作业时如何停机、闭锁等过程进行详细描述，而流程表述了怎么做。

（二）生产管理需求

流程可以实现员工“上标准岗，干标准活，说标准话”，让标准成为习惯，让习惯符合标准，流程给现场生产管理提供了重要抓手，实现了现场作业的过程管理，提高了现场生产管理效果。

（三）固化经验的需求

流程通过录优、集优固化经验，是“写你所做，做你所写”，是“从群众中来，到群众中去”，是“提交巩固，巩固提交”，是细化、优化、标准化的过程，流程的应用避免了“师带徒”模式的弊端，将现场积累的作业经验成功固化，实现了作业技术的累积。

（四）人才培养的需求

在流程编制过程中，通过现场写实、审查、试运行、审定、执行，全过程学习、应用、管理，培养了大批人才，同时流程实现了知识共享和学习，实现了跨专业、跨单位学习，实现了“一岗多能”和综合性人才的培养，满足了煤矿人才培养的新需求。

（五）理念转变需要

引入流程管理理念，为实现煤矿精益化管理奠定了良好基础，促进了煤矿管理思路由传统管理向流程管理转变，同时也促进了安全理念从被动安全向主动安全转变。

（六）品牌塑造需要

一流企业做标准，流程的标准化和规范化使企业编制内部甚至行业标准成为可能，流程培训出的优秀技术人才也为企业打下良好口碑，为企业塑造自有品牌提供了有效途径。

第三章　煤矿岗位标准作业流程框架体系

煤矿岗位标准作业流程涵盖专业多、涉及人员广、应用环节复杂，兼具采矿工程和流程管理两大学科专业特点，其推广和应用是一项系统工程，离不开科学的体系规划和顶层设计。本章对流程体系的设计原则和主要内容进行了概括总结，着重介绍了煤矿岗位标准作业流程顶层设计有关的价值链分析、流程梳理、分类分级及编制和管控理念，为煤矿岗位标准作业流程初始阶段的工作提供了借鉴和参考。

第一节　煤矿岗位标准作业流程体系概述

根据煤矿岗位标准作业特点和SOP实现过程，要发挥煤矿岗位标准作业流程的作用，需要运用系统工程思维，进行整体考虑和规划，科学设计煤矿岗位标准作业流程体系，满足煤矿现场作业和管理需求，煤矿岗位标准作业流程体系建设的必要性主要表现在以下几个方面。

（1）煤矿岗位标准作业流程体系应用环节和过程众多，且相互之间有较强的逻辑关系。煤矿岗位标准作业流程的执行和应用涉及流程规划、编制、应用、管控、反馈、完善等多个环节，且各环节之间有明确的逻辑关系，上一环节工作质量的好坏影响下一环节工作的开展，因此需要构建煤矿岗位标准作业流程体系，将各环节整体进行考虑和规划。

（2）煤矿岗位标准作业流程体系涵盖的作业内容繁多。以井工开采为例，采煤、掘进、机电、运输、通风、地测防治水等主要生产系统涉及的岗位就多达300个，各岗位又涉及数个作业，各作业同时还涉及众多设备、作业人员、步骤顺序，以及各种安全和技术规范标准等。这些都是煤矿岗位标准作业流程要梳理和研究的对象，有必要进行系统的设计和构架，形成层级明确、分类规范的流程框架结构，为流程的编制和应用奠定良好的基础。

（3）煤矿岗位标准作业流程涉及的流程符号和逻辑关系众多。煤矿岗位标准作业流程逻辑关系较一般SOP的“直线型”逻辑关系复杂，存在多种类型的判断逻辑关系，且同一流程中可能并存多种逻辑关系。同时表单信息还涉及数据量巨大的安全提示信息，在流程图中不仅要涵盖一般SOP所有的符号，还要考虑作业步骤之间众多的逻辑关系，有必要规划系统、科学的编制体系，统一编制原则、编制程序、图表绘制方法等，以满足流程成果统一性的要求，便于分享和学习。

（4）煤矿岗位标准作业流程涉及的人员和机构众多。煤矿岗位标准作业流程的使用对象是众多的煤矿和选煤厂，涉及岗位、工种、人员众多，少则上千人，多则数万乃至数十万人，要实现煤矿岗位标准作业流程的高效推广和应用，有必要构建一套完整的煤矿岗位标准作业流程管控体系，统一管控原则、管控制度，明确管控职责，以满足煤矿岗位标准作业流程管控需求。

（5）煤矿岗位标准作业流程信息化需求。煤矿岗位标准作业流程信息化体系需要将巨大的资源数据库进行管理整合，将流程的编制、审查、发布、学习、培训、反馈及优化等各个环节系统化、规范化、数字化，将其纳入统一的信息平台中，有必要开发一套流程信息系统，能降低成本投入，加快技术进步，增强核心竞争力。

第二节　煤矿岗位标准作业流程顶层设计

一、价值链分析

（一）概述

1. 概念

价值链分析是把企业内外价值增加的活动分为基本活动和支持性活动。基本活动涉及企业生产、销售、进料后勤、发货后勤、售后服务，支持性活动涉及人事、财务、计划、研究与开发、采购等，基本活动和支持性活动构成了企业的价值链。基本活动能够直接进行价值创造并最终传递给顾客，辅助活动只是为了保证基本活动的有效运行，不会直接产生价值。企业在运营过程中的每一项活动都与价值链条上的一个环节相匹配，这些环节之间存在很大的相关联性，会互相发生作用。虽然价值链上的环节很多，但不是所有的环节都会产生价值，只有某些被称为战略的环节才能创造出价值，这些战略环节就决定了企业的竞争力。每个企业都有自己独特的价值链，这些不同的价值链和特定的战略环节就造成了每个企业优势资源的差异。

基本价值链如图3－1所示。

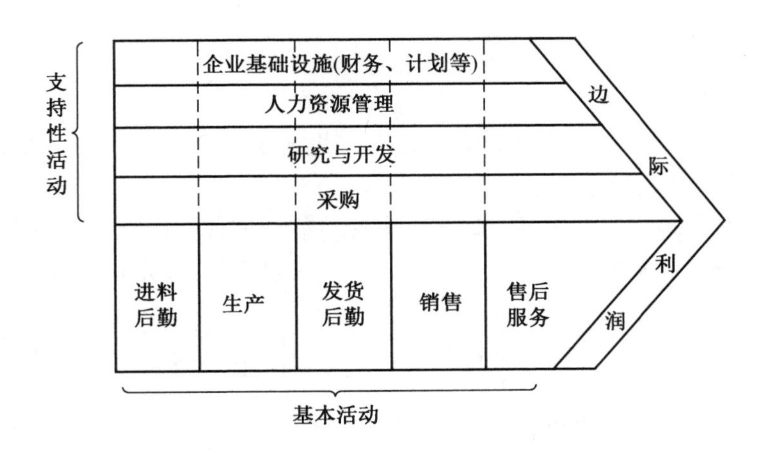

图3－1　基本价值链

2. 作用

虽然价值链分析多用在业务流程分析及企业管理等方面，但在进行煤矿岗位标准作业流程顶层设计时，价值链分析方法依然具有十分重要的作用：

（1）为煤矿岗位标准作业流程框架分析和设计奠定基础。通过价值链分析，梳理煤炭开采的主要作业环节和逻辑关系，形成煤炭开采的总体流程架构，为煤矿岗位标准作业流程的框架设计奠定基础。

（2）明确重点环节和重要流程。通过价值链分析，区分煤炭生产的基本活动和辅助活动，初步明确各环节的重要程度，为后续流程定位和范围提供借鉴和参考。

（二）煤炭开采价值链分析

1. 价值链分析

煤炭开采价值链分析如图 3－2 所示，一般煤矿企业生产的产品主要包括：原煤、块煤、混煤、洗精煤以及洗选其他产品。

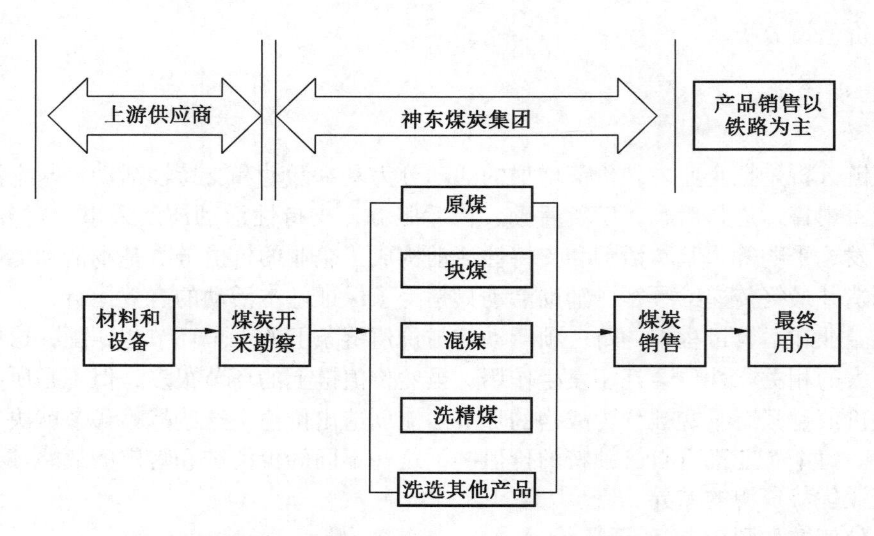

图 3－2 煤炭开采价值链分析（以神东煤炭集团为例）

2. 生产价值链分析

1）基本生产价值链

矿井生产（采煤、掘进）和洗选是一般井工煤矿的两项核心作业。以下对矿井生产（采煤、掘进）和洗选的价值链进行具体分析。

采煤作业：目前最主要的采煤方式是综采和综放，这种生产方式的特点是生产集中、管理方便、用人少、功效高，该方法下的采煤价值链如图 3－3 所示。

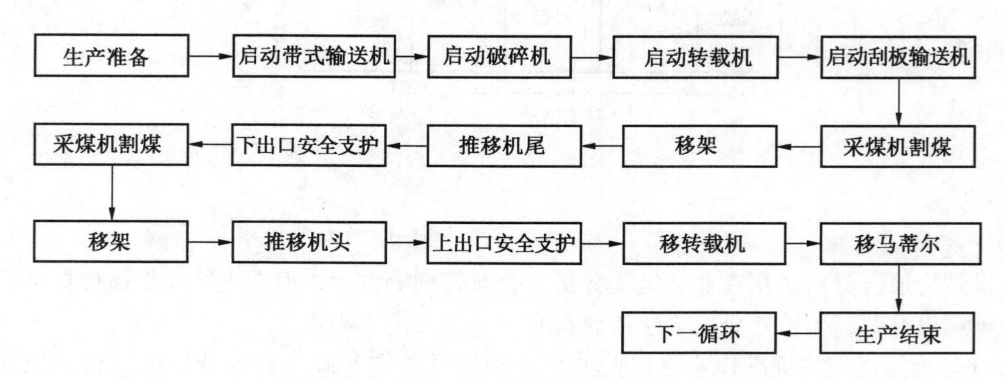

图 3－3 采煤价值链

掘进作业：掘锚机（连采机）割煤工序是掘进作业的核心，掘进作业能否有效完成直接影响采煤和运输作业；支护作业保证矿井的安全生产，避免巷道出现问题，保障企业价值的实现。掘进价值链如图3－4所示。

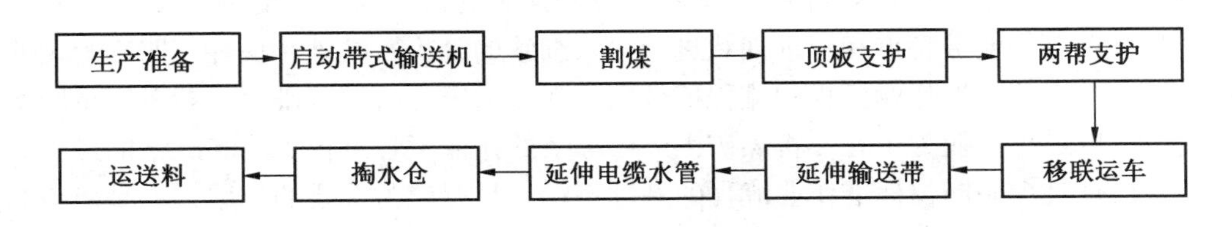

图3－4　掘进价值链

生产准备作业为采煤、掘进作业能够顺利进行提供了保障，采煤作业是煤炭企业的增值作业。其中割煤、装煤是采煤作业的重点工序，煤炭逐渐产生价值；支护作业是对采煤作业的安全、正常进行给予的及时保障，保障煤炭价值的创造；清扫浮煤作业确保公司充分回收煤炭，保障生产能够继续顺利进行。

洗选作业：采煤过程中会混入有害杂质，如果直接对外出售会影响煤炭的售价，不仅不会增加企业的价值还可能减少企业的价值。因此，必须将煤和杂质有效分离，并加工成质量均匀、用途不同的煤炭产品，这样才能提升产品质量，增加其附加价值。洗选价值链如图3－5所示。

图3－5　洗选价值链

从上述基本生产价值链分析来看，掘进作业、采煤作业、洗选加工作业三者是煤炭企业的增值作业。从掘进到采煤再到洗选加工的过程，就是煤炭产品价值不断转移积累的过程。

2）辅助生产价值链

除了采煤、掘进、洗选加工3种主要生产价值链以外，还包括运输、“一通三防”、巷修、排水等辅助作业，构成辅助生产价值链。

上述基本生产和辅助生产的作业活动构成了煤炭企业的生产价值链，明确了作业的增值环节以及不同作业会带来增值程度的不同。相关人员明确各个作业带来的价值，针对具体消耗情况和使用资源进行分析，确定需要重点关注的环节。

（三）煤矿岗位标准作业流程的定位和范围

目前煤炭价值链可以概括为煤炭生产→煤炭洗选加工→煤炭外运→煤炭销售等。根据实际的价值链来确定煤矿岗位标准作业流程的定位和范围。依据煤炭企业价值链分析，结合对基本生产价值链和辅助生产价值链的分析可以发现，煤炭企业主要产生价值的环节是煤炭生产和煤炭洗选加工，对应的核心业务单位是矿井和洗选中心。矿井和洗选中心以一线现场的操作人员为主，定位为矿井和洗选中心的操作层，不涉及管理层，范围为煤炭企业各个矿井和洗选中心的各个操作岗位。

二、流程梳理

流程梳理的概念是从业务流程管理引入的，通常是指围绕企业的内部要素与外部要素，对整个企业的业务特点和管理现状进行深入细致的分析、整理、提炼，明确管理的关键点。而煤矿岗位标准作业流程的流程梳理则是在价值链分析的基础上，参考岗位职责等作业资料，以最小作业为单元，将煤矿生产各环节的作业流程进行提炼和总结的过程。

流程梳理是煤矿岗位标准作业流程的基础工作，具有较为重要的作用，一是能够对整体的工作量有较为直观的把握，流程梳理的结果是形成煤矿岗位标准作业流程目录，为下一阶段的流程编制以及执行应用等环节的工作安排提供参考；二是有利于区分流程的重要度，流程梳理过程中可以根据作业频率、作业难度以及作业安全性等标准对流程进行重要度评估，为下一步工作规划提供依据，如根据流程重要度分期进行流程编制或者按照流程重要度提出不同的编制要求等。

三、分类、分级

（一）流程管理中的分类、分级

流程的分类、分级，即将流程从粗到细、从宏观到微观、从理论指导到具体指导操作进行分解。流程的分类首先从管理要求和角度出发。由于不同管理对象流程的目标和流转环节差异较大，因此可按管理要求分解为不同的流程，对应相应的流程控制点和知识经验积累点。其次是流程的分级，一个描述比较复杂的流程，可将其中一部分独立为其子流程，或将多个流程都会用到的公共流程分解出来作为单独的流程。流程的分级细化要考虑不同细化颗粒度，使分解的不同层级流程能对应到某一岗位层级。

1. 流程分类

1）按照企业主价值链分类

贸工技：以贸易为优先战略的企业组织类型。这类企业以客户管理为主线，结合产品的策划、研发流程、品质管理流程、财务管理流程、人力资源管理流程等，形成总的价值链。

技工贸：以技术为优先战略的企业组织类型。这类企业以产品设计、研发流程、品质管理流程为主线，结合客户关系管理流程、财务管理流程、人力资源管理流程等辅助流程，最终形成自己的总价值链。

2）按照流程的作用范围分类

“作用范围”是指流程涉及的内容、所起的作用。按照流程的作用范围可分为企业战略流程、企业经营流程、企业保障流程三类。

企业战略流程：与企业的经营分析、战略定制、战略调整等相关的流程。

企业经营流程：与企业主营业务相关的流程和财务管理类流程。

企业保障流程：如行政管理、安技环保、后勤保障类流程。

3）按照咨询行业通用分类

从通用角度可分为“企业管理流程”和“企业业务流程”两大类，分别描述管理工作与主营业务工作。

企业管理流程：包括战略、行政、财务、人力资源等管理内容的相关流程。

企业业务流程：包括采购、销售、设计、生产等方面的流程。

2. 流程分级方法

关于流程分级方法，目前并没有定论，常用的分级方法是将流程划分等级。

一级流程：企业的价值链，描述企业创造价值的过程，由企业的业务模块构成。

二级流程：每个业务模块的运营内容，即三级流程的逻辑关系。

三级流程：跨部门、岗位间的工作流程，由工作事项组成。

四级流程：部门内、岗位间的工作流程，仍由工作事项组成，但局限于部门内。

五级流程：岗位内的工作流程，即某岗位、某工作的标准作业程序。

（二）煤矿岗位标准作业流程分类、分级

煤矿岗位标准作业流程分类、分级是按照专业、作业设备、作业类型等对煤矿生产各作业环节的流程进行横向和纵向划分，便于区分编码和统一管理。煤矿岗位标准作业流程分类、分级标准相较于业务流程管理更加细微，按照流程管理中的分级标准，煤矿岗位标准作业流程属于第5级流程，但因为煤矿岗位标准作业流程涉及煤矿作业环节和内容都非常多，若不进行分类、分级区分，都会给后续的管理和执行带来不少困难。同时煤矿生产实际中已有一些惯用的专业分类，给煤矿岗位标准作业流程分类、分级提供了重要参考和借鉴。煤矿岗位标准作业流程分类、分级如图3－6所示。

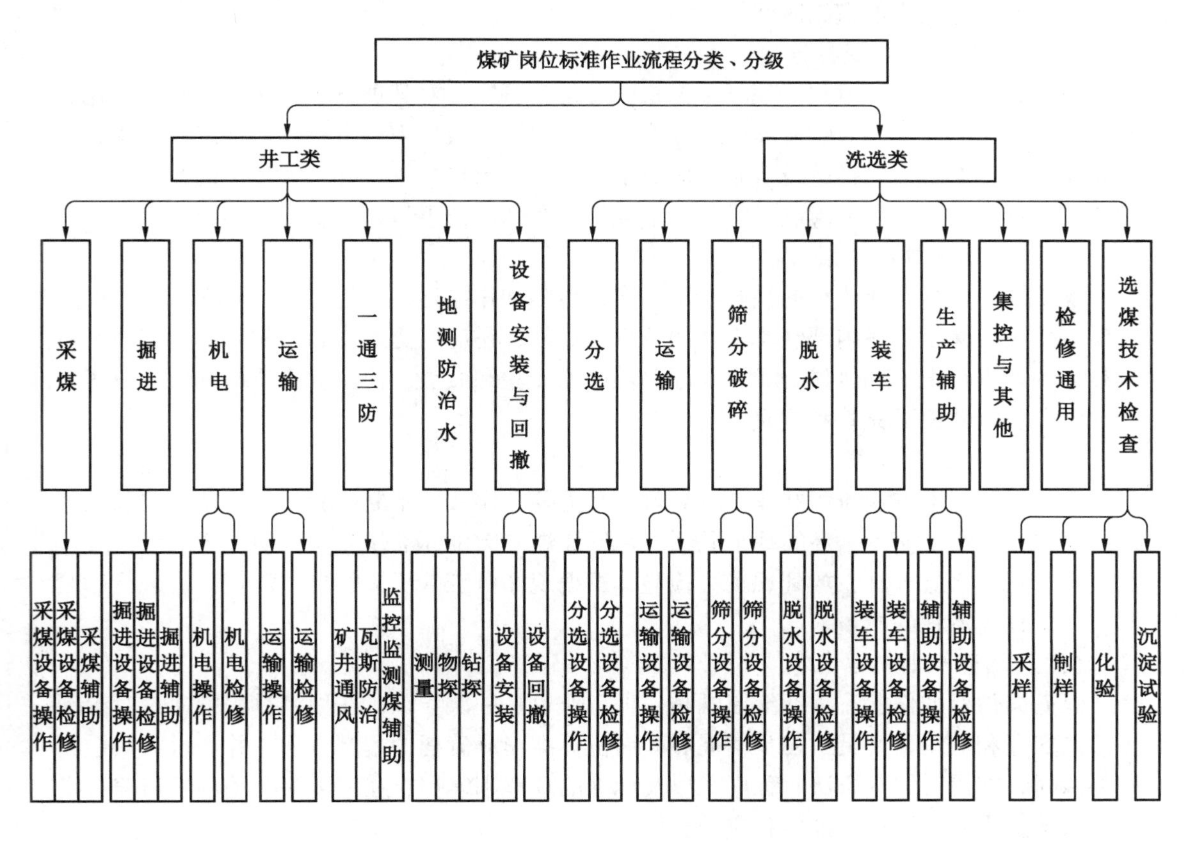

图3－6　煤矿岗位标准作业流程分类、分级（以神东煤炭集团为例）

第三节 编制与管控理念

一、编制理念

流程梳理和分类分级完成后，下一步就要进入流程编制了，在流程编制前经充分调研讨论，形成了流程编制的几大理念，为流程编制工作的实施指明了方向。

（一）充分利用已有成果

流程编制应充分利用已有成果，如岗位职责、岗位操作法、风险预控、危险源辨识，以及事故案例等资料。这些资料通过岗位分析和风险分析已形成了初步成果，像风险预控体系，甚至其形式与流程都有一定的相似度，是编制流程的重要依据和参考，在流程编制前应进行系统梳理，在充分利用已有成果的同时减少工作量。

（二）借鉴成熟流程方法和工具

经过多年发展，流程管理已经形成了一些成熟的思想方法，如“5W1H”结构化分析法、经验总结法、目标管理法、ECRS 优化法等。这些方法在煤矿岗位标准作业流程编制过程中都可以借鉴和应用，同时也出现了一些优秀的编制工具，如 ARIS、VISIO 等软件。其具有操作简单、培训资料系统、管理便捷等优点，员工经短期培训即可上手，缩短了煤矿岗位标准作业流程的编制时间。

（三）全体员工广泛参与

煤矿岗位标准作业流程对现场员工来说还是新事物，对其理念和方法的理解、消化和吸收需要一段时间，同时煤矿岗位标准作业流程编制完成后需要进行全员推广和应用，员工越早介入，对之后的推行越有利。同时全员广泛参与也可以发挥广大员工的智慧，因此煤矿岗位标准作业流程的编制不是某一个或某几个部门的事情，需要全员参与。

（四）依靠内外部力量

煤矿岗位标准作业流程的核心在于其作业步骤和作业标准的规范性、科学性，要保障其编制质量，除了依靠内部经验丰富的技术人员外，还应广泛发动和依靠外部专家力量对其核心内容进行把关和研讨，吸收外部单位好的经验和做法，使煤矿岗位标准作业流程在初始阶段就能够相对完善和成熟。

（五）先试行后完善

煤矿岗位标准作业流程并非一蹴而就，是需要在实践中不断检验、反馈、修改和完善的，这也是流程 PDCA 循环的基本原则。在形成煤矿岗位标准作业流程初步成果后，应首先进行试行，将流程真正放到现场去检验，根据现场员工的反馈意见对流程再次进行修改和完善，提高流程的质量。

（六）培养一批流程人才

煤矿岗位标准作业流程的编制既是一项工作也是一次培训，在编制过程中通过对编制方法的实践和应用，使员工初步掌握煤矿岗位标准作业流程的编制方法，并通过对共性问题的探讨，加深对编制方法、程序，以及标准的理解和掌握，在完成流程编制后培养一批流程人才，为后续流程的推广和应用提供支撑。

二、管控理念

（一）“一把手”工程

煤矿岗位标准作业流程的落地和推广离不开核心领导的重视和推动，只有核心领导真正理解煤矿岗位标准作业流程的重要意义，调动企业资源大力支持，才能发挥煤矿岗位标准作业流程的价值和作用。

（二）充分利用现有管控机构

煤矿岗位标准作业流程虽然是流程管理的一部分，但只是涉及作业层面，并未涉及管理层面的改变，煤矿岗位标准作业流程的管控应在企业现有管控机构的基础上开展，充分利用已有的管控方法和经验。

（三）先激励再考核

考核一直是煤矿企业的重要管理手段之一，但煤矿岗位标准作业流程作为一个新事物，在初始管控阶段，不宜采用严苛的考核，应以激励为主，提高员工的积极性，避免出现抵触情绪。在煤矿岗位标准作业流程应用逐渐成熟之后，再适当提高考核标准，最大限度地发挥管控手段对煤矿岗位标准作业流程的推动作用。

（四）制度化和常态化管控

任何事物要长期发展和运行都离不开管理制度，煤矿岗位标准作业流程要在企业长期实施，就必须制定管理制度，发挥制度的权威性，同时要进行常态化管控，让煤矿岗位标准作业流程逐渐成为员工的习惯，达到规范员工行为的目的。

（五）闭环管控

结合流程的实施步骤和 PDCA 循环理论的基础，煤矿岗位标准作业流程采用闭环管理模式，即通过“宣贯培训→现场应用→发现问题→流程改进”的不断循环，逐步提升流程应用水平，真正发挥流程指导安全生产的作用。同时，流程以组织、制度、技术为保障，通过煤矿岗位标准作业流程系统实现流程的编、审、发、学、用、评闭环管理平台，实现流程、人、岗匹配，支撑流程细化、便捷学习、执行落地，实现作业经验和技术共享，缩短员工技能成熟时间，保障作业安全。

（六）与已有管控手段相融合

煤矿岗位标准作业流程在实际运用过程中并不是孤立进行的，而是根据流程本身的特点，分析其他体系的结构，将煤矿岗位标准作业流程与风险预控管理体系、精益化管理、内部市场化等相融合，在流程对应的每个步骤内关联相应的危险源、事故案例等。其他体系在运行过程中，以标准作业流程为主线，分步骤、分内容对照表单内的相关信息进行内容融合、管理融合、理念融合，两两纵横融合、上下贯通，形成统一的整体，达到“$1+1\gg 2$”的效果。

（七）充分利用信息化工具

信息化工具和信息化管理能够实现资源和数据的集中，提高沟通和运行效率，煤矿岗位标准作业流程的管控也应当充分利用信息化工具，实现流程资源共享和便捷管理。

第二篇　编　　制　　篇

第四章　煤矿岗位标准作业流程编制

流程编制是煤矿岗位标准作业流程由规划到实践的第一步，编制质量的高低不仅会影响煤矿岗位标准作业流程本身的规范性和适用性，还会对煤矿岗位标准作业流程整体实施进度产生影响，因此需要遵循科学的编制程序和方法。经过近几年的实践和应用，初步总结出了一套相对完善的编制方法。本章介绍了煤矿岗位标准作业流程的编制原则、编制程序以及编制要求，并结合具体案例介绍了编制方法的应用。

第一节　编　制　原　则

流程的编制原则是纲领性要求，是用来指导流程编制方法的钥匙和准绳，是企业编制流程宝贵经验的沉淀。没有流程编制原则，流程编制过程中，就没有了流程编制质量的评判依据。流程编制原则的提炼来自两个方面：一是流程整体规划。围绕流程规划，要将其落实到具体每个作业类型的执行规划。二是最佳实践提炼。最佳实践来自各岗位现场实践作业知识经验的积累。根据神东煤炭集团煤矿岗位标准作业流程体系规划，结合各矿井（选煤厂）各岗位作业的经验积累及收集的反馈意见，经过反复研究，提出了神东煤炭集团煤矿岗位标准作业流程编制原则。

一、安全性原则

煤矿岗位标准作业流程需融合安全风险预控体系，需将辨识出的危险源在表单中的作业步骤、作业内容、作业标准、危险源及安全风险提示等方面消除或避免，提高流程的安全性。

二、实用性原则

为了便于指导规范生产作业人员实际工作，在表单中综合与生产作业直接相关的部分作为表单主要内容，包括作业步骤、内容、标准、制度、工单、人员及危险源与安全风险提示等。

三、准确性原则

为了使流程编制有依可循、有据可查，首先分析研究了神东、潞安、陕煤、兖矿、开滦等 13 家国内开展岗位作业标准化工作较早的煤炭企业基础资料，并对资料内容进行了认真的学习和整理。同时将公司所有矿井的区队、班组、岗位、现场管理的各类制度、作业表单、工作规范、安全要点等信息收集整理，纳入 Aris 平台，形成平台的基础数据库，作为流程图绘制的基本数据来源。

四、规范性原则

编制人员按照作业流程名录，把每个具体流程的步骤、作业内容、作业标准、安全风险提示，以及作业中必须遵循的国家和煤炭行业颁布的方针政策、法律法规、规范和标准等内容梳理出来，编制作业流程的规范性体系文件（表单）。

五、科学性原则

编制流程经过原神华集团内外部专家及技能大师的审查，通过并经现场实践检验无误后方可发布实施，确保流程的科学性。

六、通用性原则

所有流程纳入公司流程库，保持一定的通用性，用于指导各煤矿、选煤厂及其他单位编制适合各自的执行流程。

七、可操作性原则

流程要“源于基层、高于基层、指导基层、服务基层”，既要充分体现提高作业效率、保障安全生产的要求，又要符合煤矿现场实际情况，具有可操作性。所有流程都坚持煤矿企业能实现、可执行、用得上，才能发挥实效。

第二节　编制程序及要求

为确保流程编制有序开展，结合流程编制方法研究情况，制定了以流程提出到流程文件形成的流程编制程序。

一、流程提出

根据各煤矿（选煤厂）各岗位现场作业情况，按照煤矿岗位标准作业流程分类、分级原则，提出待编制流程，并根据流程目录、范围设置、编号要求，列入相应流程目录。流程提出即流程梳理，具体原则参照第三章内容，此处举例进行说明。

二、基础信息整理

收集待编制的煤矿（选煤厂）岗位标准作业流程的相关基础信息，对资料内容中的流程要素进行分析整理。

（一）相关制度基础信息

包括《煤矿安全规程》“选煤厂安全规程”“作业操作规程”“煤矿防治水规定”等国家标准、行业标准及规定，并以单条形式存储。

（二）作业人员基础信息

包括《煤炭行业大典职业分类表》中确定的工种，并根据流程步骤确定工种个数。

（三）作业表单基础信息

包括各项岗位作业流程步骤涉及的所有作业表单。

（四）危险源基础信息

包括各项岗位作业操作或检修过程中已识别的危险源信息。

（五）不安全行为基础信息

包括煤矿（选煤厂）岗位作业具体流程步骤中涉及的不安全行为信息。

（六）事故案例基础信息

包括各项岗位作业曾经发生过的事故案例。

三、流程名称确定

在考虑作业的特殊性、固定称谓及专业术语的基础上，对作业流程的具体名称命名。尽量使用动宾结构，且为中文汉字全称。

四、流程图绘制

（一）流程图的组成结构

流程图是由一些图框和流程线按照一定的逻辑关系组成的，其中，图框表示各种操作的类型，图框中的文字和符号表示操作的内容，流程线表示操作的先后次序，圆角矩形表示“开始”与“结束”，矩形表示行动方案、普通工作环节，菱形表示问题判断（或判定、审核、审批、评审）环节，平行四边形表示输入输出，箭头表示工作流方向。参考美国 NCSI 系统流程图标准符号，流程图结构主要有以下几种。

1. 循序结构（Sequence）

该结构适用于具有循序发生特性的处理程序，而绘制图形上下顺序就是处理程序进行顺序。循序结构示意如图 4－1 所示。

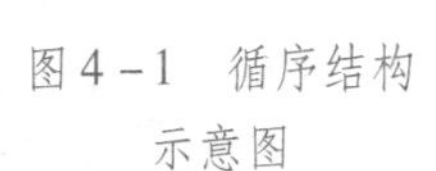

图 4－1　循序结构示意图

2. 选择结构（Selection）——二元选择结构（基本结构）

该结构适用于必须选择或决策的过程，再依据选择或决策的结果，选择一条程序继续执行。选择或决策的结果，可以用是、否，通过、不通过，或者其他相应文字来叙述不同路径处理程序。经过选择或决策结果的二元处理程序，可以仅有一个，如仅有是或否的处理程序。二元选择结构（基本结构）示意如图 4－2 所示。

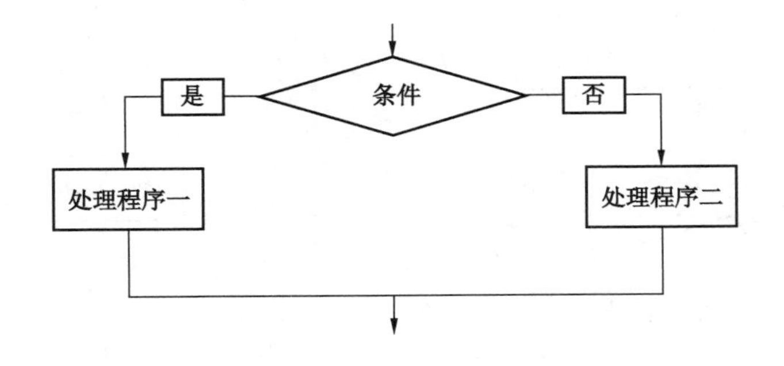

图 4－2　二元选择结构（基本结构）示意图

3. 多重选择结构——二元选择结构（变化结构）

该结构是二元处理结构的变化，流程依据选择或决策结果，选择一条程序继续执行。选择或决策结果路径名称，可以用不同文字来叙明不同路径的处理程序。二元选择结构（变化结构）示意如图4－3所示。

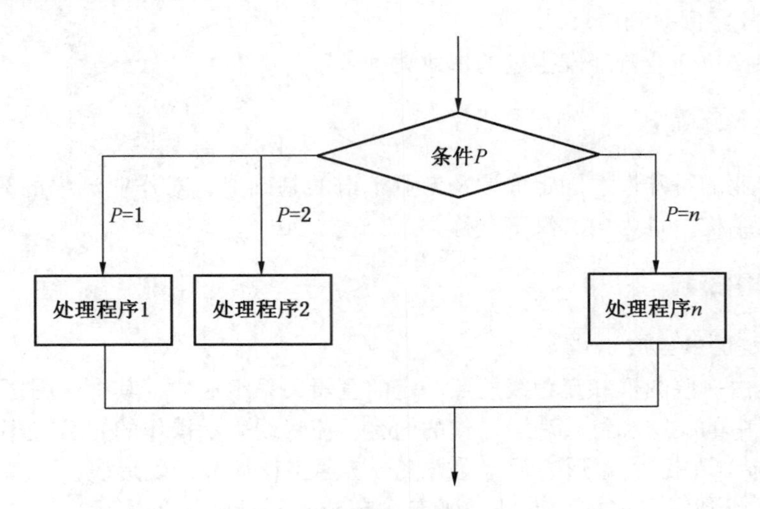

图4－3　二元选择结构（变化结构）示意图

4. 重覆结构（Iteration）——REPEAT－UNTIL结构

该结构适用于处理程序依据条件需要重复执行的情况，而当停止继续执行的条件成立后，即离开重复执行循环至下一个流程。先执行处理程序，再判断条件是否要继续执行。REPEAT－UNTIL结构示意如图4－4所示。

5. R重覆结构（Iteration）——DO－WHILE结构

该结构适用于处理程序依据条件需要重复执行的情况，而当停止继续执行的条件成立后，即离开重复执行循环至下一个流程。先判断条件是否成立，再执行处理程序。DO－WHILE结构示意如图4－5所示。

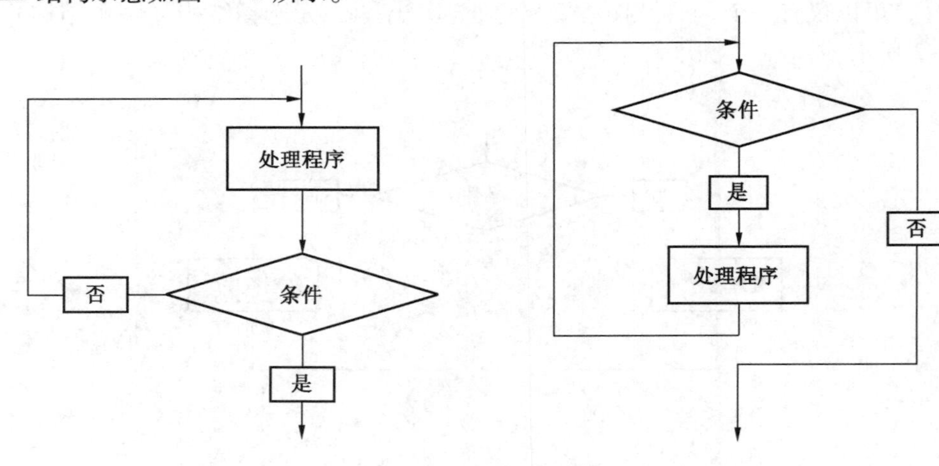

图4－4　REPEAT－UNTIL结构示意图　　图4－5　DO－WHILE结构示意图

（二）煤矿岗位标准作业流程流程图及绘制要求

根据流程图通用结构，结合煤矿岗位标准作业流程体系及框架设计选择循环结构，流程图建模人员按流程图符号要求，结合流程步骤逻辑顺序，用流程编制工具绘制形成流程图。煤矿岗位标准作业流程流程图符号示意见表4－1。

表4－1　流程图符号示意

符　号	说　　明	示　　例
	事件：表示流程运行过程中所发生的状态改变	超前支护需求开始
	功能：为达到一个或多个目标而作用在（信息）对象上的一个任务、操作或活动	检查作业环境
	作业人员：描述有相同职责（权利和义务）的人员，用以担负和完成作业流程中的具体工作	采煤支护工
	作业表单：表示流程中的数据、表单，为纸质表单，如停送电票、记录单、审批单等相关表单	高压检修表单
	相关制度：作业参考的相关制度、规范、规章、规程、规定等	安全规程
∧	与：表示一件事情可能产生的几个结果或后续活动，全部发生；或表示一件事情的发生需要几个条件同时满足	1 工器具及材料准备；2-1 通知相关单位做好停电准备工作；2-2 审批停送电工作票
×	异或：表示一件事情可能产生的几个结果中，有且只有一个会发生	2-2 审批停送电工作票；工作票已审批通过；工作票未审批未通过

表 4－1（续）

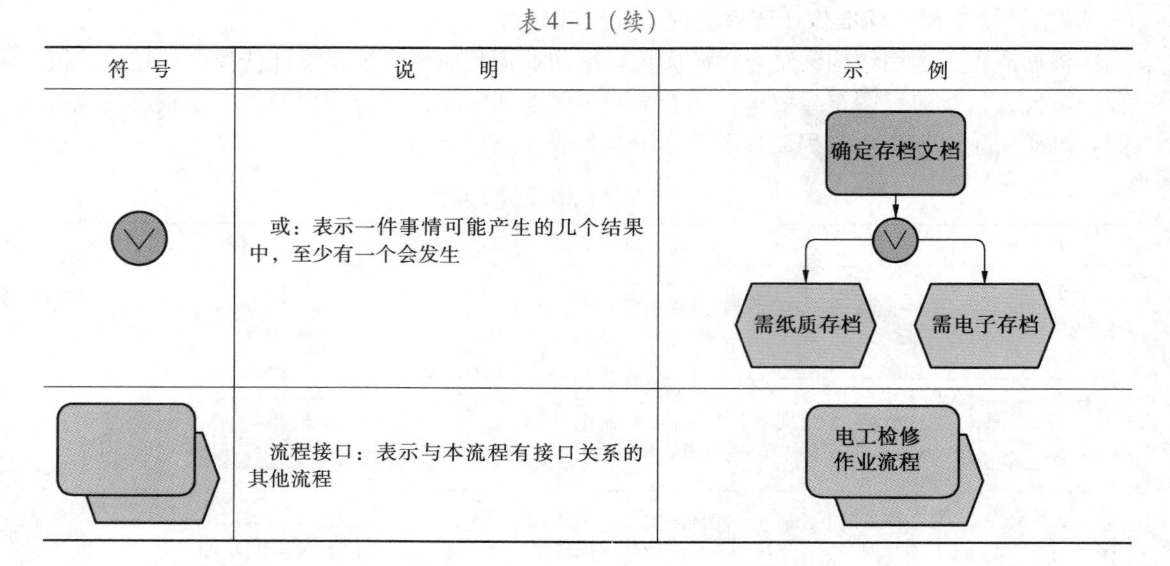

符　号	说　　明	示　　例
	或：表示一件事情可能产生的几个结果中，至少有一个会发生	确定存档文档 需纸质存档 需电子存档
	流程接口：表示与本流程有接口关系的其他流程	电工检修作业流程

五、流程表单编制

（一）理论依据

在流程图绘制完成后，已经能够对作业的步骤及逻辑关系有了较为清晰的描述，但若要在现场使用，仍需要对作业涉及的关键信息进行详细说明，如“谁来做”“什么时间做”“在哪做”“怎么做”等，这就需要通过流程表单补充以上信息。

5W1H 分析法（Five Ws and one H）也称为六何分析法，“5W”是在 1932 年由美国政治学家拉斯维尔最早提出的一套传播模式，后经过人们的不断运用和总结，逐步形成了一套成熟的“5W＋1H”模式。5W1H 分析法，是一种思考方法，也可以说是一种创造技法，是对选定的项目、工序或操作，都要从原因（Why）、对象（What）、地点（Where）、时间（When）、人员（Who）、方法（How）等 6 个方面提出问题进行思考。5W1H 方法的内容及分析步骤如图 4－6 所示。

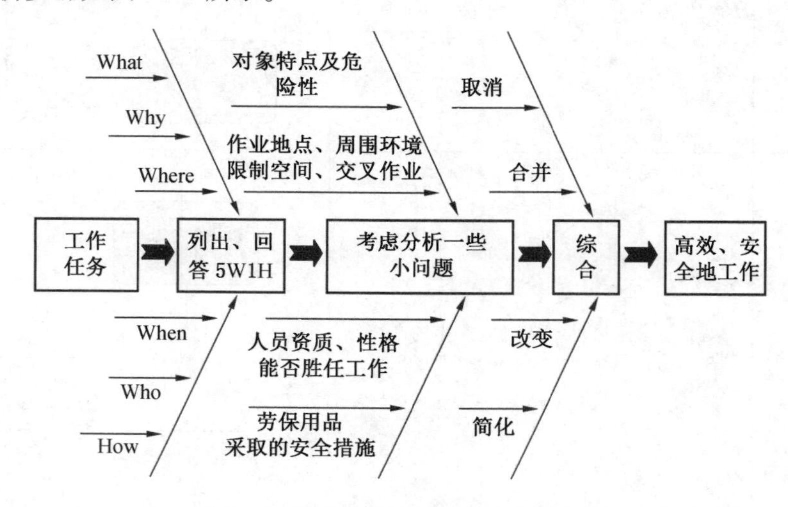

图 4－6　5W1H 方法的内容及分析步骤

在编写表单时可以参考5W1H分析法，对表单的各项内容进行完善，由于煤矿现场作业的特殊性，目前还没有办法对作业时间进行精确掌控，在设计表单时也没有考虑这一因素，主要根据作业步骤完善相应的作业内容和作业标准。随着煤矿现场精益化管理的进一步实施，未来在煤矿岗位标准作业流程中也要考虑相应的时间因素。

（二）要求

编制人员按照流程图内容及流程表单编制要求，梳理岗位标准作业流程的流程步骤、作业内容、作业标准、相关制度、作业表单、作业人员和危险源及风险后果提示，编制流程表单。流程表单编写要求如下。

1. 序号要求

流程步骤顺序编号，以1、2、3等表示。同一步骤内存在并列的作业，编号以-1、-2、-3表示，-1、-2、-3无先后顺序关系。例如，第二个步骤有并列的3个作业表示为2-1、2-2、2-3。

2. 步骤要求

步骤的名称，一般为动宾结构，名称表述应简洁明了。

3. 作业内容要求

对作业对象在操作、检修步骤中的每一个作业程序及具体内容进行细化。作业内容便于作业人员理解，并详尽说明流程步骤操作内容。

4. 作业标准要求

作业内容所遵循技术、装备、工艺、质量及操作等要求，做到量化、准确。作业标准内容便于作业人员理解，并满足指导作业人员流程具体操作的需要。

5. 相关制度及表单要求

制度包括与作业内容相关的法规、标准、规范、规章及煤炭生产企业规定等。法规、标准、规范、规章及各公司相关规定均应引用全名，并落实到具体条款。表单能够规范现场流程作业过程中的内容，如交接班记录单、停送电工作票等。

6. 作业人员和危险源及风险提示要求

作业人员应使用《煤炭行业大典职业分类表》中确定的工种，作业人员的选择应符合流程作业步骤和操作内容的需要，且不能遗漏。危险源及风险后果提示，应提出可能发生的安全隐患及防范措施。

六、流程审定

审定人员会同编写人员对每个作业流程表单全面审定，审定工作以小组形式对流程分专业审查。总负责人、专业负责人会同流程编制人员按流程步骤、作业内容、作业标准、相关制度、作业表单、作业人员和安全风险提示依次提出审查意见，保证标准作业流程编写的质量。通过流程审查表进行痕迹管理。

七、流程文件形成

建立了流程管理设计平台，在平台上建模、绘图、填写流程表单，然后上传，形成煤矿岗位标准作业流程信息系统。根据需要也可以打印输出。通过流程编制工具，导出流程图和流程表单。

第五章 流程图建模

流程图是煤矿岗位标准作业流程的重要组成部分，是煤矿岗位标准作业流程的概要体现，要实现煤矿岗位标准作业流程的标准化、规范化和统一化，同时方便以后修改和管理，必须采用统一的流程图建模规则。本章重点介绍了流程图建模的布局以及连线规则，结合煤矿岗位标准作业流程流程图建模实践经验，对建模技巧等进行了总结。

第一节 建 模 规 则

一、布局规则

流程图的布局应满足6个要求。

（1）起始和结束于事件（或流程接口），事件不能连事件。

由上文可知，事件表示状态改变，从一个事件到另一个事件必然要经过一系列的作业步骤，事件直接相连就会导致关键的作业信息被隐藏，致使具体的应用人员无法按照流程图进行作业。例如图5－1中，“超前支护需求开始”和“超前支护作业结束”是同一个流程图中的两个事件，直接相连后并无实际意义。一般而言，煤矿岗位标准作业流程的流程图中只有“……需求开始”和“……作业结束”两种状态，一般出现在流程图的开始和结束，中间状态的事件很少出现。

（2）功能、事件是主体，按照先后关系呈自上而下的布局。

此项规则符合一般的作图及看图习惯，即按照流程的作业步骤顺序，由上到下进行绘制，布局规则如图5－2所示。

（3）相关制度放在流程步骤的左侧，作业人员放在流程步骤的右侧，布局规则如图5－3所示。

（4）作业表单的流入在流程步骤的左侧，作业表单的流出在流程步骤的右侧，流入的表单放在制度文件下方，流出的表单放在作业人员下方，布局规则如图5－4所示。

区分表单“流入”还是“流出”是根据现场作业时表单产生的时间节点区分的，若表单在作业前已经产生，必须要参考和依据表单信息开展作业，这样的表单则是“流入”；若表单是作业后填写的各种记录等，为后面的作业服务，这样的表单则是“流出”。

（5）并列的小步骤需要横向同高度排列，布局规则如图5－5所示。

（6）逻辑符后的功能不能省略；流程有多个分叉的，应突出主线；流程中的各个符号之间，距离相等，布局规则如图5－6所示。

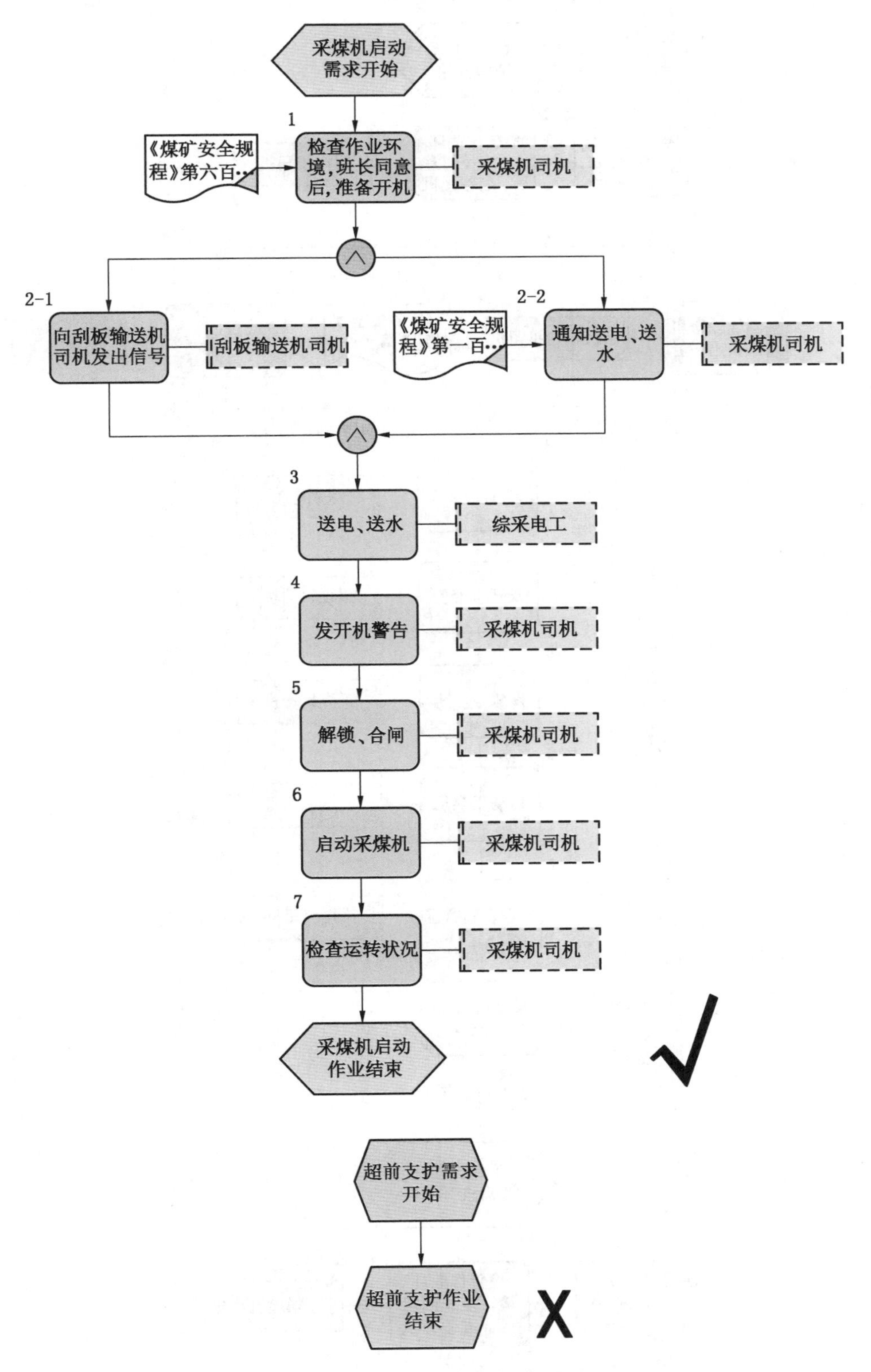

图5-1 流程图布局规则(一)

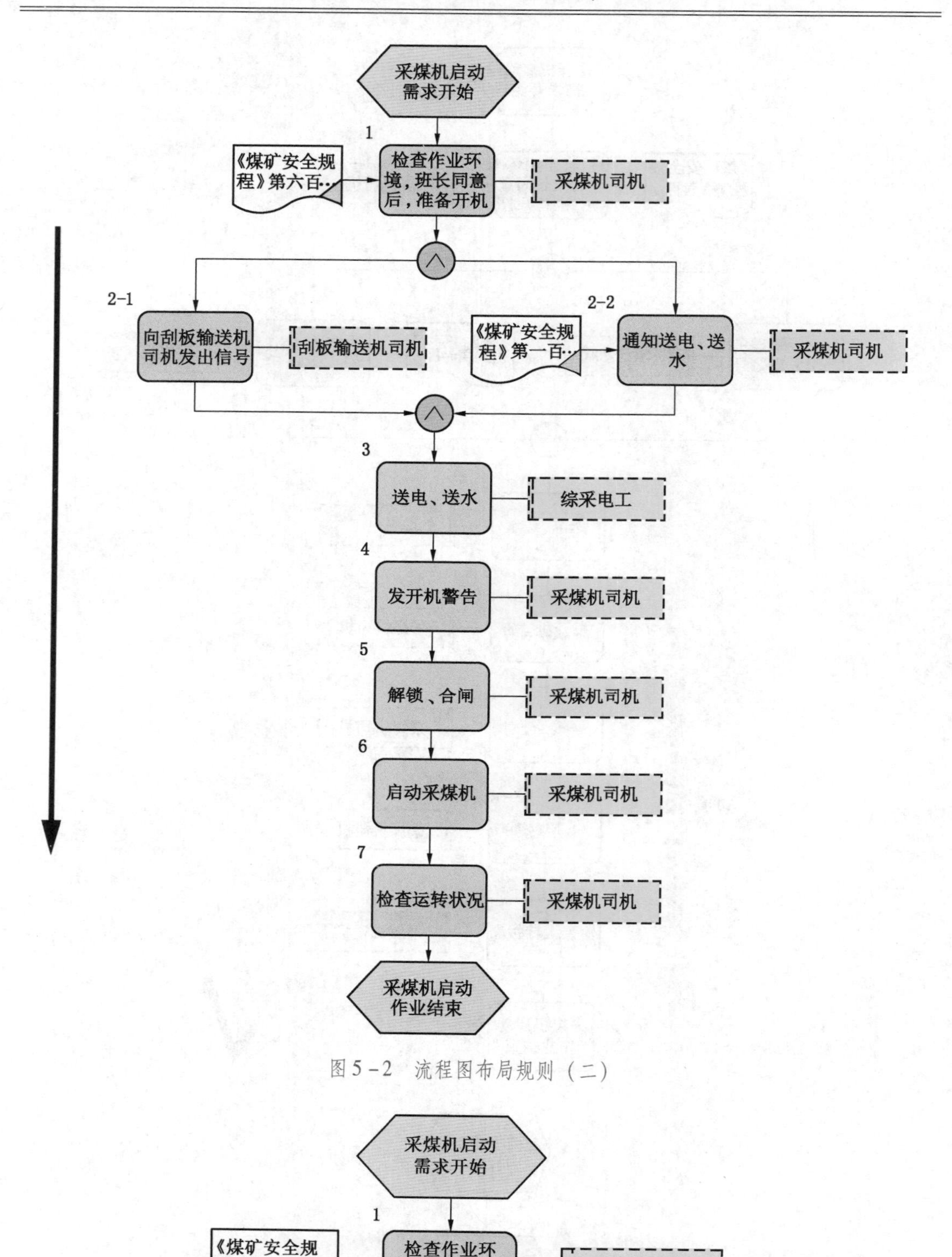

图 5-2　流程图布局规则（二）

图 5-3　流程图布局规则（三）

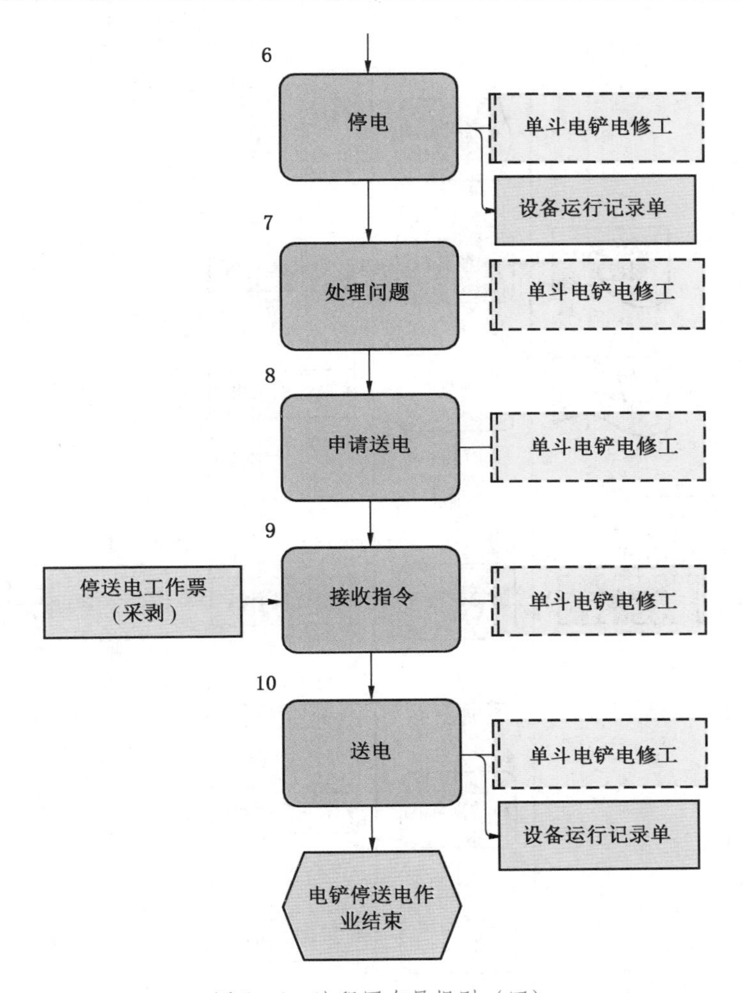

图5-4　流程图布局规则（四）

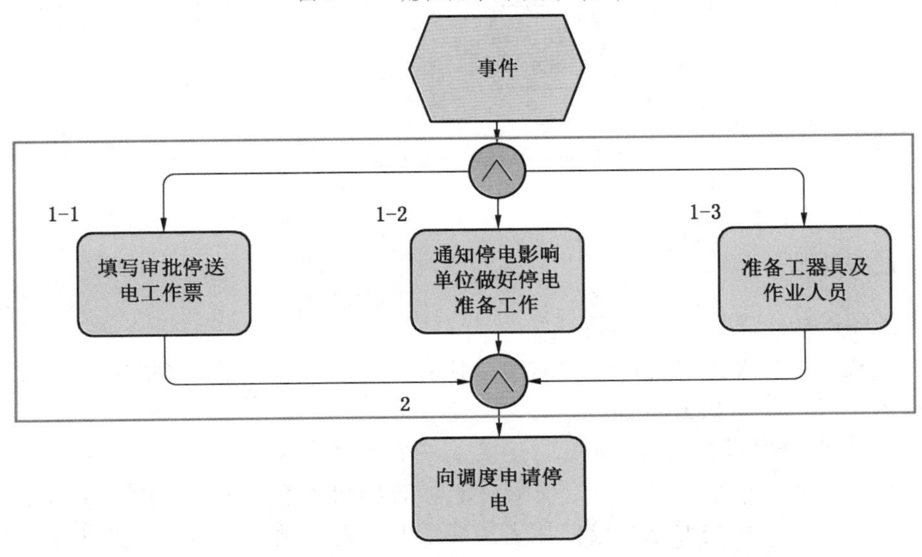

图5-5　流程图布局规则（五）

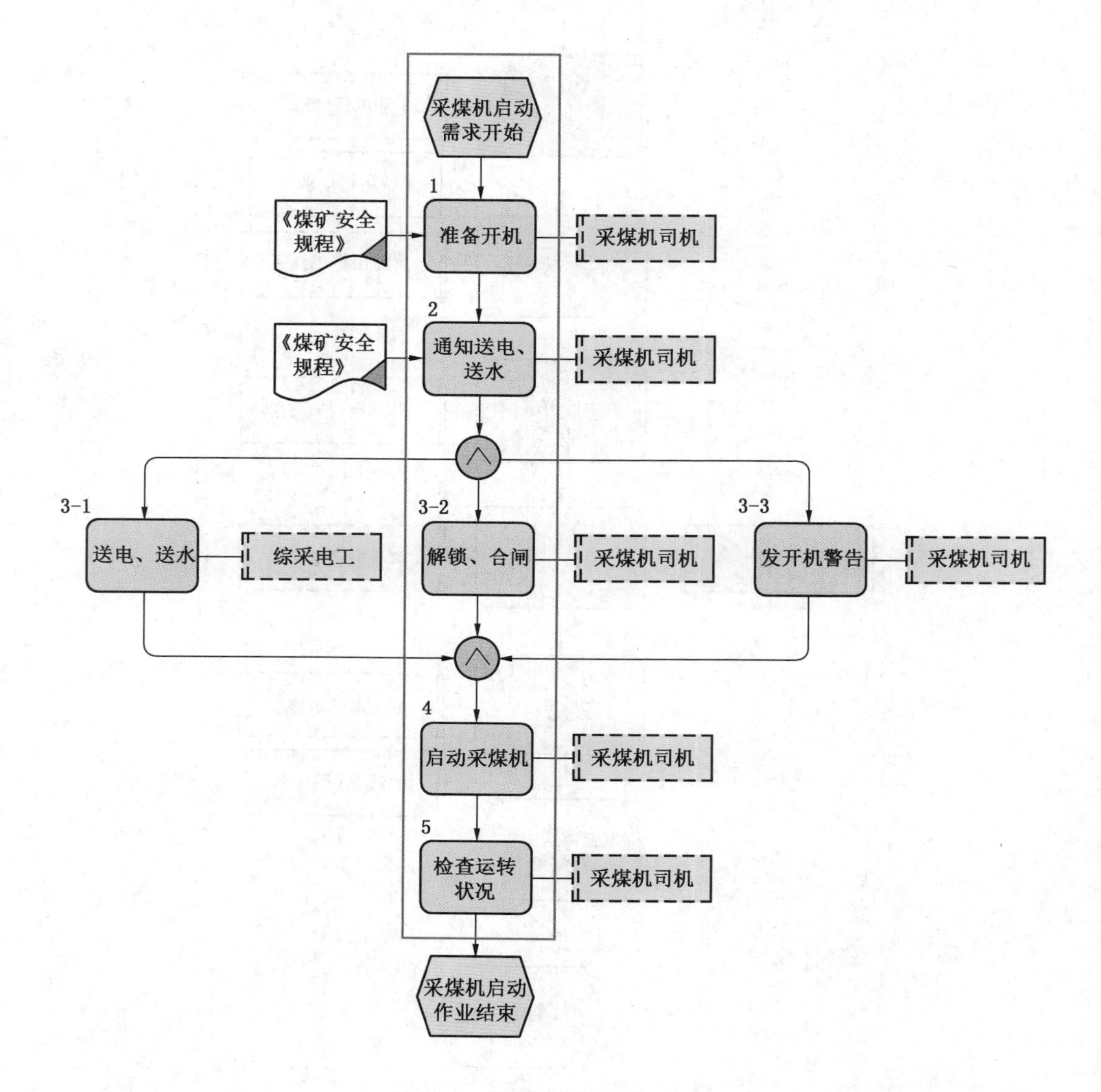

图 5 - 6　流程图布局规则（六）

二、连线规则

流程图的连线应满足 4 个要求：

（1）功能、事件和逻辑符号连接规则要求：对于“事件”和“功能”，最多只能有一个“进入”和一个“出去”连接。

功能和时间一般情况下是“单线”连接，一个事件只连接一个功能或者一个功能只连接一个功能，这就保证了在使用流程图时能够清楚知悉下一步骤的内容。若出现“一对多”或“多对一”的情况就会给使用者造成混乱，这种情况下就必须使用逻辑符进一步明确上下步骤之间的关系。连线规则如图 5 - 7 所示。

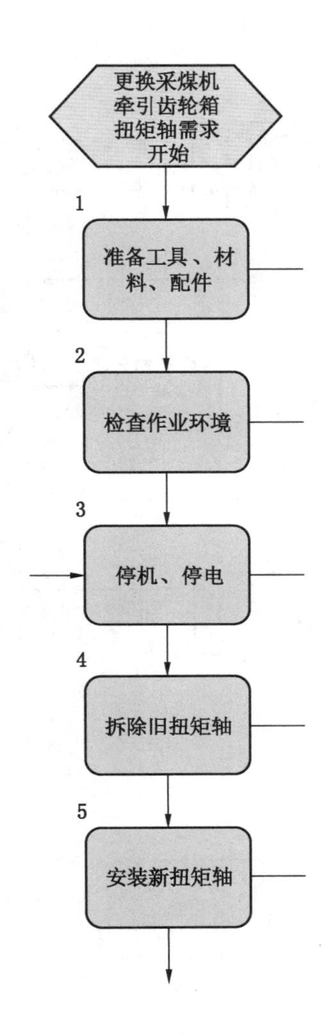

图 5-7 流程图连线规则（一）

（2）流程分叉后再汇合时遵守的规则。对于“逻辑符”，只能有两种情形：“单进多出”“多进单出”；分叉和汇合必须使用同一个逻辑符。

逻辑符在绘制时是“成对”出现的，如图 5-8 所示在与上一步骤连接的逻辑符是“单进多出”，而与下一步骤连接是“多进单出”，整体形成闭环，上下两个逻辑符也必须一致。

（3）逻辑符发生分支或分支合并时，连接点应在侧面；流程中出现的符号都要在符号四侧的中间点连线，连线规则如图 5-9 所示。

（4）多条连线指向同一个对象时，连线需要重合放置；而指向不同的对象时，连线就不能重合；连线不能交叉，连线规则如图 5-10 所示。

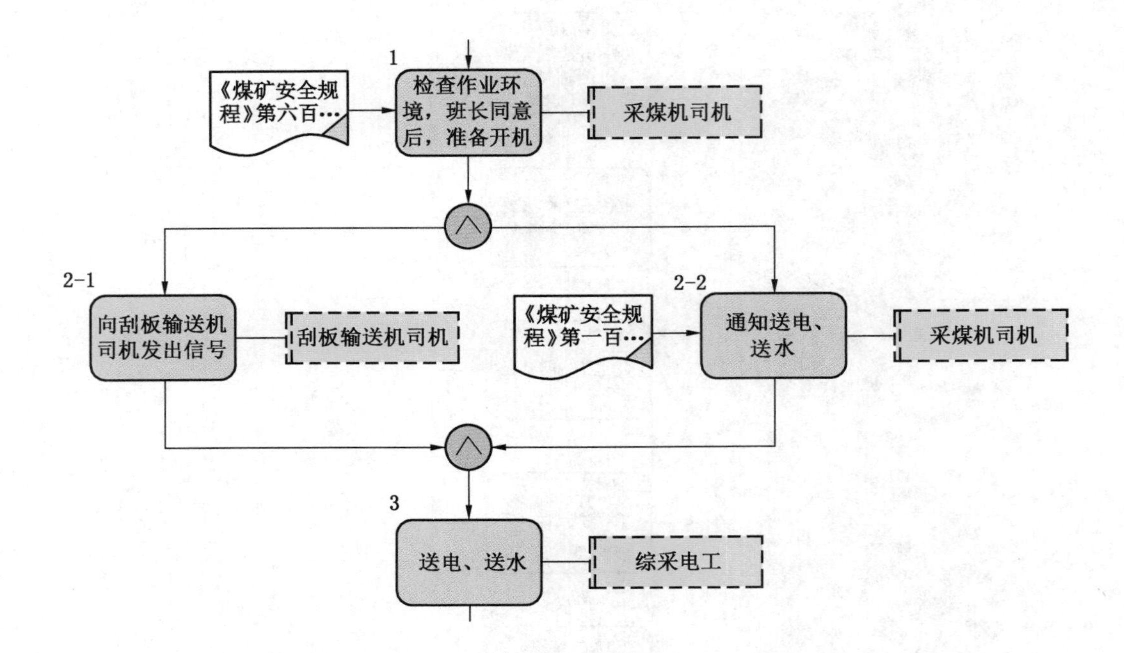

图 5-8　流程图连线规则（二）

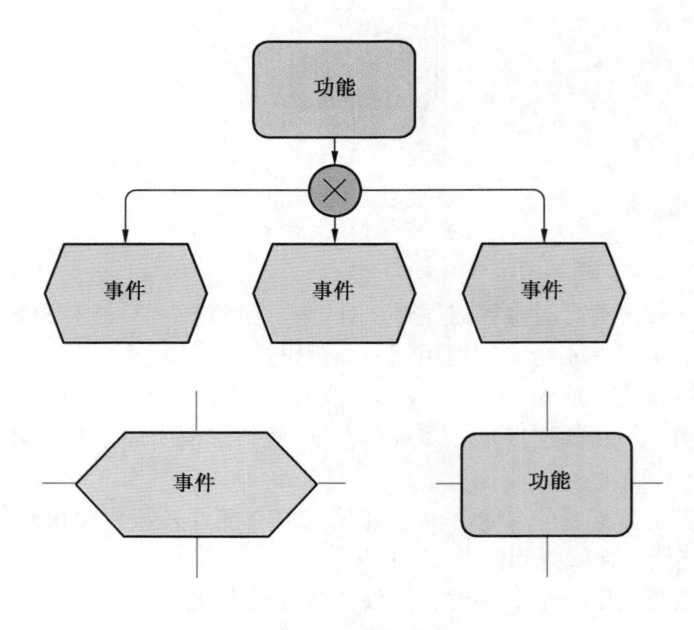

图 5-9　流程图连线规则（三）

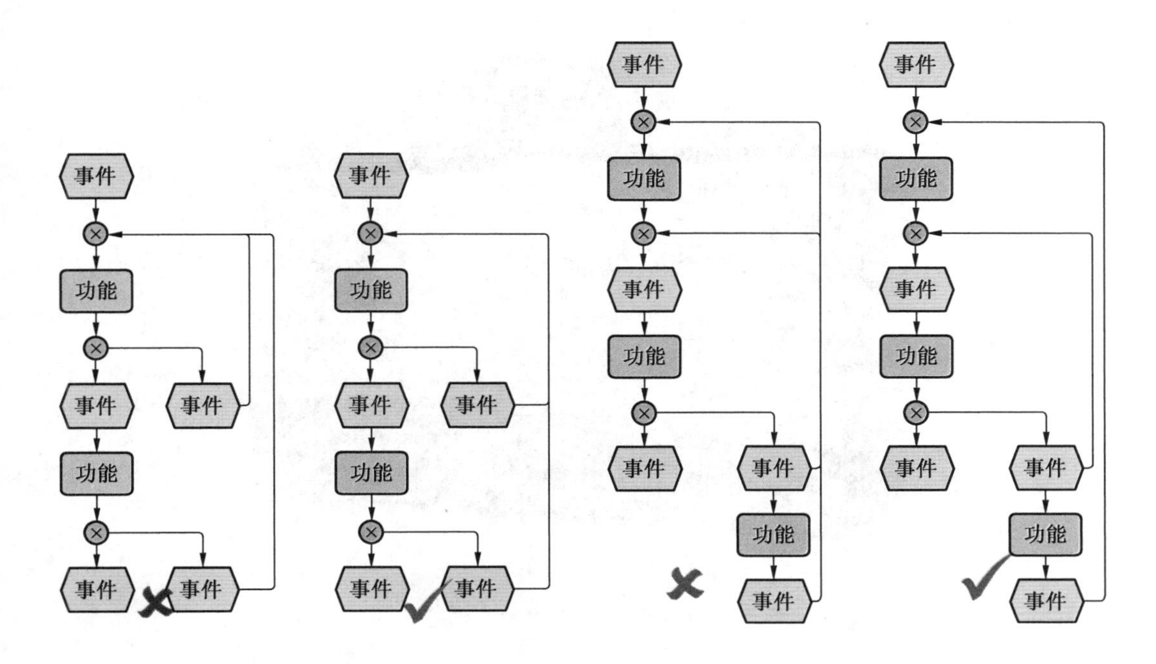

图 5－10 流程连线规则（四）

第二节 建模方法和技巧

一、流程要素模型建模规范

一般建模步骤包括：

第一步，描述结构中各流程要素架构（组织图、业务表单图、制度规范模型、功能树、应用系统类型图）；

第二步，描述详细业务流程（L5 作业流程图），需要引用流程要素架构中的角色、表单、应用系统等要素。

L5 作业流程图组织结构如图 5－11 所示。

（一）组织图—组织架构图

（1）模型说明：组织结构总图展现企业所涵盖的部门与部门、与企业之间的关系，描述了部门与岗位之间的关系。

（2）模型类型：组织图。

（3）模型内容：组织架构图由组织单元、组织单元类型、岗位对象组成。

（4）模型命名规范：单位或部门名称＋组织架构总图。

（5）模型创建：分配或新建到与之名称对应的组下。

（6）模型符号，见表 5－1。

（7）对象关系，见表 5－2。

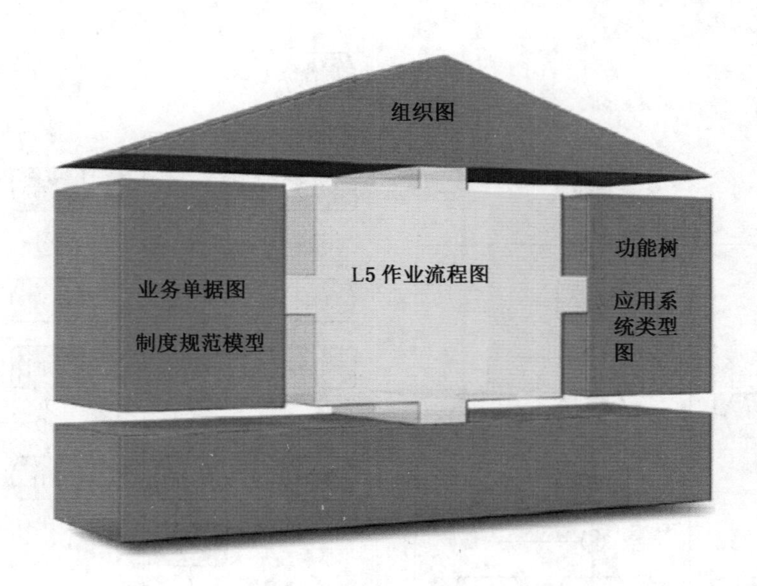

图 5-11　L5 作业流程图组织结构

表 5-1　模　型　符　号

绘制符号	说　明	命名规范	创建方式
组织单元类型	表示按照一定的分类规则所进行的企业部门和单位的分类	直接以单位、部门的名称命名，如"机关管理部门"	在组织架构图中新建
组织单元	表示企业的各级部门、单位和专项委员会	直接以企业的各级部门、单位和专项委员会名称命名，如"办公室"	在组织架构图中新建
岗位	表示部门按照人力资源管理要求具体设置的职位	直接以具体的岗位名称命名，如"人力资源部总经理"	在组织架构图中新建

表 5-2　对　象　关　系

源对象	关系类型	目标对象
岗位	是…组织的管理者	组织单元
岗位	是…技术上的上级	组织单元
组织单元	由…组成	岗位
组织单元	是…的类型	组织单元类型
组织单元	是…的上级	组织单元

（二）组织图—角色总图

（1）模型说明：角色总图描述业务流程所涉及的角色，用于作业流程图建模过程中对角色的引用。

（2）模型类型：组织图。

（3）模型内容：角色总图由角色对象组成。

（4）模型命名规范：项目名称 + 角色总图。

（5）模型创建：分配或新建到与之名称对应的组下。

角色总图如图 5 – 12 所示。

（6）模型符号，见表 5 – 3。

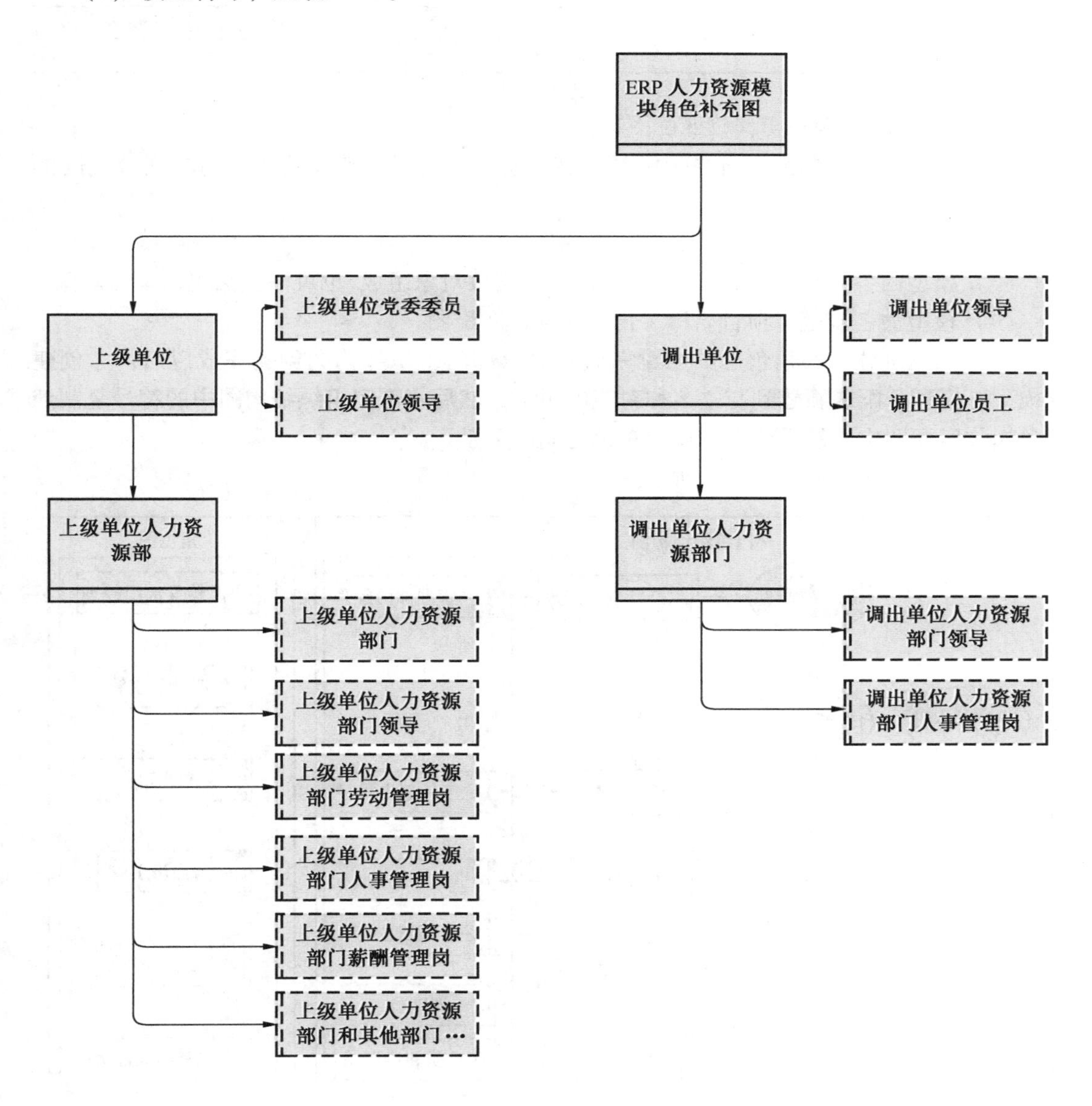

图 5 – 12　角色总图

表5-3　角色模型符号

绘制符号	说　明	命名规范	创建方式
角色	描述企业内部具有相同职责（权利和义务）的一类岗位，用以担负和完成业务流程中的具体工作	以企业中现有的角色名称命名，角色名称可以与具体的岗位名称一致，也可以不一致，如“单斗电铲司机”	在角色总图中出现复制

（7）对象关系，见表5-4。

表5-4　角色对象关系

源对象	关系类型	目标对象
角色	由…组成	角色

（三）组织图—角色与岗位匹配图

（1）模型说明：角色与岗位匹配图主要描述业务流程所涉及的角色与其岗位之间的关系。

（2）模型类型：组织图。

（3）模型内容：角色与岗位匹配图由角色与岗位对象组成，也可以包括组织单元对象。

（4）模型命名规范：项目名称+角色与岗位匹配图。

（5）模型创建：在角色总图创建完成和对应部门组织架构图创建完成以后，才创建此模型。模型分配或新建到与之名称对应的组下，然后将部门组织结构图中的符号复制到角色岗位匹配图中，然后建立岗位与角色之间的关系。

角色与岗位匹配如图5-13所示。

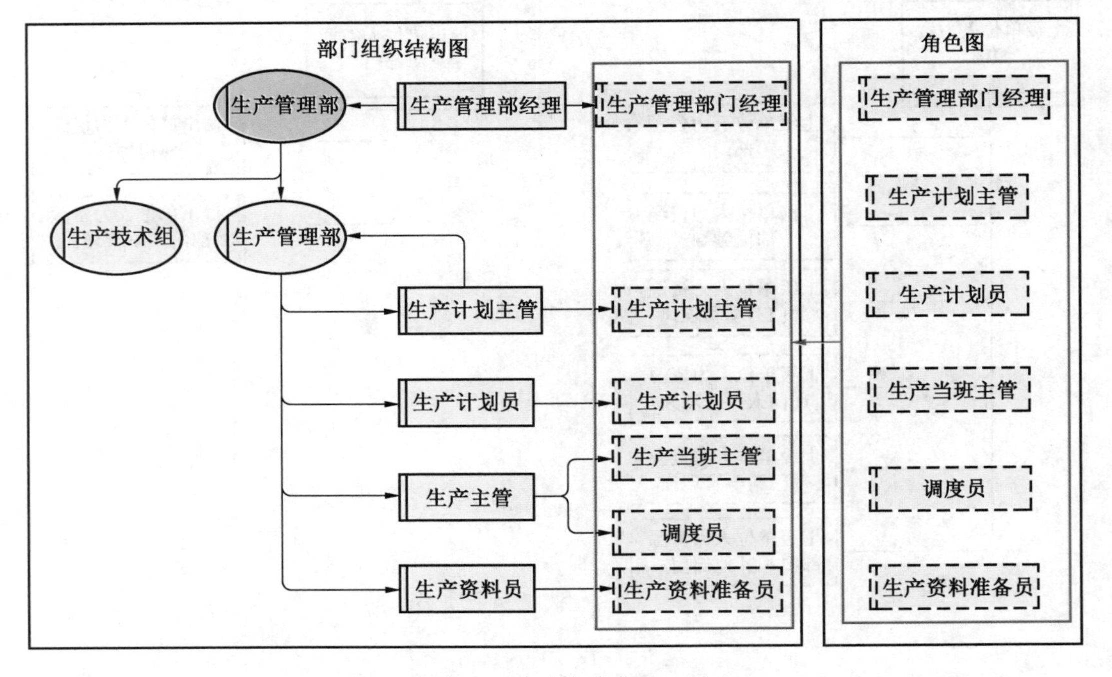

图5-13　角色与岗位匹配图

（6）模型符号，见表5－5。

表5－5　角色与岗位模型符号

绘制符号	说　明	命名规范	创建方式
角色	描述企业内部具有相同职责（权利和义务）的一类岗位，用以担负和完成业务流程中的具体工作	以企业中现有的角色名称命名，角色名称可以与具体的岗位名称一致，也可以不一致，如“单斗电铲司机”	在角色总图中出现复制
岗位	表示部门按照人力资源管理要求具体设置的职位	直接以具体的岗位名称命名，如“人力资源部总经理”	在组织架构图中出现复制

（7）对象关系，见表5－6。

表5－6　岗位对象关系

源对象	关系类型	目标对象
岗位	执行	角色

（四）业务单据图

（1）模型说明：业务单据图用于对业务流程中所使用的表单进行归类和整理，以便于对表单的总览、查询和整理。业务单据图用于作业流程图建模过程中对表单的引用。

（2）模型类型：业务单据图。

（3）模型内容：业务单据图由（系统外）表单、系统内表单对象组成。

（4）模型命名规范：流程分类名称＋表单总图。

（5）模型创建：分配或新建到与之名称对应的组下。

业务单据图如图5－14所示。

（6）模型符号，见表5－7。

表5－7　系统内外表单模型符号

绘制符号	说　明	命名规范	创建方式
(系统外)表单	是企业内部系统外相互间交流中使用的术语，表示流程中的数据、表单	以企业中现有的系统外表单名称命名，如“检修工单”	在业务表单图中新建
系统内表单	是企业内部系统内相互间交流中使用的术语，表示流程中的数据、表单	以企业中现有的系统内表单名称命名，如“付款凭证”	在业务表单图中新建

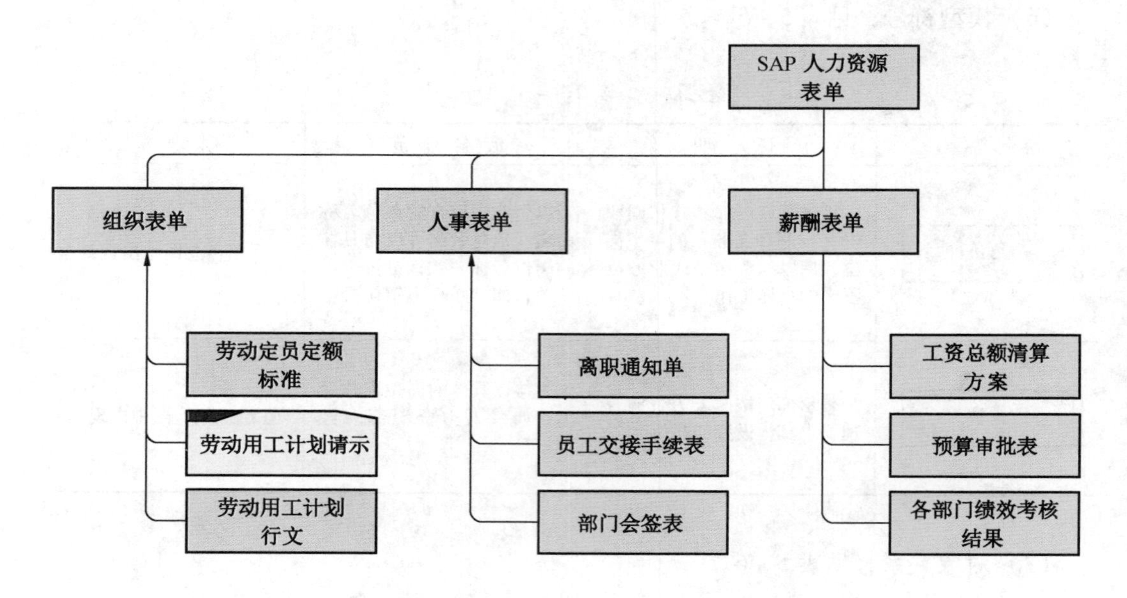

图5－14 业务单据图

（7）符号特性，见表5－8。

表5－8 符 号 特 性

符 号	特性名称	特 性 值
（系统外）表单、系统内表单	标题1	文本，此处加“空格”即可
	链接1	链接地址

（8）对象关系，见表5－9。

表5－9 系统内外表单对象关系

源 对 象	关 系 类 型	目 标 对 象
系统内表单	包含	系统内表单
系统内表单	和…有关系	系统内表单
（系统外）表单	包含	（系统外）表单
（系统外）表单	和…有关系	（系统外）表单

（五）制度规范模型

（1）模型说明：制度规范模型用于对业务流程中所使用的制度文档进行归类和整理，以便于对制度文档的总览、查询和整理。制度规范模型用于作业流程图建模过程中对制度的引用。

（2）模型类型：制度规范模型。

（3）模型内容：制度规范模型由制度文档对象组成。

（4）模型命名规范：流程分类名称 + 制度总图。

（5）模型创建：分配或新建到与之名称对应的组下。

制度模型如图 5 – 15 所示。

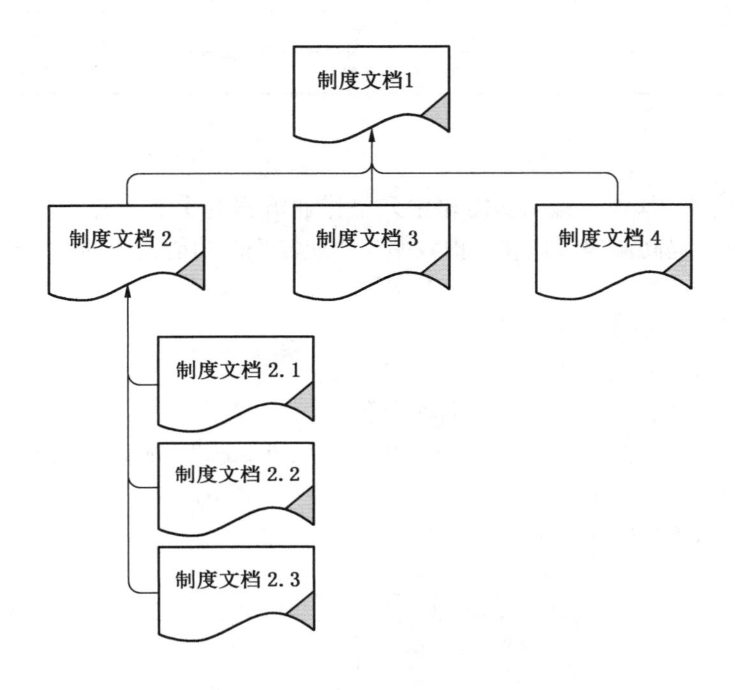

图 5 – 15　制度模型

（6）模型符号，见表 5 – 10。

表 5 – 10　制度文档模型符号

绘制符号	说　明	命名规范	创建方式
制度文档	是企业内部相互间交流中使用的术语，表示流程中的制度文档	以企业中现有的制度名称命名，如“××手册”	在制度规范模型中新建

（7）符号特性，见表 5 – 11。

表 5 – 11　制度文档符号特性

符　号	特性名称	类　型
制度文档	标题 1	文本，此处加“空格”即可
	链接 1	链接地址【暂定】

（8）对象关系，见表5－12。

表5－12 制度文档对象关系

源 对 象	关 系 类 型	目 标 对 象
制度文档	包含	制度文档
制度文档	和…有关系	制度文档

（六）功能树

（1）模型说明：作业流程图功能树中列举作业流程的主要步骤，是作业流程图的建模辅助工具，可以提高流程管理和维护效率，作业流程图功能树中的主要步骤用于作业流程图引用。

（2）模型类型：功能树。

（3）模型内容：功能树由功能对象组成。

（4）模型命名规范：以作业流程名称命名。

（5）模型创建：通过执行“导入流程步骤及属性 . arx”脚本，将流程步骤文档自动导入 ARIS 中，形成流程功能树。

功能树模型如图5－16所示。

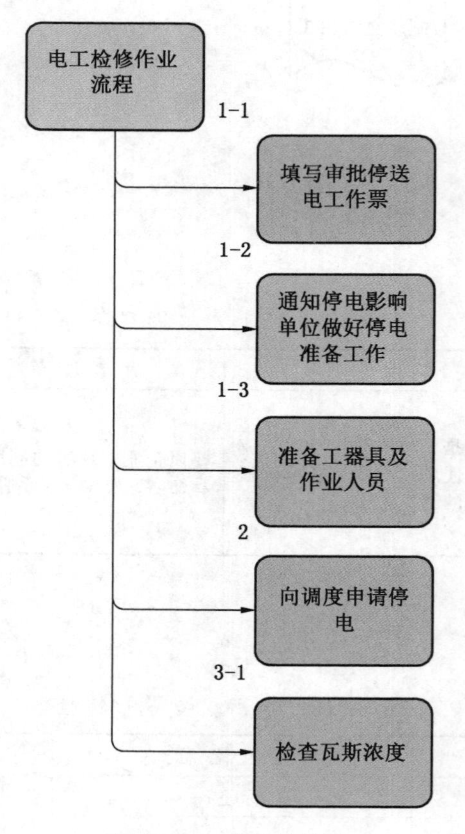

图5－16 功能树模型

（6）模型符号，见表5－13。

表5－13 功能模型符号

绘制符号	说明	命名规范	创建方式
功能	为达到一个或多个企业目标而作用在（信息）对象上的一个任务、操作或活动	操作（动词）＋信息对象（通常为名词），如“编写材料审批单”	在功能树模型中新建

（7）符号特性，见表5－14。

表5－14 功能符号特性

符号	特性名称	类型
功能	处理代码	数值
	编码	数值【暂不考虑】
	作业内容	文本
	作业标准	文本
	危险源及风险	文本

（8）对象关系，见表5－15。

表5－15 功能对象关系

源对象	关系类型	目标对象
功能	是…面向对象的上级	功能

（七）应用系统类型图

（1）模型说明：应用系统类型图描述企业中存在的应用系统，用于作业流程图建模过程中对应用系统的引用。

（2）模型类型：应用系统类型图。

（3）模型内容：由应用系统类组成。

（4）模型命名规范：项目名称＋系统总图。

（5）模型创建：分配或新建到与之名称对应的组下。

（6）模型符号，见表5－16。

表5－16 应用系统类模型符号

绘制符号	说明	命名规范	创建方式
应用系统类	描述企业内部现有的应用系统，说明某项功能步骤由企业具体的某个系统实现	以企业中现有的应用系统命名，如“煤质管理系统”	在应用系统类型图中新建

（7）对象关系，见表 5－17。

表 5－17　应用系统类对象关系

源 对 象	关系类型	目标对象
应用系统类	包含	应用系统类

（八）L5 作业流程图

（1）模型说明：作业流程图表现具体流程活动中详细的操作步骤，包含执行者、信息数据等丰富的信息。

（2）模型类型：L5 作业流程图，如图 5－17 所示。

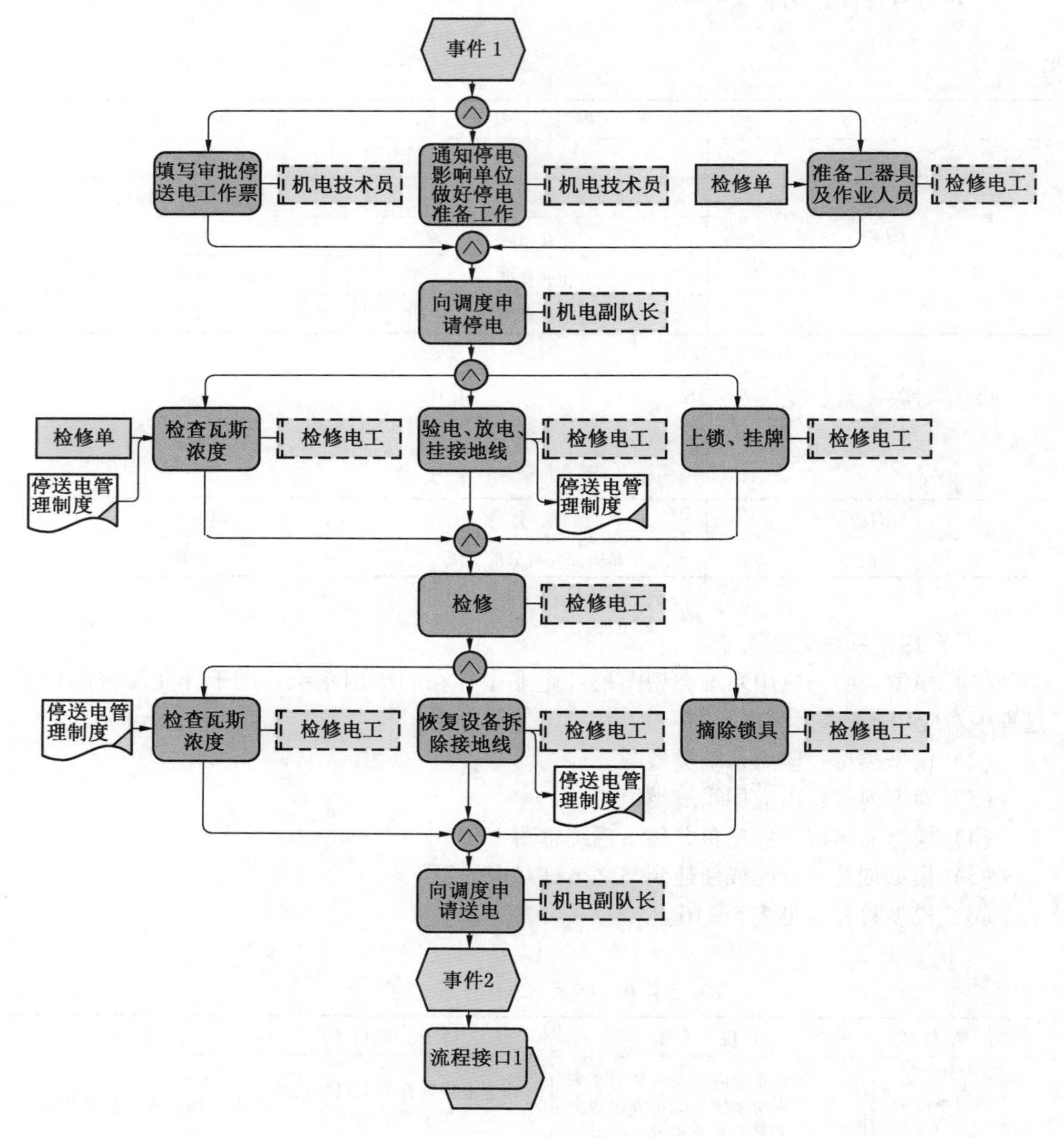

图 5－17　L5 作业流程图

（3）模型内容：由事件、功能、规则、角色、表单、制度、应用系统组成。

（4）模型命名规范：流程编码 + 流程名称。

（5）模型创建：由对应的上级功能树中的流程对象，分配到与之名称对应的组下。

（6）流程图特性，见表5－18。

表5－18 流 程 图 特 性

模 型 名 称	特 性 名 称	类 型
L5 作业流程图	编码	数值【编码规则暂定】
	流程说明	文本
	流程目的	文本
	适用范围	文本
	流程编写人	文本
	流程审核人	文本

（7）对象连线，见表5－19。

表5－19 对 象 连 线

源 对 象	关 系 类 型	目 标 对 象
功能	拥有…输出	（系统外）表单
（系统外）表单	是…的输入	功能
系统功能	拥有…输出	系统内表单
系统内表单	是…的输入	系统功能
功能	拥有…输出	制度文档
制度文档	是…的输入	功能
应用系统	支持	系统功能
系统功能	拥有…输出	制度文档
制度文档	是…的输入	系统功能
角色	完成	功能、系统功能

（8）流程建模规则要求。

① 流程接口规则要求。接口名称与衔接的流程名称相同，在作业流程对应的功能树中引用。

流程接口使用要点：流程接口必须且只能与事件相连；流程接口如在流程图中间位置时则流程接口前后都要有事件。对于 A 流程，其运行状态处于“事件7”时，触发 B 流程；对于 B 流程，“事件7”是激活其活动步骤的一个触发状态。

② 活动、事件和逻辑符号连接规则要求。对于“事件”和“功能”，最多只能有一个“进入”和一个“出去”连接；对于“逻辑符”，只能有两种情形：单进多出、多进单出。

③ 流程分叉时遵守的规则。单个事件后不可以加逻辑符号“或”和“异或”；流程向下分支时必须使用事件（除逻辑符号“与”外）。

④ 流程分叉后再汇合时遵守的规则。分叉和汇合必须使用同一个逻辑符号。

⑤ 流程布局规则要求。不必严格按照事件—功能—事件—功能的顺序建模，无关紧要的事件可以省略，但连接符后的事件不可以省略（尤其是逻辑符号“或”和“异或”）；流程中的各个符号之间，如果没有特殊情况，最多不要超过两小格的距离，整个流程看上去要紧凑、整齐；事件在遇到向上连线时，连接点在侧面；功能在遇到向上连线时，连接点在下边；模型抬头，模型抬头上边、左边顶格，抬头与模型中第一个符号的间距保持两小格；模型中的符号不能压红色打印线，且建模完毕以后，需对模型的打印进行下一步的设置，让其横向显示在一页中，以便导出流程手册后，流程图是完整的；流程图纵向打印时，横向不能超出一页；流程图纵向打印时，纵向可以超出一页，如有必要需适当调整流程图，打印比例尽量调整到45%以上；流程或者对象如果名称中有括号的，一律为中文括号“（）”。

二、建模操作步骤

（一）作业流程步骤及特性导入

1. 架构导入

在功能树导入之前首先要将架构导入对应的功能结构中。

（1）选中要导入架构的组→右键→评估→开始报表，如图5－18所示。脚本名称为流程架构自动生成，脚本导入必须严格按照“流程架构模板”填写流程架构各层级；导入之前需设置本地建模环境；可以多次重复导入，不会覆盖原有的，会新添加组；流程架构一次导入以后后续的修改需在ARIS中进行。

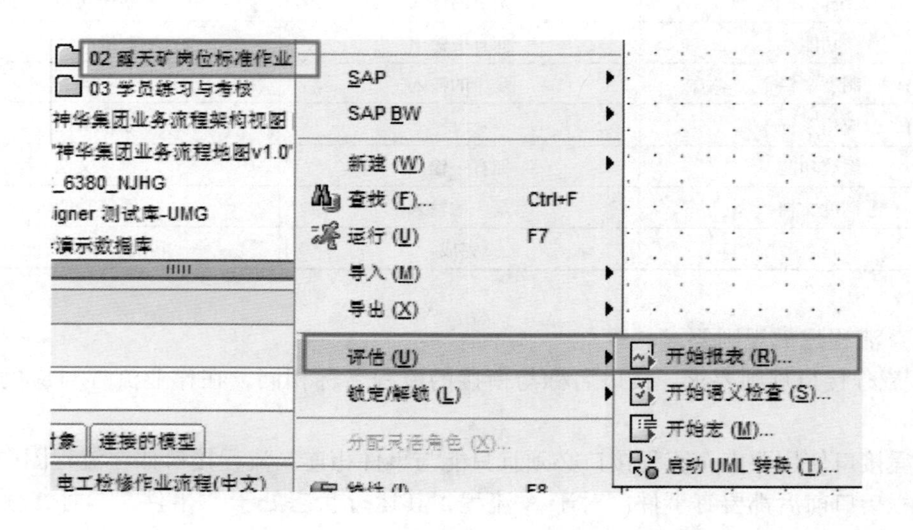

图5－18 架构导入演示图（一）

（2）进入报表向导→选择报表→点击下一步，如图5－19所示。

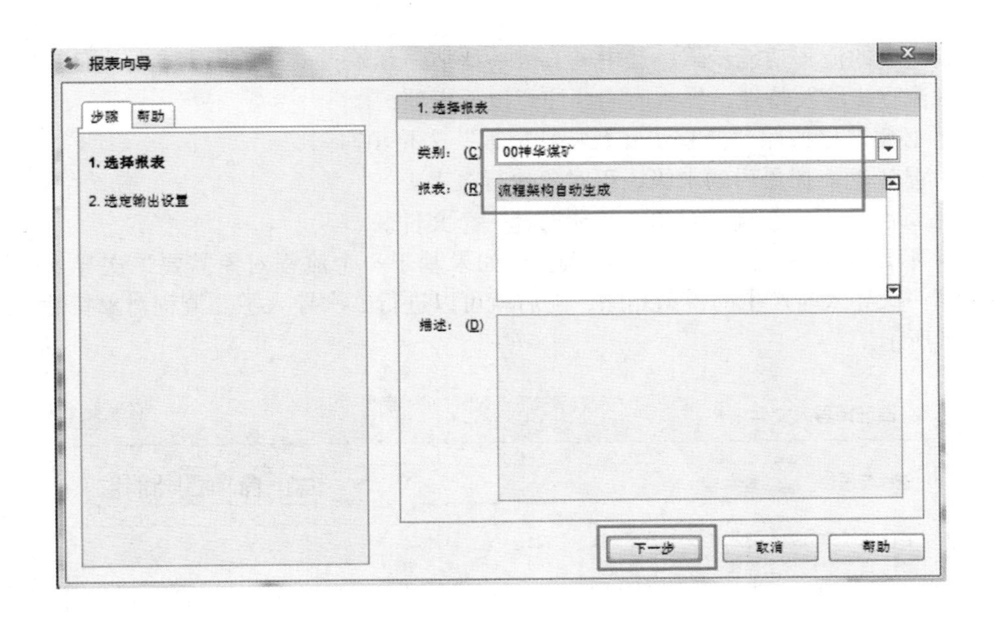

图 5-19 架构导入演示图（二）

（3）点击完成，如图 5-20 所示。

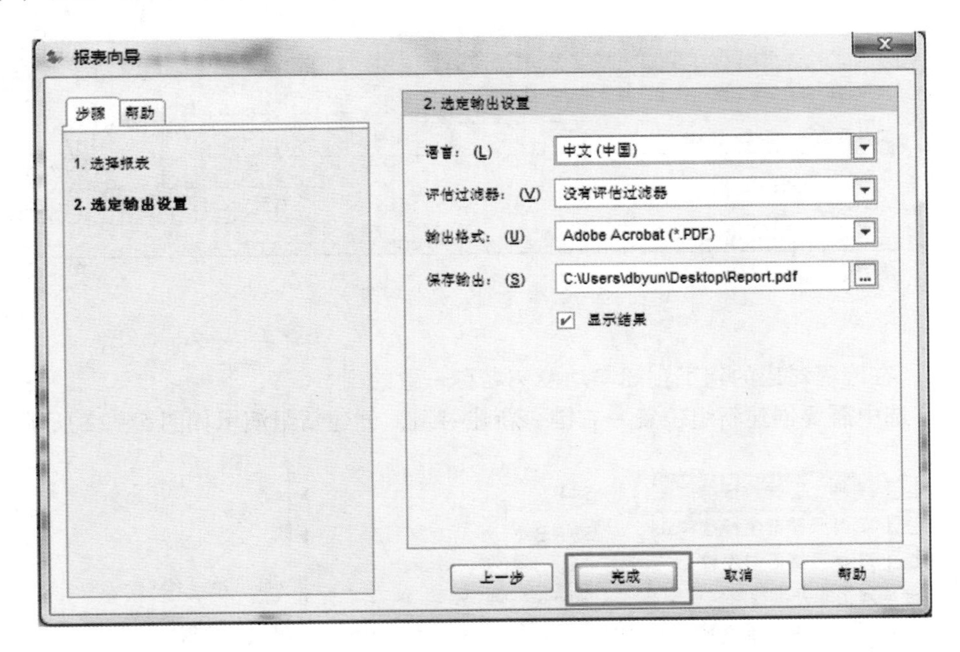

图 5-20 架构导入演示图（三）

（4）选择需要导入的文件→点击打开→流程架构自动生成。如果导入的内容暂时没有看到，则选中刚才导入的组，点击刷新。那么导入的内容就会显示出来。

2. 流程步骤及特性导入

找到对应的流程功能步骤→选中→右键→评估→开始报表→选择脚本与文件。脚本名称为导入流程步骤及特性，导入时需要注意以下事项：

（1）必要严格按照“流程步骤及特性模板”表格填写。

（2）基于功能树最后的末级流程对象执行报表。

（3）每次基于一个流程对象，只能选择一个文件。

（4）不要基于一个流程对象运行两次，如果基于一个流程对象需要二次导入，那么应先将第一次导入时产生的模型删除，随后就可以进行二次导入了。流程对象特性导入如图 5－21 所示。

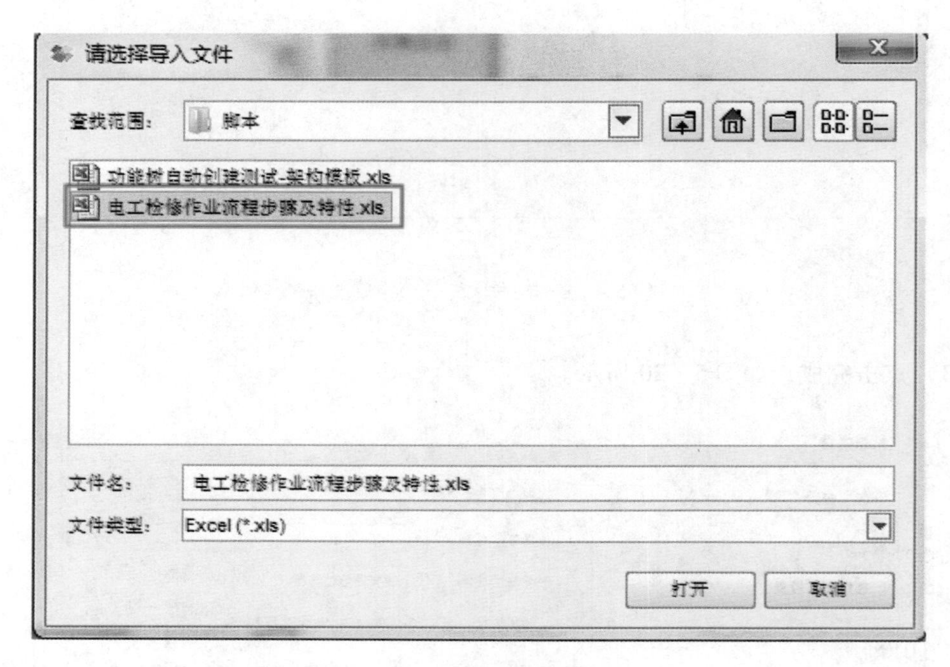

图 5－21 流程对象特性导入

（二）在流程对应的组下创建与功能树名称一致的组

（1）选中需要创建新组位置→右键→新建→组，创建新组演示如图 5－22 所示。

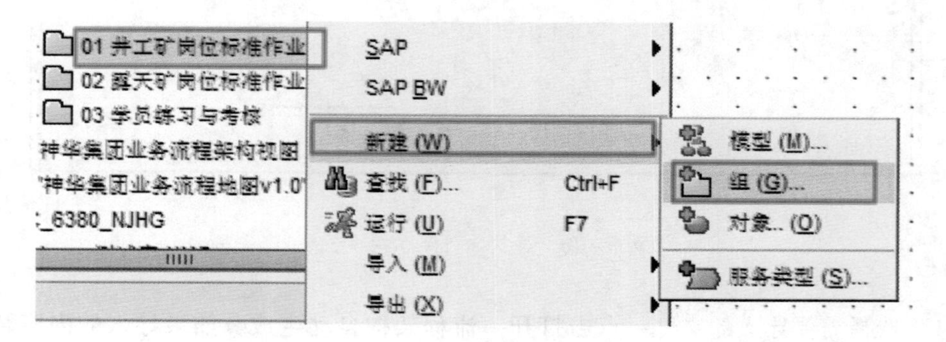

图 5－22 创建新组演示

（2）为组命名，创建组命名如图 5－23 所示。

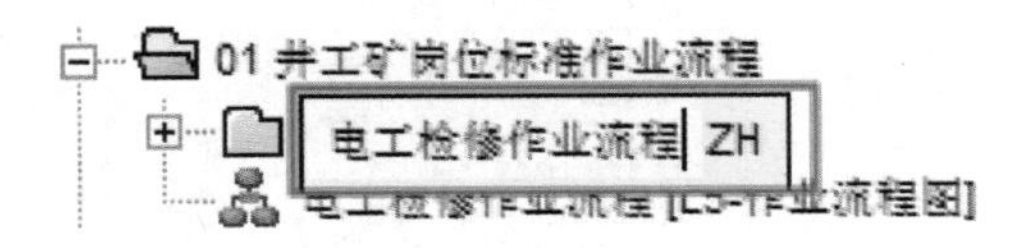

图 5－23　创建组命名

（三）为功能树的流程功能步骤分配 L5 作业流程图

（1）在功能树中选中流程功能步骤→右键→新建→分配，如图 5－24 所示。

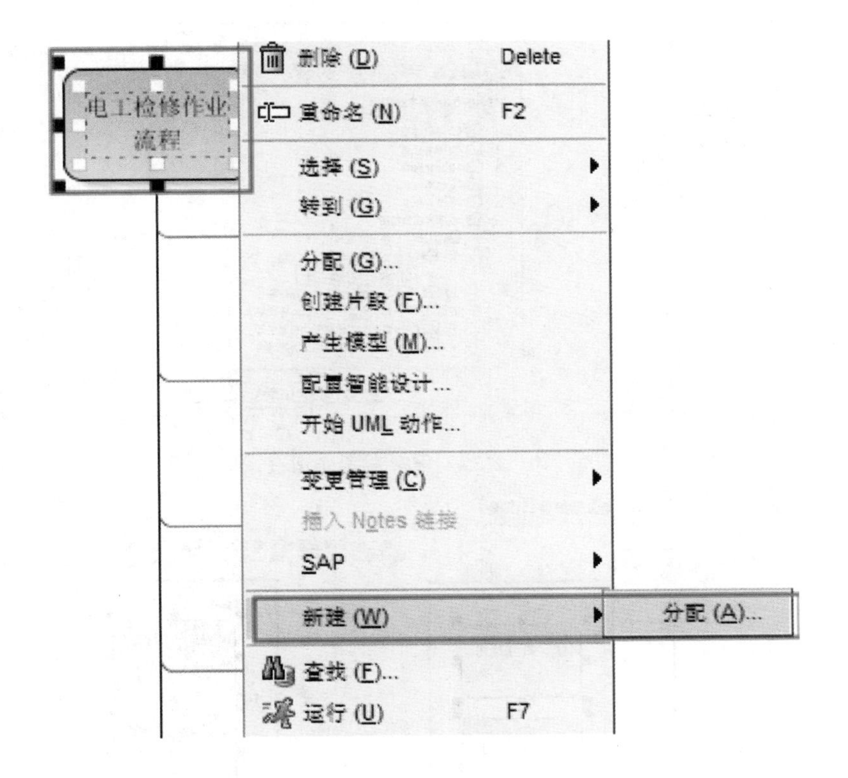

图 5－24　流程功能分配演示图（一）

（2）分配向导→选择新建模型→选择要新建的模型→点击下一步，如图 5－25 所示。

（3）分配向导→选择存放新建模型的组→点击完成，如图 5－26 所示。

（四）复制流程步骤到已分配的 L5 作业流程图中

选中功能树中除了流程功能步骤以外的其他步骤，按 Ctrl + C，到已分配的 L5 模型中按 Ctrl + V，或右键点击 L5 模型空白处→粘贴为→出现副本，如图 5－27 所示。

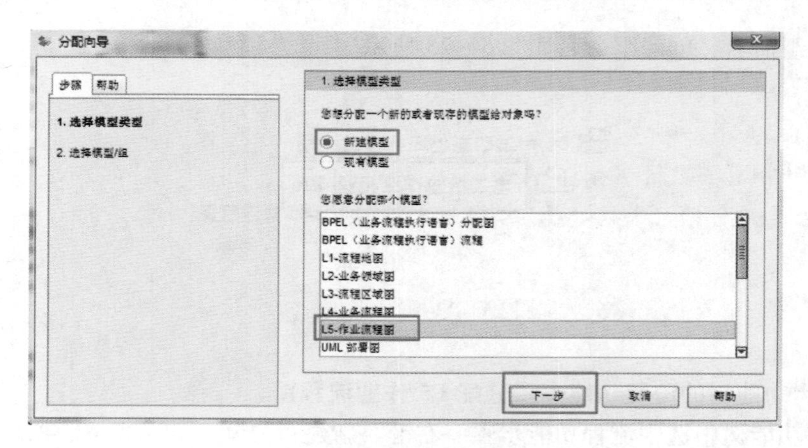

图 5 - 25　流程功能分配演示图（二）

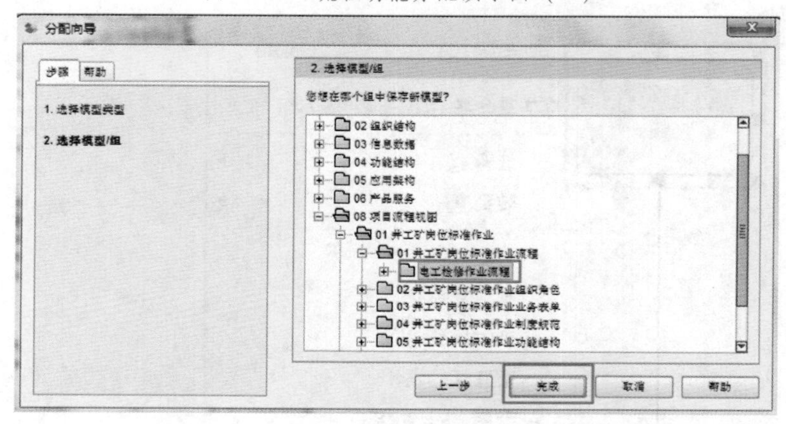

图 5 - 26　流程功能分配演示图（三）

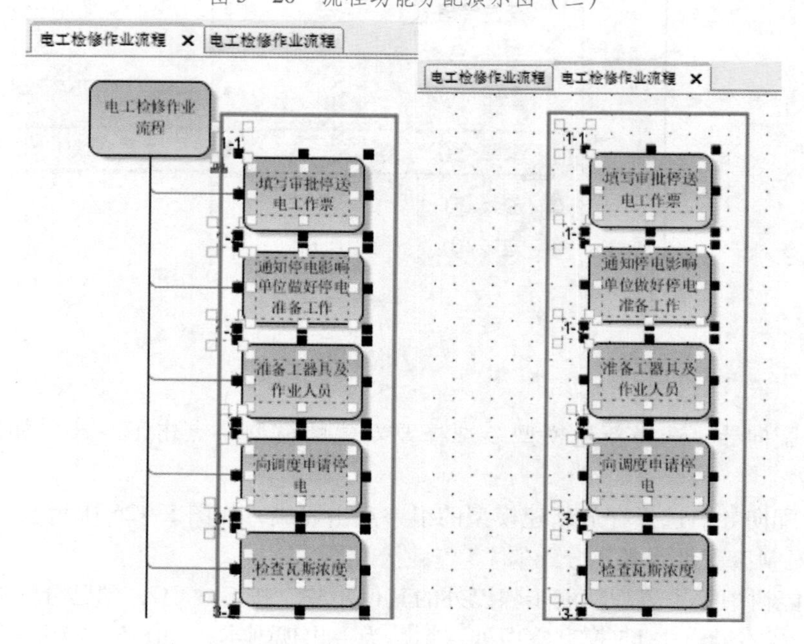

图 5 - 27　复制作业流程

（五）对 L5 作业流程进行具体建模

主要包括创建对象、创建链接、引用流程要素、特性维护、接口处理、添加或删除空间、重新分配对象、移动或删除模型及对象、调整并对齐符号等。

注意事项：引用流程要素（角色、表单、制度、应用系统），引用后不得更改要素名称。

（六）建模规范检查

流程要素及流程图创建完成后，可以通过脚本的形式自动检查相关规范是否符合规定的规范要求。

第三篇　管　控　篇

第六章　煤矿岗位标准作业流程管控体系

管控体系是保证煤矿岗位标准作业流程在企业内顺利实现的基础，是流程日常管理的运作机制，体系设计是否合理关系着流程的应用质量以及是否能够实现流程编制的最终目的。本章以管控体系的基础理论为指导，结合煤矿岗位标准作业流程的内容主体和管控要求，探讨管控体系的原理和组成。通过对经典管理模式的基本认识和神东煤炭集团管理现状的深入研究，总结煤矿岗位标准作业流程的四级管控模式，形成一个完整的管控体系，保证了管控体系对流程日常管理、实际应用和优化提升的系统性作用。

第一节　体系设计基础

本节以管控体系设计的基本理论为指导，从流程管控体系要实现的目的出发，结合煤矿岗位标准作业流程的性质，明确应用的要求，分析流程管控实施的基础条件，构建精准高效的煤矿岗位标准作业流程管控体系。

一、基础理论

管控系统设计是一个复杂的课题，不仅要考虑管控对象自身的特点，也要以经典的管理理论作为指导，使管控体系力求高效而系统。本节对经典的系统管理理论进行了简单的描述，从而找到管控体系设计的基本方法和指导方向。

系统管理理论是综合运用系统论、信息论、控制论原理，把管理视为一个系统，以实现管理优化的理论。这种管理理论是20世纪70年代的产物，西方称为最新管理理论。最初表现为“两因素论”，即企业是由人、物两因素组成的系统，创始人卡斯特和卢森威认为人是管理系统的主体。后来发展为“三因素论”，即管理系统由人、物、环境三因素构成，要进行全面系统的分析，建立开放的管理系统。系统管理理论的核心是用系统方法分析管理系统。

系统管理理论主要应用系统理论的范畴、原理，全面分析和研究企业及其他组织的管理活动和管理过程，重视对组织结构和模式的分析，并建立系统模型以便于分析。系统管理理论向社会提出了整体优化、合理组合、规划库存等管理新概念和新方法，因而，系统管理理论被认为是20世纪最伟大的成就之一，是人类认识史上的一次飞跃。这一理论是卡斯特（F · E · Kast）、罗森茨威克（J · E · Rosenzweig）和约翰逊（R · A · Johnson）等美国管理学家在一般系统论的基础上建立起来的，系统管理学说的基础是普通系统论。系统论的主要内容如下。

（1）组织是由许多子系统组成的，组织作为一个开放的社会技术系统，是由5个不同的分系统构成的整体。这5个分系统包括：目标与价值分系统、技术分系统、社会心理分系统、组织结构分系统及管理分系统。这5个分系统之间既相互独立，又相互作用，不可分割，构成一个整体。这些系统还可以继续分为更小的子系统。

（2）企业是由人、物资、机器和其他资源在一定的目标下组成的一体化系统，它的成长和发展受这些组成要素的影响，在这些组成要素的相互关系中，人是主体，其他要素则是被动的。管理人员需力求保持各部分之间的动态平衡、相对稳定、一定的连续性，以便于适应情况的变化，达到预期目标。同时，企业还是社会这个大系统中的一个子系统，企业预定目标的实现，不仅取决于内部条件，还取决于外部条件，如资源、市场、社会技术水平、法律制度等，它只有在与外部条件的相互影响中才能达到动态平衡。

（3）如果运用系统观点来考察管理的基本职能，可以把企业看成是一个投入－产出系统，投入的是物资、劳动力和各种信息，产出的是各种产品（或服务）。运用系统观点使管理人员不至于只重视某些与自己有关的特殊职能而忽视了大目标，也不至于忽视自己在组织中的地位与作用，可以提高组织的整体效率。

系统管理就是运用系统论的观点和方法，尤其是整体论思想，分析组织问题和管理行为。它以全局观点突破了片面性思维，以开放观点突破了封闭性研究，以“关系说”替代了“要素说”。在这样的思路下，系统管理理论既注重组织内部的协调，也注重组织外部的联系，把企业内外作为一个相互联系的动态过程和有机整体；既关注组织结构，也关注管理过程；既强调组织目标，又强调人的因素。在一定程度上，这种思维在现代管理思想的演变中具有整合性的意义。

二、管控要求

（一）管控对象

不同的管控对象对管控体系的要求、管控重点和管控方法都有所不同，因而管控体系的建立首先要明确管控对象的性质，煤矿岗位标准作业流程的主要性质如下。

（1）流程主体。煤矿岗位标准作业流程是集团推行的关于煤矿岗位作业的行业标准，是企业关于工作方法的技术标准，是流程管控的主要对象。

（2）流程执行的相关管理制度。管理制度是管控体系的一部分，是保证流程顺利实施的前提条件。

（3）流程在现场的学习、应用、创新和完善。煤矿岗位标准作业流程从生产实践中提炼而来，又应用到作业指导中去，对应用的管控是最终要达到的目的。

（4）流程数据库。数据库不仅是流程的存储仓库，操作记录、学习记录和相关的数据分析等都保存在数据库中。

（5）流程适用人员的日常学习、应用情况和激励措施。

（6）流程的编、审、发和增、删、改。

管控体系的控制对象是管控体系建立的前提，管控对象不仅仅是流程主体，还应包括从形成到应用再到优化提升的整个线路，其核心是对应用的管控。

（二）基本要求

在明确了管控对象以后，要对管控体系的建设理念和目的进行精准把握，由于流程更注重现场的应用，让流程在提高员工技能水平和安全管理上发挥重要作用，同时要有行业推广价值，为指导其他煤矿企业的岗位作业同样有指导意义。这就需要在编制、优化和管控的过程中提升管控质量，坚持流程的实用性原则。因此，应当结合流程自身的特点建立适合自身性质的管控理念和目标。

（1）管控的时效性。流程编制的目的是指导作业，是作业人员在生产现场的动作规范，但由于作业现场不确定因素比较多，同类作业在不同的环境下其作业流程可能会产生差异，尤其遇到的一些新情况、新问题需要及时进行补充和调整，所以，从流程的编、审、发到应用、反馈和完善必须注重时效性，保证管控体系的快速响应。

（2）管控的全面性。在流程的应用过程中，流程编制质量，信息管理系统的运行质量，流程和相关规程、规范及法规的关联性在管控中要全面掌控，任何一个环节的遗漏或者疏忽都会给流程的使用带来不良影响。生产现场的作业容不得丝毫马虎，流程作为对作业的指导规范需要在管控上周全考虑。

（3）管控的系统性。管控体系的形成不仅仅是一条简单步骤的接续，而是一个有机的整体。各级责任划分不仅要清晰明确，还要考虑管控系统内部的协调性，要把责任层层落实，业务层层把关，才能保证管控体系的运行效率。

（三）基础条件

随着煤矿企业对安全管理的重视程度日渐提高，安全管控手段日渐丰富，更加意识到规范操作对安全管理的重要意义，当然，任何一项新生事物都离不开环境的影响，当具备了某些基本条件之后，就得到了快速发展，流程管控体系的形成，也有如下基本条件。

（1）集团和企业领导对煤矿企业的安全生产高度重视。

（2）部分先进煤矿企业对规范的作业流程已经有了一定的探索和应用实践，对流程的推广应用十分关注。

（3）部分行业对流程的应用已经比较成熟，已经取得巨大的经济效益和社会效益。

（4）操作规范化和安全生产标准化工作逐步深入开展，管理人员对安全管理的意识进一步提升。

（5）企业内创新氛围浓厚，对流程应用水平的提升有着很好的便利条件。

（6）煤矿企业员工素质得到普遍提升。

（7）公司组织结构和管理制度比较健全。

（8）网络设备等基础设备得到了普及，平台式操作和学习已经成为常态。

第二节 体 系 架 构

一、总体架构

根据流程本身的性质、应用要求和管控体系建立的基础条件，明确了体系建立的管控理念和管控目标的基本要求，形成如图6-1所示的体系架构。

煤矿岗位标准作业流程的管控体系架构是以体系管控理念和管控目标为指导，以流程的实践应用为核心，以完整的组织结构、高效的管理制度，全方位的技术创新和多层次的文化宣传为保障，充分发挥岗位标准作业流程管理系统在学习平台、信息流通和流程数据处理等方面的优势条件，进而形成完整、精简、高效的管控体系。

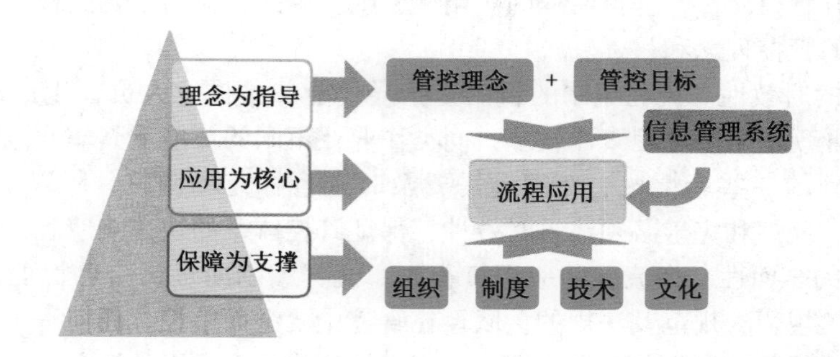

图 6-1　煤矿岗位标准作业流程管控体系架构（以神东煤炭集团为例）

二、管控原则

（1）重实效：管控体系的建立是为了保障流程在现场落地，体现流程在岗位作业标准的形成、安全管理和提高员工技能水平方面发挥的实际作用，所以，管控体系的核心理念就是重实效。

（2）高标准：流程不仅在企业内部应用，而且在整个煤炭行业都具有推广价值；不仅是企业内部针对操作岗位的工作标准，还要成为煤炭行业的岗位工作标准。所以，管控体系在保障流程应用的同时，也是提升流程质量水平的关键因素，要坚持管控体系和内部因素实施的高标准。

（3）强基础：管控体系有效执行的基础就是组织职能的实现，制度设计合理，创新技术实用，文化宣传得力，没有这些管控的基础工作，管控体系就不能实现预先的管控目标。

三、管控目标

管控目标是煤矿岗位标准作业流程管控体系要达到的目的，也是神东煤炭集团深入推广应用煤矿岗位标准作业流程的出发点和落脚点。它以保障安全生产、提升效率效益、提高员工素质和能力为主，突出了煤矿岗位标准作业流程的应用作用及发挥的功效。所以，体系建立的管控目标为：实现流程在实践应用、优化完善、绩效考核和管控理念等方面的高效执行，发挥流程在作业标准执行、员工技能水平提高和安全管理上的积极作用。

四、组织架构

组织架构是实现管控体系目标的决定性因素，是表明组织各部分排列顺序、空间位置和各要素之间关系的一种模型。为保证煤矿岗位标准作业流程的应用效果，提升应用水平，神东煤炭集团成立了以总经理为领导小组组长，生产管理部为直接管理的职能部门，各单位为具体实施单元的线性组织机构，各单位根据流程分类成立相应级别的工作组，以提升日常事务处理的快速响应能力，如图 6-2 所示。

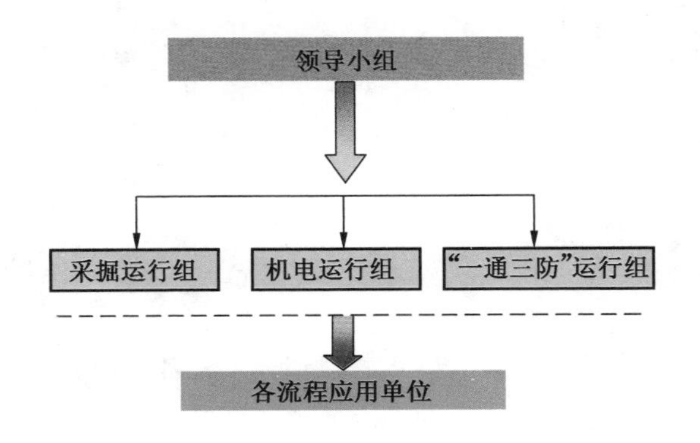

图6-2　煤矿岗位标准作业流程管控组织架构

五、管理制度

管理制度是流程管控体系管控目标实现的基本手段，也是管控体系本身的重要组成部分。管理制度明确了各级管理人员的权责分工、绩效考核，是管控体系得以具体落实的书面文件。“神华煤矿岗位标准作业流程管理办法”规定了集团公司对流程的编、审、发、学、用、查等各环节的管理办法，指定了专门的领导机构和职能部门进行管理，明确了管理对象和考核内容，是流程管理最重要、最基本的管理制度。“神华煤矿岗位标准作业流程数据库管理办法”规定了流程数据库是流程建模数据、流程应用和流程管理数据的合集。Aris系统用于储存流程建模数据，包括流程标准作业工单、流程图以及相关的角色数据、表单数据和制度数据。流程管理系统用于储存流程应用和管理数据，包括人员岗位数据、制度数据、多媒体数据和专家数据流。厂矿及区队在上述管理制度的基础上制定了适用于指导现场应用的管理办法，保证流程在编、审、发、学、用、查等各环节的管理责任得到层层落实，保证管控系统的完整性。通过对各个层级流程管控目标的制度设计，以实用、执行、高效的思想为指导，为流程在现场的顺利应用提供了制度保障。

六、信息化平台

流程的应用离不开流程信息载体，当今时代的各种电子产品和通信手段已得到了极大发展，并呈现“无纸化”趋势。为提升流程的应用水平，使流程学习更加方便，便于对流程的信息数据进行统计分析，建立了流程信息管理平台。该平台管理系统主要包括流程管理、流程宣贯、流程执行、流程评价、用户主页、系统管理及移动应用等主要功能模块，围绕标准作业流程的“编、审、发、学、用、评”等业务进行闭环管理，支持各层级管理与应用，为煤矿岗位标准作业流程推广应用提供了强力支撑。煤矿岗位标准作业流程管理系统各界面如图6-3至图6-5所示。

图6-3 煤矿岗位标准作业流程管理系统登录界面

国家能源集团 | 煤矿岗位标准作业流程管理系统
CHN ENERGY（神东煤炭集团生产管理部）

我的首页 流程管理 流程宣贯 流程执行 流程评价 系统管理

流程管理
流程编制
流程审核
流程入库
确认发布
流程查阅
流程优化意见
流程信息维护
知识管理

查询条件

查看

流程名称	流程编码	变更类型	编制单位	专业类型	流程提出人	编写日期	流程上报人	状态
顺槽胶带机更换张紧变频器作业流程		增补	哈拉沟煤矿	带式输送机机械...	白小岗	2020-12-11	白小岗	待矿级审核
更换采煤机破碎机机扭矩轴标准作...		增补	锦界煤矿管理处	滚筒采煤机机械...	赵明明	2020-12-07	赵明明	待矿级审核
更换采煤机破碎机齿轮油标准作业...		增补	锦界煤矿管理处	滚筒采煤机机械...	赵明明	2020-12-07	赵明明	待矿级审核
运输机机尾链轮換向作业流程		增补	锦界煤矿管理处	刮板输送机机械...	杨海永	2020-12-06	赵明明	待矿级审核
主运输胶带机启动标准标准作业流程		增补	红柳煤矿（筹建...	带式输送机	李锋	2020-11-30	李锋	编制中
检查连采机（12CM15-10D）履带...		增补	锦界煤矿管理处	连采机机械检修	刘健	2020-11-30	刘健	待分公司审核
梭车司机棚栏检查标准作业流程		增补	锦界煤矿管理处	01连采机	刘健	2020-11-28	苏晓龙	待分公司审核
检查连采机履带松紧		增补	锦界煤矿管理处	连采机机械检修	刘健	2020-11-28	苏晓龙	矿级审核未通
更换连采机履带板		增补	锦界煤矿管理处	连采机机械检修	刘健	2020-11-28	苏晓龙	矿级审核未通
更换连采机齿套标准作业流程		增补	锦界煤矿管理处	连采机机械检修	刘健	2020-11-28	苏晓龙	待分公司审核
无轨胶轮车人车司机交接班标准作...		增补	红柳煤矿（筹建...	无轨胶轮人车	瞿宁生	2020-11-28	瞿宁生	编制中
铺设网片标准作业流程		增补	锦界煤矿管理处	04锚杆机	徐艳飞	2020-11-28	冯创	待分公司审核

第 1 页,共 423 页 显示 1-20条，共 8

我的首页 首页 流程查阅

推荐浏览器：< Chrome >或< 360浏览器(极速模式) > 版权所有：神华信息(78)

图6-4 煤矿岗位标准作业流程管理系统信息展示界面

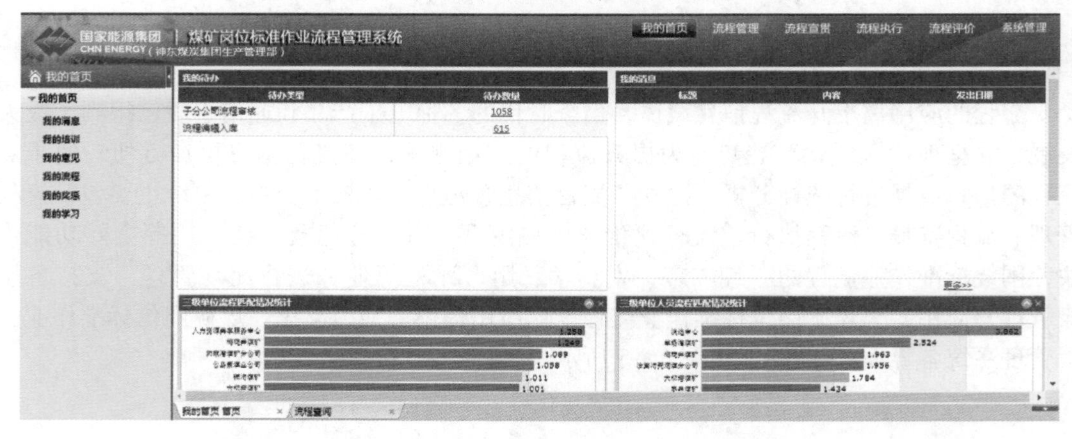

图6-5 煤矿岗位标准作业流程管理系统信息数据分析界面

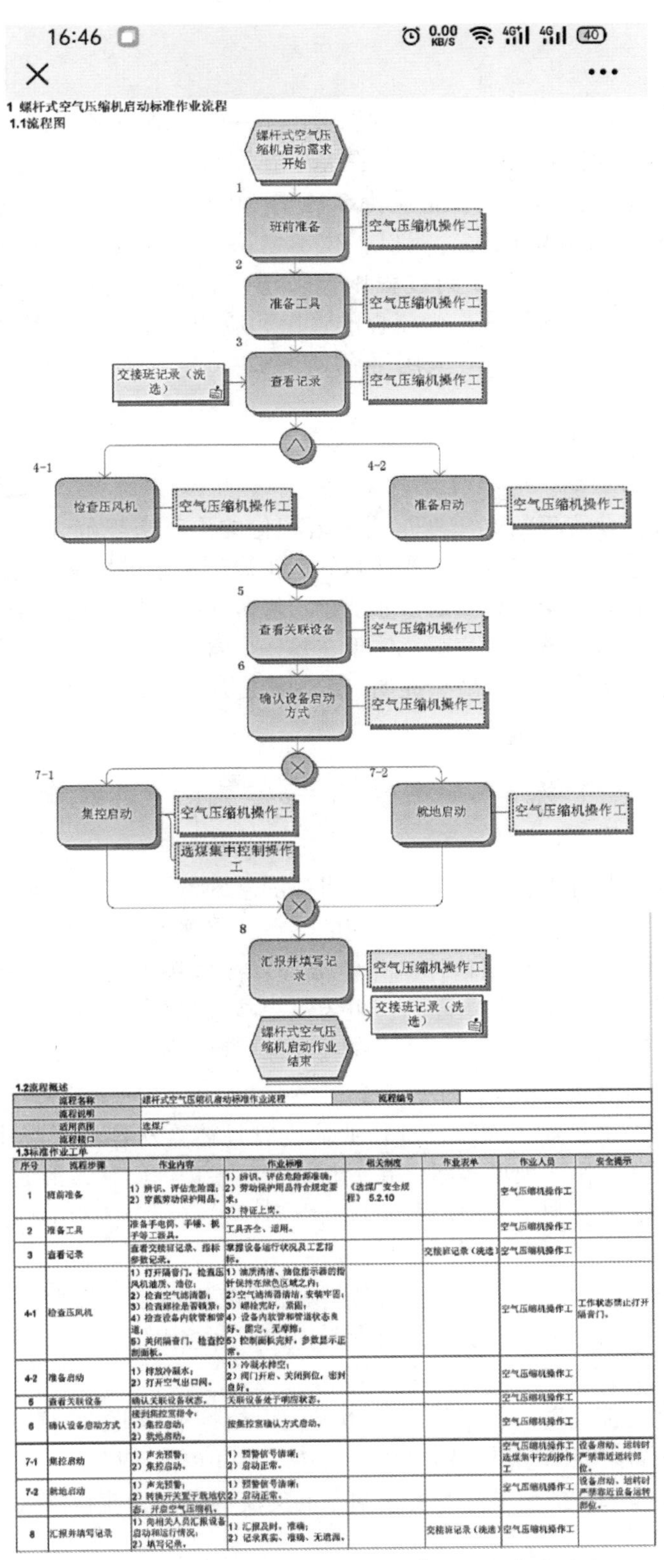

1.2流程概述

流程名称	螺杆式空气压缩机启动标准作业流程	流程编号	
流程说明			
适用范围	选煤厂		
流程接口			

1.3标准作业工单

序号	流程步骤	作业内容	作业标准	相关制度	作业表单	作业人员	安全提示
1	班前准备	1）辨识、评估危险源； 2）穿戴劳动保护用品。	1）辨识、评估危险源准确； 2）劳动保护用品符合规定要求； 3）持证上岗。	《选煤厂安全规程》5.2.10		空气压缩机操作工	
2	准备工具	准备手电筒、手锤、扳手等工器具。	工具齐全、适用。			空气压缩机操作工	
3	查看记录	查看交接班记录、指标参数记录。	掌握设备运行状况及工艺指标。		交接班记录（洗选）	空气压缩机操作工	
4-1	检查压风机	1）打开隔音门，检查压风机油质、油位； 2）检查空气滤清器； 3）检查螺栓是否松动； 4）检查设备内软管和管道； 5）关闭隔音门，检查控制面板。	1）油质清洁、油位指示器的指针保持在绿色区域之内； 2）空气滤清器清洁，安装牢固； 3）螺栓完好，紧固； 4）设备内软管和管道状态良好，固定，无摩擦； 5）控制面板完好，参数显示正常。			空气压缩机操作工	工作状态禁止打开隔音门。
4-2	准备启动	1）排放冷凝水； 2）打开空气出口阀。	1）冷凝水排空； 2）阀门开启、关闭到位，密封良好。			空气压缩机操作工	
5	查看关联设备	确认关联设备状态。	关联设备处于响应状态。			空气压缩机操作工	
6	确认设备启动方式	接到集控室指令： 1）集控启动； 2）就地启动。	按集控室确认方式启动。			空气压缩机操作工	
7-1	集控启动	1）声光预警； 2）集控启动。	1）预警信号清晰； 2）启动正常。			空气压缩机操作工 选煤集中控制操作工	设备启动、运转时严禁靠近运转部位。
7-2	就地启动	1）声光预警； 2）转换开关置于就地状态，开启空气压缩机。	1）预警信号清晰； 2）启动正常。			空气压缩机操作工	设备启动、运转时严禁靠近设备运转部位。
8	汇报并填写记录	1）向相关人员汇报设备启动和运行情况； 2）填写记录。	1）汇报及时、准确； 2）记录真实、准确、无遗漏。		交接班记录（洗选）	空气压缩机操作工	

图6-6 煤矿岗位标准作业流程学习APP信息平台

七、技术创新

任何领域的技术创新来源于对问题的思考，是一个逐渐完善和不断提升的过程。煤矿岗位标准作业流程管控体系内的创新同样是基于在体系运行过程中，对出现问题和解决问题方法的思考。由于管控体系是在企业特定的环境中形成的，有其基础条件的不足，也有其应用环境和管理方面的缺陷，所以，技术创新是体系运行过程中必不可少的基础保障。在流程编制、运行和管控的过程中，采用了许多先进理念和技术手段,尤其以“互联网 +”为核心的创新技术，为流程的管控和应用水平的提高给予了极大支持，包括云盘技术、二维码技术和 APP 应用平台（图 6 – 6）等推动了流程在生产现场的应用。

八、管理文化

煤矿岗位标准作业流程的本质就是通过流程化的语言来规范煤矿操作岗位的作业规范，只有规范执行，才能在安全上更有保障。这正源于神东煤炭集团对生命的敬畏，始终以安全为天的安全管理理念指导一切作业活动。规范执行、安全高效是在神东煤炭集团不断发展中逐步凝练出来的核心价值观，体现在每一个管理创新和管理决策上。煤矿岗位标准作业流程在神东煤炭集团的发展、提倡、编制和应用正是对规范执行、安全高效管理文化的实践。

第三节　体　系　特　点

煤矿岗位标准作业流程管控体系是基于目前的基础条件和应用现状建立起来的，紧盯目标、注重基础、指导思想明确、有着鲜明的特点，表现为：

（1）管控目标明确。煤矿岗位标准作业流程管控体系中的管控目标明确，为管理者及作业人员提供了明确思路和基本原则，也为流程持续推广应用描摹了清晰的发展路线。这有利于管理者按照既定方针和目标开展流程管理，也有利于作业人员上标准岗、干标准活，为流程在现场的落地生根奠定了基础。

（2）注重应用实效。煤矿岗位标准作业流程管控体系从作业现场中来，又运用到作业现场中去，紧密联系作业现场实际，并不断从实际中提炼归纳，形成了一整套实用、简捷和完整的管理办法，有利于流程质量的日渐提高，也有利于流程的标准化理念深入员工内心。

（3）制度设计合理。结合自身管理实际及流程应用需求，按照“分级管控”原则，设计了流程管控配套制度，明晰了各方权责，构建了管控组织，设计了管控流程，为流程的深入推广应用提供了基础保障。

（4）信息平台功能完善。神东煤炭集团煤矿岗位标准作业流程信息管理系统功能完善，运用方便，且面向范围较广，用户涵盖公司、矿井单位、区队、班组各个层级，并将各个层级紧密联系起来，推动了流程运用问题的交流沟通，为流程深入应用提供了有力支撑。

第四节　管　控　模　式

一、模式概述

根据神东煤炭集团流程管控体系和流程应用特点，流程应用体现在两个层级：一是基础流程；二是执行流程。基础流程侧重于行业规范和标准，是集团公司积极推广的关于煤炭行业现场作业的基本作业准则。而执行流程侧重于在基础流程基础上的现场应用，尤其关注在生产实际环境中的可操作性。基础流程和执行流程形成了管控体系中的两个层面。基础流程和执行流程层级关系示意如图6－7所示。

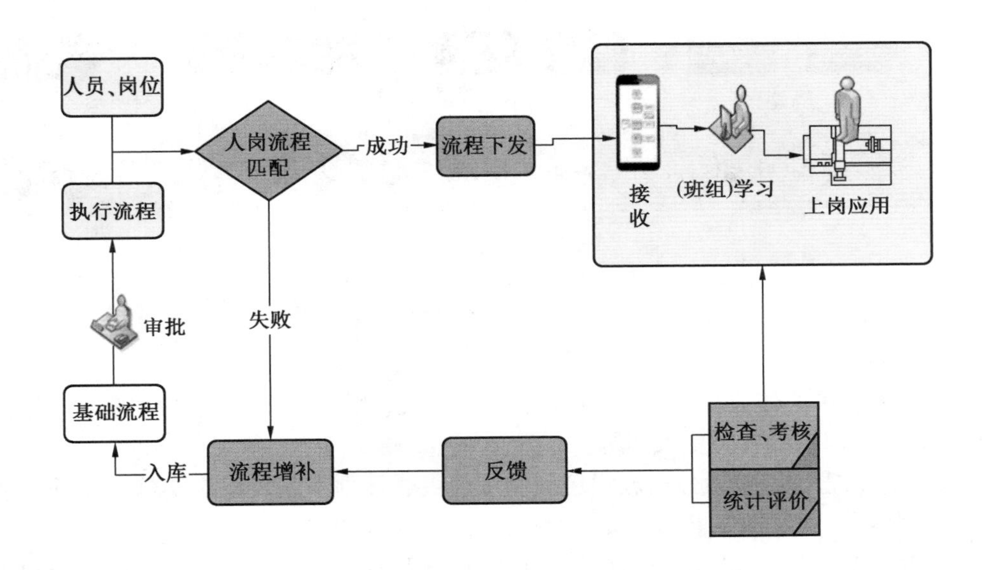

图6－7　基础流程和执行流程层级关系示意图

而在落实具体管控措施的过程中，公司创造出了“4＋1”流程管控模式，“4”即公司、矿井（中心)、区队（厂区)、班组4个层级管控煤矿岗位标准作业流程整体工作，“1”即一个煤矿岗位标准作业流程管理系统。公司、矿井（中心)、区队（厂区)、班组4个层级依托煤矿岗位标准作业流程管理系统开展流程管控工作，实现日常管控具体措施的落实，保证流程应用效果，积极发挥流程在规范作业和安全管理中的作用。神东煤炭集团流程管控四级组织框架如图6－8所示。

（一）四级管控

1. 公司级管控

（1）组织保障：成立了公司流程管控领导小组，组长由公司总经理担任，副组长由分管生产副总经理担任，成员由生产管理部负责人、机电管理部负责人、通风管理部负责人、安监局负责人、各矿矿长、洗选中心主任、开拓准备中心主任、生产服务中心主任、检测公司经理、地测公司经理、新闻中心主任组成。

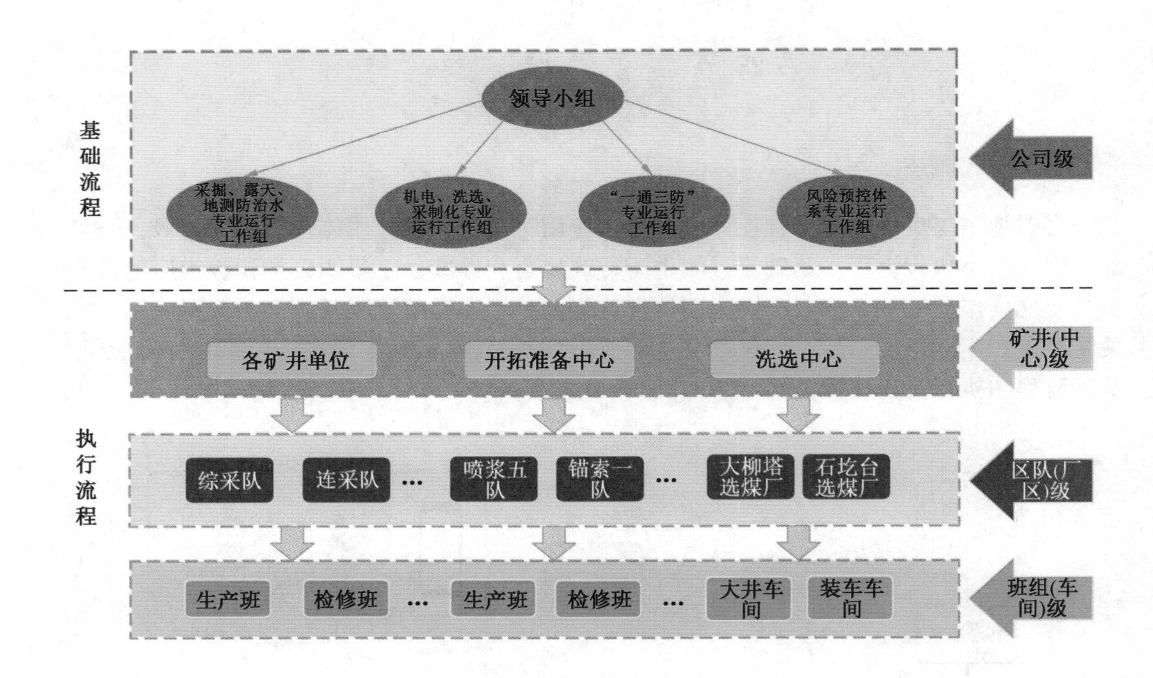

图 6-8　神东煤炭集团流程管控四级组织框架

领导小组主要职责如下：

① 主要负责在“作业流程”运行过程中给予人、财、物支持；协调解决“作业流程”在运行期间出现的各类重大问题。

② 负责培训管理，包含公司流程培训制度建设、计划编制及组织实施等工作，明确培训目标、任务、内容和要求等，按计划对相关人员进行培训。

③ 负责审查、上报管理，组织执行流程的编制和修订工作，每半年向集团公司上报标准流程修订和增补意见；负责应用管理，制定公司流程应用管理制度，并监督执行。

④ 指导下属各矿（厂）流程应用，并进行检查和督导，确保流程落地。

⑤ 负责检查考核，制定流程考核制度，对下属各矿（厂）流程培训、应用、意见收集和反馈等进行考核，检查考核工作每季度一次，结果在公司内通报。

（2）制度保障：负责制定流程及公司级流程库建设管理办法，管理流程的编制审核发布，不断完善制度标准，促进岗位标准作业流程推广应用工作有序开展，不断提升岗位标准作业流程推广应用的执行力，如制定了“神东煤炭集团煤矿岗位标准作业流程管理办法”“神东煤炭集团岗位标准作业流程库建设管理办法”等文件，进一步规范了流程管理，为流程深入推广应用提供了制度保障。

（3）机制保障：将流程管理纳入公司“五型”企业和风险预控体系管理制度中，建立健全培训机制、监督机制、考核机制、奖罚机制和沟通、反馈机制，分析流程使用效果、指导后续改进，不断提升岗位标准作业流程推广应用的行动力。

2. 矿井（中心）级管控

（1）组织保障：成立了矿井（中心）级流程管控领导小组，组长由矿长（中心主任）担任，副组长由生产副矿长（中心分管生产副主任）担任，成员由生产、机电、通风、安监、企管、财务、工会等有关部门负责人及各区队长组成。

矿井（中心）级流程管控领导小组主要职责如下：

① 应用管理：负责制定执行流程实施细则及应用考核管理办法，并监督执行；选择适用本单位的标准流程，进行人、岗、流程匹配，并在执行过程中结合现场实际情况细化流程内容；负责收集和审查标准流程和执行流程修订、增补意见，每季度向子分公司上报；组织开展达标、评比活动，制定奖励办法；配合上级流程管理机构完成其他相关工作。

② 培训管理：负责本单位常态化的执行流程培训制度建设，建立矿（厂）、区队和班组三级培训管理体系；负责编制流程培训计划，并按计划组织实施；根据生产需要，利用班前会开展流程培训；积极推广应用移动 APP、二维码、微信公众账号和云盘等信息化学习手段。

③ 检查考核：负责制定流程考核制度，对作业人员流程学习、执行情况进行考核。定期对流程的应用进行检查和评比，结果在本矿（厂）内通报。

（2）制度保障：制定矿井（中心）级流程管控及流程库建设管理办法，完善相关规章制度，为煤矿岗位标准作业流程在矿井深入应用奠定基础。同时制定执行流程编制办法，保证执行流程科学合理适用。

3. 区队（厂）级管控

（1）组织保障：成立了区队（厂）级流程管控工作组，组长由区队（厂）长担任，副组长由区队（厂）支部书记担任，组员由区队（厂）办事员、流程建设管理员、技术员等组成。

区队（厂）级流程管控工作组主要职责如下：

① 负责流程培训及宣贯，并定期考核检查，考核本队员工的流程掌握情况。

② 制定区队（厂）执行流程，并报矿井（中心）备案。

③ 负责搜集本单位的定期写实及反馈意见，了解员工对流程的认识和建议，随时逐级反馈意见，便捷地查阅使用流程，并进行优化意见反馈。

健全本单位流程考核制度，并定期考核检查，倒逼流程落地生根。

（2）制度保障：制定区队（厂）级流程应用管理办法、实施细则及相关注意事项，确保了流程在区队（厂）顺利推行。

4. 班组（车间）级管控

（1）组织保障：成立了班组（车间）级流程管控执行组，组长由班组（车间）长担任，副组长由班组（车间）副班长担任，组员由各工种主检修等组成。

班组（车间）级流程管控执行组主要职责如下：

① 主要负责执行具体流程，同时根据工艺及设备差异，记录流程应用情况并及时反馈，优化完善流程并上报备案。

② 加强员工流程学习，开展多样化培训，将流程的推广应用活动贯穿于员工的“班前”“班中”“班后”，指导员工编制流程口诀、制作易记便携卡、提交学习心得体会、标注流程重点注意事项。通过自己动手提高流程掌握程度，培训员工掌握流程知识，要求其能在实际作业环境下积极应用流程，并提升自身工作技能水平。

③ 严格考核员工流程应用水平，若发现员工不按照流程操作，即严格加以处罚。

(2) 制度保障：根据本班组（车间）实际情况，制定严格的考核细则，督促员工按照流程作业，对于流程执行好的员工进行奖励，对于流程执行较差的员工进行重点关注、重点培训、重点考核，督促其弥补短板，强化学习。

（二）一个系统

一个系统是指煤矿岗位标准作业流程管理系统，该系统是支撑煤矿岗位标准作业流程推行的有效信息化管理和应用手段。煤矿岗位标准作业流程管理系统以支撑标准作业流程的管理与应用为目标，提供 Web 应用、移动终端应用，满足集团、子分公司、煤矿建立流程创建与修订、审批、执行管控的需求，满足一线员工的学习、培训及规范操作、保障安全，为管理人员和一线员工提供实时的应用支持。通过信息化管理和应用，更好地发挥标准作业流程的效果，以信息平台为基础，实现员工操作、技术、经验的固化共享，消除技术封闭的弊端，提高员工技术素能，提高安全作业保障程度和工作质量，从而整体提升企业的生产管控水平。

该系统以组织、制度、技术为保障，通过建立流程的编、审、发、学、用、评闭环管理平台，实现流程、人、岗匹配，支撑流程细化、便捷学习、执行落地；实现作业经验和技术共享，缩短员工技能成熟时间；实现流程与本安体系融合，保障作业安全。

二、模式特点

（一）可执行性强

神东煤炭集团煤矿岗位标准作业流程管控模式目标明确、措施得当、配套制度及机制完善，且管控紧密结合作业现场实际，对症下药，具有较强的针对性。因而该管控模式易于被员工认可、理解和接受，可执行性强。

（二）可优化性强

神东煤炭集团煤矿岗位标准作业流程管控模式针对当下作业现场实际而提出，随着煤炭开采条件的不断变化、工艺的不断进步、员工素质的不断提升、智能化设备的引用及政策导向的变化，神东煤炭集团煤矿岗位标准作业流程管控模式需要不断优化完善更新之处较多。因而神东煤炭集团煤矿岗位标准作业流程管控模式可优化性强，需要不断结合实际提升更新，进而发挥其自身作用。

（三）可推广性强

神东煤炭集团煤矿岗位标准作业流程管控模式采用分层级的形式进行，且层级按照公司、矿井、区队、班组划分，该划分标准在煤炭行业具有普遍性，且该管控模式易于灵活把控管控各环节，因而可推广性强，适用于煤炭行业的企业进行流程管控，也可为其他煤炭企业流程管控提供参考和借鉴。

三、运作方式

（一）运作流程

流程管控体系的具体执行主要体现在 4 个层级的责任落实上，集团公司负责制定管理办法，掌握流程的执行情况，分析流程的使用效果，指导流程的各项工作持续改进和提升。矿井负责流程的编制、审核与管理，制定流程的学习培训计划，督促落实流程在生产现场的应用。区队落实厂矿下发的各项任务，协助厂矿对流程进行编制、增加和补充，将数据补充到流程作业数据库中，进行初审，上报批准后发布。班组负责流程在现场的有效执行，对流程的标准执行进行现场监督和反馈。

（二）管理重点

管理体系的高效执行在于公司管理层的重视和对整个管理体系的规范指导，但流程的应用效果取决于具体负责落实各项制度的矿井（厂）和区队的管理，流程在应用过程中的评价、培训、学习和宣传是保证流程落地的直接手段。所以，在矿井（厂）及区队的流程管理中，推出了多样化的学习方式，如移动终端、技能竞赛和班组对标，采用了多种评价考核方式，如现场提问、定期答题、推进标准化检修工作等。

（三）反馈机制

执行流程的特点就是要通过不断的细化来符合生产现场的实际环境，并逐渐适用于不同的生产环境。执行流程既是生产现场作业经验的提炼，又是流程理论的具体实现，这个过程需要把生产现场出现的新问题、新情况梳理出来，增补到流程中去，流程编制和审核人员根据流程基本原理进行总结和发布，使之适用生产现场，这就反映了管控体系的反馈机制。作业人员既是流程的执行者，又是流程的发现者和创造者。管控体系的高效运行离不开反馈机制的有效性。管控体系的运行方式如图6－9所示。

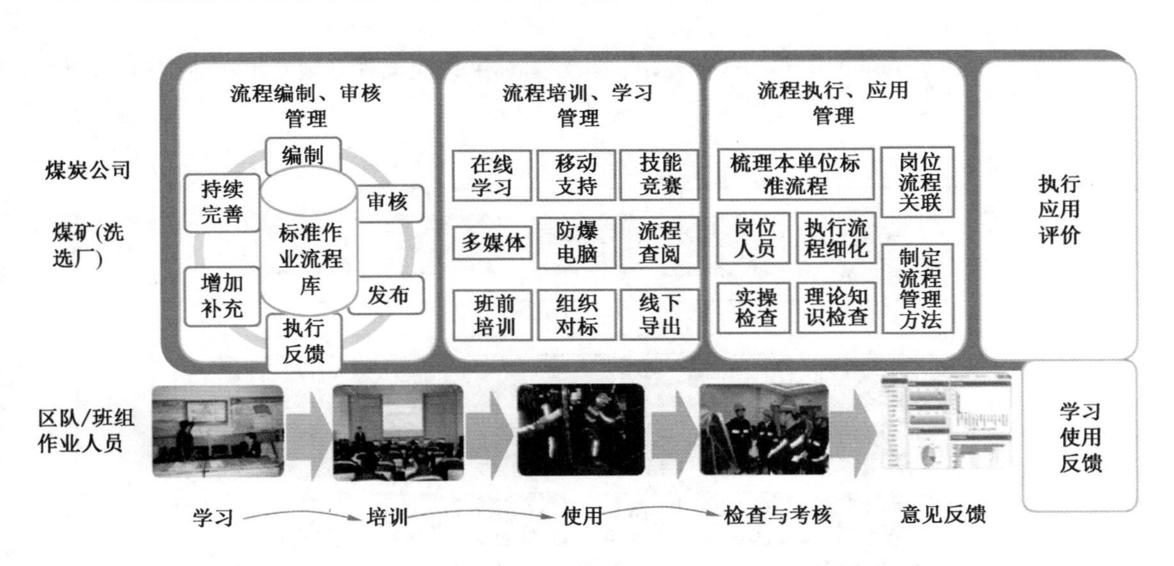

图6－9　管控体系的运行方式

第七章 煤矿岗位标准作业流程管理系统

本章从系统概述和系统应用两个方面详细介绍了煤矿岗位标准作业流程管理系统的流程管理、流程宣贯、流程执行、流程评价、用户主页、系统管理及移动应用等主要功能模块，围绕标准作业流程的编、审、发、学、用、评，阐述该系统的使用方法，使流程应用及管理人员了解系统功能、架构及人员、机构、权限管理等操作步骤、方法和注意事项等，为系统的正常运营与日常维护提供保证。

第一节 系 统 架 构

一、总体架构

系统的设计主要分为数据层、应用层、表现层3个层面。根据以流程管理、宣贯、执行、评价、反馈等需求为中心的业务需求，构建了标准作业流程管理系统功能架构，建设了实用、简捷、高效的流程管理系统，如图7-1所示。

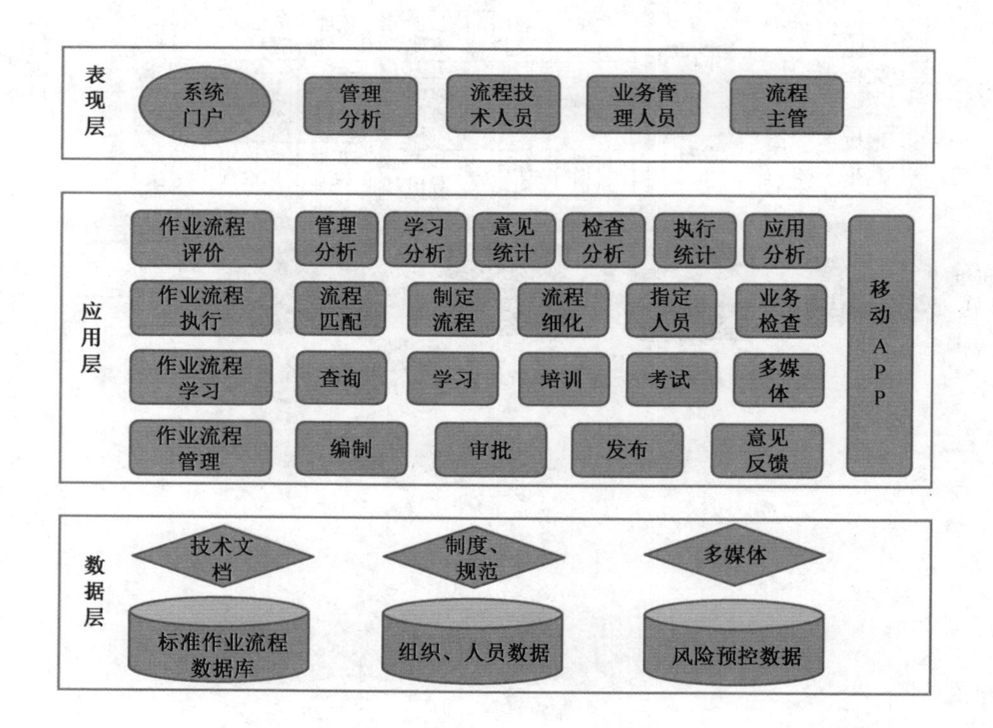

图7-1 煤矿岗位标准作业流程管理系统架构

（1）数据层：包括了标准作业流程数据库、人力资源主数据、文档数据、多媒体数据、安全管理相关数据。业务数据和流程数据以视图和数据表的方式进行存储，文档数据存放路径使用数据表，文档内容以文档目录方式存储，两者一一对应。标准作业流程的编制是通过 aris 平台完成的，组织、人员数据来源于企业 ERP 中的人力资源管理系统，风险预控数据来源于企业本质安全管理系统。

（2）应用层：以标准作业流程管理为基础，围绕“编、审、发、学、用、评”，实现标准作业流程的全过程应用和管理。首先由使用层提出标准作业流程的编制申请，由上级管理部门审核，借助 aris 编制形成流程图及流程数据，形成流程库并推送至标准作业流程管理系统。各使用人员可以对所有流程进行查阅和学习，各级组织也可以组织培训、考试，提高学习效果。流程技术员将标准作业流程结合现场工况进行细化后匹配给作业人员执行，现场检查其操作及理论知识并录入系统。系统将以上各过程的数据按组织层、不同阶段汇总成表，辅助各管理层级优化、提升标准作业流程的管理与应用。全业务过程实现移动 APP 应用。

（3）表现层：标准作业流程管理系统的门户，包括公司、矿井（中心）、区队（厂）、班组（车间）管理人员和作业员工可以进入系统进行业务操作。各层级用户按照职责、权限分别设定不同的门户展现内容。

二、功能架构

煤矿岗位标准作业流程管理系统主要包括流程管理、流程宣贯、流程执行、流程评价、用户主页、系统管理及移动应用等主要功能模块，围绕标准作业流程的“编、审、发、学、用、评”业务的闭环管理，支持各层级管理与应用。煤矿岗位标准作业流程管理系统功能结构如图 7－2 所示。

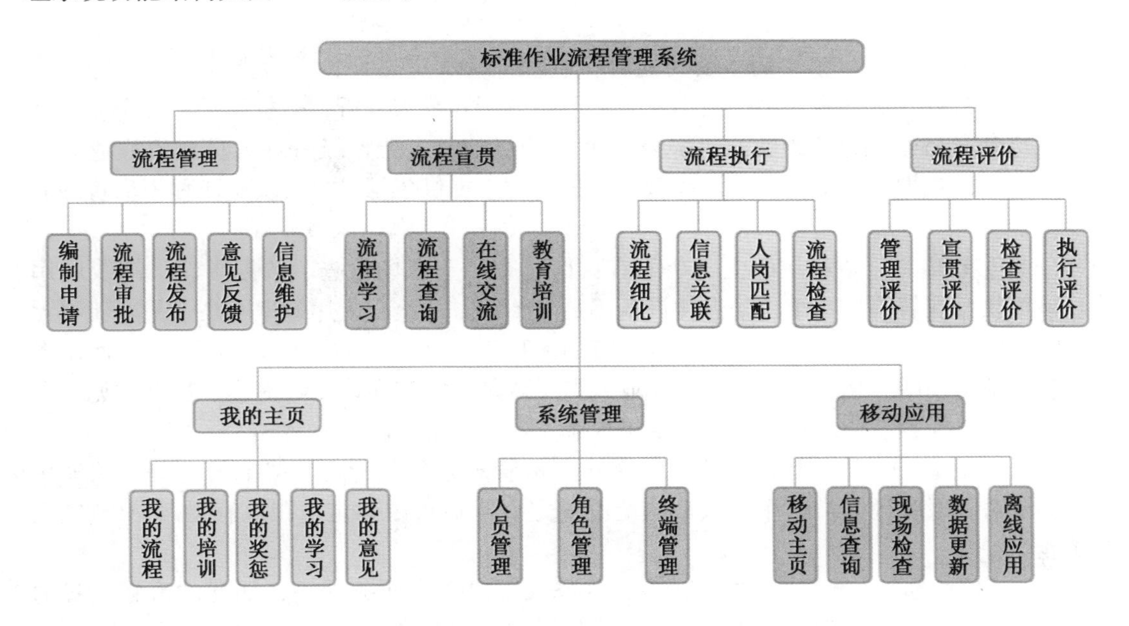

图 7－2　煤矿岗位标准作业流程管理系统功能结构

（1）流程管理。该模块的主要功能有：流程编制、审核、发布，用户在线意见提交和审核，信息维护等。该模块可以满足用户对流程增补、修订的业务管理需要，也可以对用户提出的意见进行汇总管理，实现与流程相关的各类制度资料、音视频文件、专家库等信息的统一管理，是系统数据的基础管理模块，是标准作业流程持久生命力的保障。

（2）流程宣贯。该模块的主要功能有：流程学习、流程查阅、交流、培训记录等。用户可以通过该模块学习流程、观看各类视频文件、查阅流程相关的事故案例分析报告，掌握与流程相关的危险源及管控措施，提升个人技能、增强安全生产意识。该模块是员工实现“应知、应会、应用”3个跨越，形成规范的作业行为的基础。

（3）流程执行。该模块的主要功能有：流程细化、信息关联、人岗匹配、流程检查等。管理者通过该模块将“基础流程”与现场工况结合、与作业相关的风险预控管理相结合，转化为符合现场应用的“执行流程”，并实现与作业人员的合理匹配后，通过PC、短信、移动终端等方式自动派发给作业人员，实现“上标准岗、干标准活”的管理目的，并通过流程执行检查对执行效果进行跟踪。该功能是流程落地的关键环节，执行示意如图7－3所示。

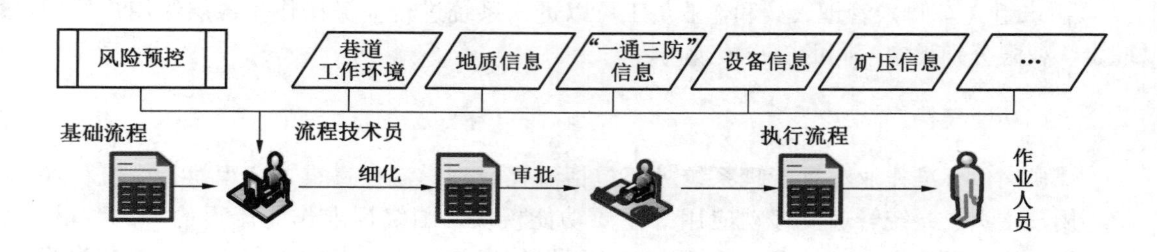

图7－3　煤矿岗位标准作业流程执行示意图

（4）流程评价。该模块的主要功能有：管理评价、宣贯评价、检查评价、执行评价等。该模块汇总各业务模块中的数据，基于业务分析和行为分析，分析结果，平衡管理过程，来达到“持续优化流程、改进提升管理”的目的。支持各级管理人员对流程业务过程更细粒度的数据评价分析，为流程管理业务的决策提供依据。该模块是流程闭环管理的重要体现。

（5）移动应用。该模块的主要功能有：信息查阅、现场检查、数据更新、离线应用等。该模块旨在解决应用单位信息化设备不足、传统方式流程应用效率不高、最新流程无法及时下发到作业人员手中等应用难点，打通流程应用在“最后一公里的障碍”。使用者可以随时随地在线、离线使用系统。作业人员主要是离线或在线学习流程、反馈意见。管理人员主要是流程查阅、意见审核、现场检查、业务评价等。

（6）系统管理。该模块的主要功能有：人员管理、角色管理、终端管理等。该模块主要实现对各级管理人员、作业人员的范围确定、职责权限确定、跟踪移动端APP应用等功能。

（7）我的主页。该模块的主要功能有：登录用户个人业务展现，如我的流程、我的培训、我的奖惩、我的学习、我的意见等，各层级管理人员和作业人员各有不同，是用户的门户展现。

第二节　系　统　界　面

本节描述了系统后台各管理功能的操作及运维说明，主要管理功能包括：流程管理、流程学习管理、流程执行管理、流程评价管理、我的首页、人员角色关联和角色人员管理等。

一、登录系统

录入用户名、密码之后，点击“登录”按钮，可执行登录系统的动作。登录成功，直接进入系统主界面，如图7－4所示。

移动端下载，在Android移动应用首页上有两种下载方式。

方式一：使用手机自带的二维码扫描软件，通过WiFi连接集团内网进行扫描下载、安装使用。

方式二：直接点击图片下载、安装到移动设备上使用。

图7－4　煤矿岗位标准作业流程管理系统登录界面

二、主界面功能

登录后直接进入菜单列表和系统主界面，如图7－5所示。

（1）常用功能区：快速链接门户首页、系统通知、系统帮助，可修改用户个人信息和退出系统。

（2）子系统切换区：系统各子模块可灵活切换。

（3）系统菜单区：点击进入具体的功能。

（4）业务处理区：点击左侧菜单后，显示操作表单，用户可在此区域进行增、删、改、查等操作。

图7-5 系统主界面功能

三、通用操作

系统每一个功能几乎包含以下基本功能，见表7-1。

表7-1 系统功能按钮简介

按钮名称	功 能 简 述	按钮样式
查询	按查询条件在页面显示查询结果列表	
重置	只将查询条件恢复为默认值，对已有查询结果列表不做任何改变	
添加	添加一条新记录，点击该按钮后系统将进入××添加页面	
保存	保存当前记录，点击该按钮后页面会弹出确认页面，点击“确定”后，该记录被保存	
删除	删除当前记录，点击该按钮后页面会弹出确认删除页面，点击“是”，该记录将被删除，点击“否”，则取消删除操作	
编辑	修改当前记录，点击该按钮后系统将进入××编辑页面	
关闭	不做任何操作，关闭当前页面	
审核	审核当前页面所载信息，填写具体审核意见，选择相应后续环节，提交上级或退回编制人	
查看	查看当前页面所载信息	

四、人员角色管理

该模块的功能主要是各级单位流程主管人员对系统用户操作权限的管理。系统中提供了两种操作方式，系统管理员操作时需要用到的主要数据是系统的角色，角色互联使用集团 HR 系统数据，不需创建，只要能正确识别使用角色即可。

第一：通过人员关联角色进行权限管理。

授予权限：找到人员，增加该人员要授予的角色。

收回权限：找到人员，去掉该人员要收回的角色。

第二：通过角色关联人员进行授权。

授予权限：找到角色，增加要授权的人员。

收回权限：找到角色，去掉要收回权限的人员。

授权后的用户在系统中所显示的菜单功能和移动应用功能与其人员类别相匹配。如果被授权仅是“作业人员”，那么移动端也是对应的作业人员功能菜单。具体的移动端功能参见移动应用功能。

角色说明见表 7－2。

表7－2　角　色　说　明

序号	角　色　名　称	授　权　说　明
1	流程作业人员	授权给三级单位、授权给一线流程作业人员使用角色
2	三级单位流程业务管理人员	授权给三级单位主管流程提报、流程审核、意见汇总、掌握流程整体运行情况人员使用角色
3	子分公司流程业务管理人员	授权给子分公司各业务主管人员进行流程审核、审批、意见汇总、掌握流程整体运行情况人员使用角色

五、流程管理

流程管理包括流程编制、流程优化意见、流程信息维护、流程知识管理 4 个功能模块，其中流程编制包括编制申请和流程查询；流程优化意见包括优化意见反馈、优化意见审核、优化意见提报和优化意见汇总；流程信息维护包含多媒体信息维护、专家信息维护、制度信息维护、操作规程信息维护和安全规程信息维护；流程知识管理包括知识维护、知识查询和流程管理办法。流程管理界面如图 7－6 所示。

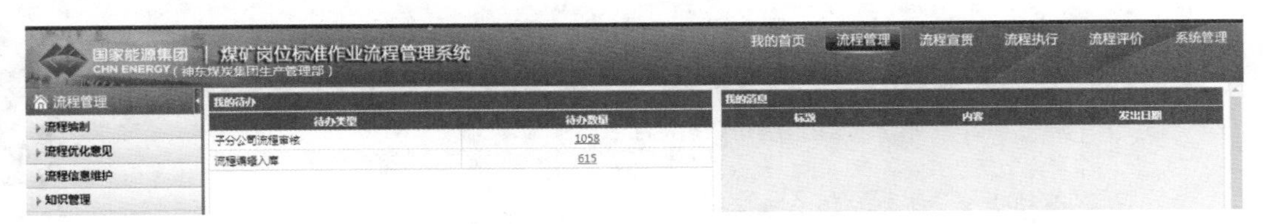

图7－6　流程管理界面

六、流程宣贯

流程宣贯包括流程学习和流程培训 2 个功能模块，其中流程学习包含学习心得管理、操作体验管理和流程浏览 3 个功能，流程培训包含流程培训记录和流程培训查询，流程宣贯界面如图 7－7 所示。

国家能源集团 | 煤矿岗位标准作业流程管理系统
CHN ENERGY（神东煤炭分公司布尔台煤矿生产办）
我的首页　流程管理　流程宣贯　流程执行　流程评价　系统管理
流程宣贯
流程学习
学习心得管理
操作体验管理
流程浏览
在线交流
流程培训
流程名称:　部门:　标题:　查询　重置
新增　修改　查看　删除

组织名称	部门	流程名称	标题	发布人	发布日期
布尔台煤矿	生产办	更换锚杆机（4E00-2250-WT...	1	张海云	2020-12-12
布尔台煤矿	机电二队	安装潜水泵标准作业流程	更换潜水泵标准作业流程	李延军	2020-12-12
布尔台煤矿	综采三队	液压支架拉架标准作业流程	拉架学习心得	万新通	2020-12-12
布尔台煤矿	运转一队	主运带式输送机带面检查标准...	主运带式输送机带面检查标准...	史建军	2020-12-09
布尔台煤矿	运转二队	带式输送机浮煤清理标准作...	带式输送机浮煤清理标准作...	王波	2020-12-08
布尔台煤矿	运转二队	带式输送机正常运行操作标准...	带式输送机正常运行操作标准...	王波	2020-12-06
布尔台煤矿	运转二队	带式输送机集控司机交接班标...	学习带式输送机集控司机交接...	靳振禄	2020-12-02
布尔台煤矿	掘锚二队	更换掘锚机电磁阀标准作业流程	更换掘锚机电磁阀标准作业流...	龙枫	2020-12-01
布尔台煤矿	综采二队	停送电标准作业流程	停送电标准作业流程心得体会	赵永明	2020-11-30
布尔台煤矿	综采三队	安设水泵标准作业流程	掘锚六队安设潜水泵标准作业...	杨兵兵	2020-11-30
布尔台煤矿	运转二队	更换主运带式输送机变频器标...	学习心得体会	贾东文	2020-11-30
布尔台煤矿	掘锚一队	风水管路安装标准作业流程	管路安装标准作业流程学习心得	梁建金	2020-11-30
布尔台煤矿	综掘一队	更换综掘机液压管标准作业流程	学习流程心得	孔卫华	2020-11-28
布尔台煤矿	机电一队	低压接线盒定期检修标准作业...	低压接线盒定期检修标准作业...	王强	2020-11-26
布尔台煤矿	钻探准备队	冲洗管道标准作业流程	钻探准备队冲洗管道标准作业...	沈涛	2020-11-24

第 1 页,共 71 页　显示 1 - 20条，共 1416 条
学习心得管理
推荐浏览器：< Chrome >或< 360浏览器(极速模式) >　版权所有：神华信息(78)

图 7－7　流程宣贯界面

七、流程执行

流程执行包括执行流程管理、流程信息关联、人员流程匹配和现场检查管理 4 个功能，其中流程管理包含执行流程管理、危险源信息查询和不安全行为查询 3 个功能；流程信息关联包含流程关联和流程步骤关联流；人员流程匹配包含指定执行人员、人员流程匹配和流程人员匹配执行管理 3 个功能；现场检查管理包含现场检查管理和现场检查执行 2 个功能。流程执行管理界面如图 7－8 所示。

国家能源集团 | 煤矿岗位标准作业流程管理系统
CHN ENERGY（神东煤炭分公司布尔台煤矿生产办）
我的首页　流程管理　流程宣贯　流程执行　流程评价　系统管理
流程执行
执行流程管理
指定执行流程
执行流程管理
危险源信息查询
不安全行为查询
流程信息关联
人员流程匹配
现场检查管理
流程名称: 流程名称　专业类型: 专业类型　作业地点: 作业地点　创建开始时间: 选择开始时间 至 选择结束时间　查询　重置
新增　修改　查看　启用　停用　删除　导出流程信息

标题	流程名称	编制单位	专业类型	作业地点	对应设备	流程提出人	编写日期	编制人	流程审核人	流程审批人	状态
监测监控设...	监测监控设备巡检标准作业...	布尔台煤矿	05安全监测...	布尔台煤矿	监测监控设备	梁兴宇	2017-12-15	刘鹏1	李学杰	钟国庆	启用
无轨胶轮车...	无轨胶轮车收尾工作标准作...	布尔台煤矿	无轨胶轮车	停车库	无轨胶轮车	刘军	2017-12-27	刘军	徐鹏龙	车锦卫	启用
无轨胶轮车...	无轨胶轮车人车收尾工作标...	布尔台煤矿	无轨胶轮人车	停车库	无轨胶轮车...	刘军	2017-12-27	刘军	徐鹏龙	车锦卫	启用
无轨胶轮车...	无轨胶轮车人车定期检查标...	布尔台煤矿	无轨胶轮人车	停车库	无轨胶轮车...	刘军	2017-12-27	刘军	徐鹏龙	车锦卫	启用
无轨胶轮车...	无轨胶轮车人车司机交接班...	布尔台煤矿	无轨胶轮人车	停车库	无轨胶轮车...	刘军	2017-12-27	刘军	徐鹏龙	车锦卫	启用
无轨胶轮车...	无轨胶轮车定期检查标准作...	布尔台煤矿	无轨胶轮车	停车库	无轨胶轮车	刘军	2017-12-27	刘军	徐鹏龙	车锦卫	启用
无轨胶轮车...	无轨胶轮车人车启动后检查...	布尔台煤矿	无轨胶轮人车	停车库或井下	无轨胶轮车...	刘军	2017-12-27	刘军	徐鹏龙	车锦卫	启用
无轨胶轮车...	无轨胶轮车运行标准作业流...	布尔台煤矿	无轨胶轮车	大巷或辅助...	无轨胶轮车	刘军	2017-12-27	刘军	徐鹏龙	车锦卫	启用
无轨胶轮车...	无轨胶轮车启动后检查标准...	布尔台煤矿	无轨胶轮车	停车库或井下	无轨胶轮车	刘军	2017-12-27	刘军	徐鹏龙	车锦卫	启用
无轨胶轮车...	无轨胶轮车人车运行标准作...	布尔台煤矿	无轨胶轮人车	井下大巷和...	无轨胶轮车...	刘军	2017-12-27	刘军	徐鹏龙	车锦卫	启用
无轨胶轮车...	无轨胶轮车司机交接班标准...	布尔台煤矿	无轨胶轮车	停车库	无轨胶轮车	刘军	2017-12-27	刘军	徐鹏龙	车锦卫	启用
检查采煤机...	检查采煤机截割电机接线腔...	布尔台煤矿	滚筒采煤机...	布尔台煤矿	采煤机	郭永亮	2017-12-13	郭永亮	李世军	李飞	启用
更换带式输...	更换带式输送机缓冲床标准...	布尔台煤矿	带式输送机...	主斜井胶带机	胶带机缓冲床	武彦景	2017-12-16	杨勇	鄂纳穆	李飞	启用
更换主通风...	更换主通风机电机标准作业...	布尔台煤矿	01主通风机	工业广场主...	主通风机	郭小军	2017-12-16	王强	李二军	李飞	启用

第 1 页,共 11 页　显示 1 - 20条，共 202 条
我的首页 首页　执行流程管理
推荐浏览器：< Chrome >或< 360浏览器(极速模式) >　版权所有：神华信息(78)

图 7－8　流程执行管理界面

八、流程评价

流程评价包括流程管理评价、流程宣贯评价、流程检查考核及流程执行 4 个功能模

块，其中流程管理评价包含流程发布评价、流程信息关联评价和流程优化评价 3 个功能；流程宣贯评价包含流程查询学习评价、流程人员查询学习评价和流程培训评价 3 个功能；流程检查考核包含流程检查评价、人员检查评价和流程检查记录 3 个功能；流程执行评价包含流程执行评价和区队流程评价 2 个功能。流程管理评价界面如图 7 –9 所示。

图 7 –9 流程管理评价界面

九、我的首页

我的首页包括代办消息、我的消息、三级单位流程匹配统计、三级单位人员流程匹配情况、三级单位流程学习平均时长、三级单位流程学习人数统计、三级单位流程编制情况统计，以及三级单位流程意见情况统计。我的首页界面如图 7 –10、图 7 –11 所示。

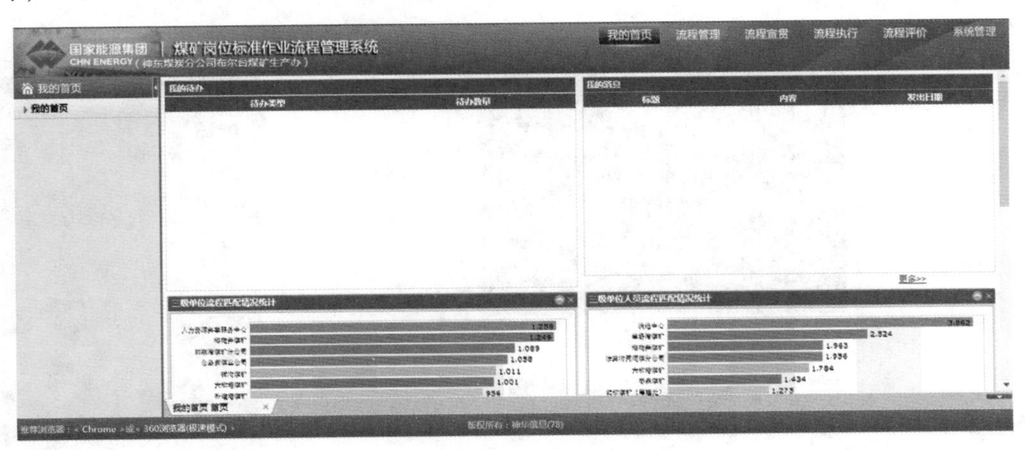

图 7 –10 我的首页界面（一）

作业人员登录我的首页，可进行以下 5 项操作：

（1）我的消息：显示系统通知、系统消息。

（2）我的流程：必修流程、选修流程、其他流程。

（3）我的学习：我的学习心得、操作体验，查阅其他学习心得、操作体验。

（4）我的培训：我的培训记录，查阅当前登录人参加过的培训记录信息。

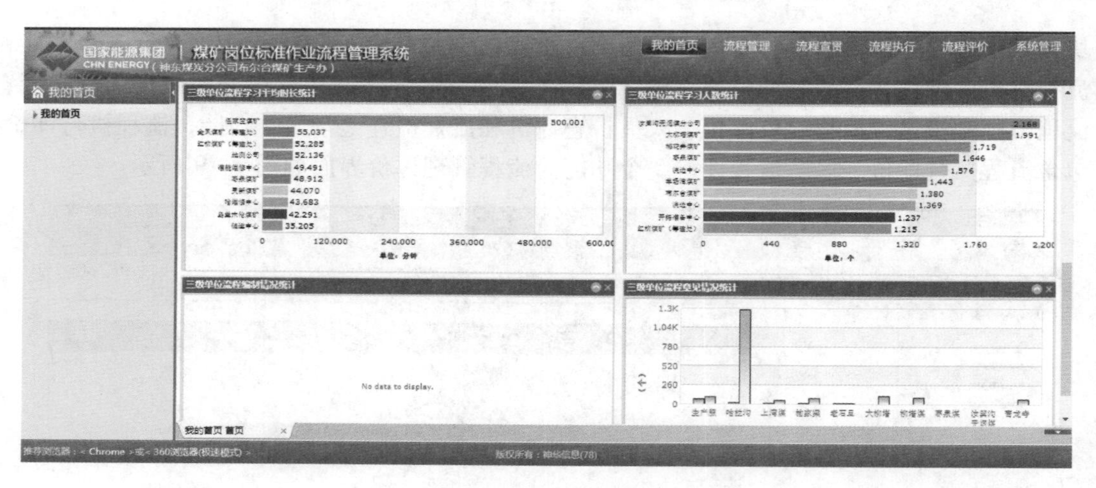

图 7－11　我的首页界面（二）

（5）我的意见：我的反馈的流程意见信息。

十、移动应用

为了打通流程应用在“最后一公里的障碍”，实现流程覆盖海量矿工，解决目前存在的信息化设备不足、传统信息传递方式局限、应用效率不高、流程需及时下发和更新等难点，开发了移动流程移动应用。移动应用对象包括管理人员和作业人员两类，不同用户对应不同移动功能，管理人员和作业人员是通过人员角色关联和角色人员管理来区分的。移动功能如图 7－12 所示。

图 7－12　移动功能

（一）流程审核

流程审核是对所管辖专业上报来的意见进行审核，审核业务主要在井工矿一级和选煤厂一级等专业进行。井工矿一级专业包括：采煤、掘进、机电、运输、“一通三防”、地质测量、探放水；选煤厂一级专业包括：分选、运输、筛分破碎、脱水、装车、集控、生产辅助、检修通用。意见审核业务可以使用管理系统审核，也可以使用移动端审核，移动端审核数据需实时更新到管理系统中。移动系统登录及意见审核界面如图7－13所示。

(a)　(b)　(c)

图7－13　移动系统登录及意见审核界面

（二）查阅流程

在线流程查阅为流程作业人员和流程管理人员在线状态下查阅流程功能，查询流程内容包括流程详细信息、流程关联信息、安全规程、操作规程、危险源、不安全行为等信息。流程查阅及反馈界面如图7－14所示。

（三）流程检查

现场检查和理论检查是为各级流程管理作业人员在线状态下，通过询问，了解当前被检查对象对作业流程和流程关联知识掌握情况而设计的功能，并将检查结果通过移动端发送到服务端。流程检查界面如图7－15所示。

（四）统计评价

统计评价为流程管理人员选择一个或者多个单位，根据不同维度比较系统整体流程编制、学习、培训、执行、检查等情况。统计结果包括表格形式和柱状图等。流程统计评价界面如图7－16所示。

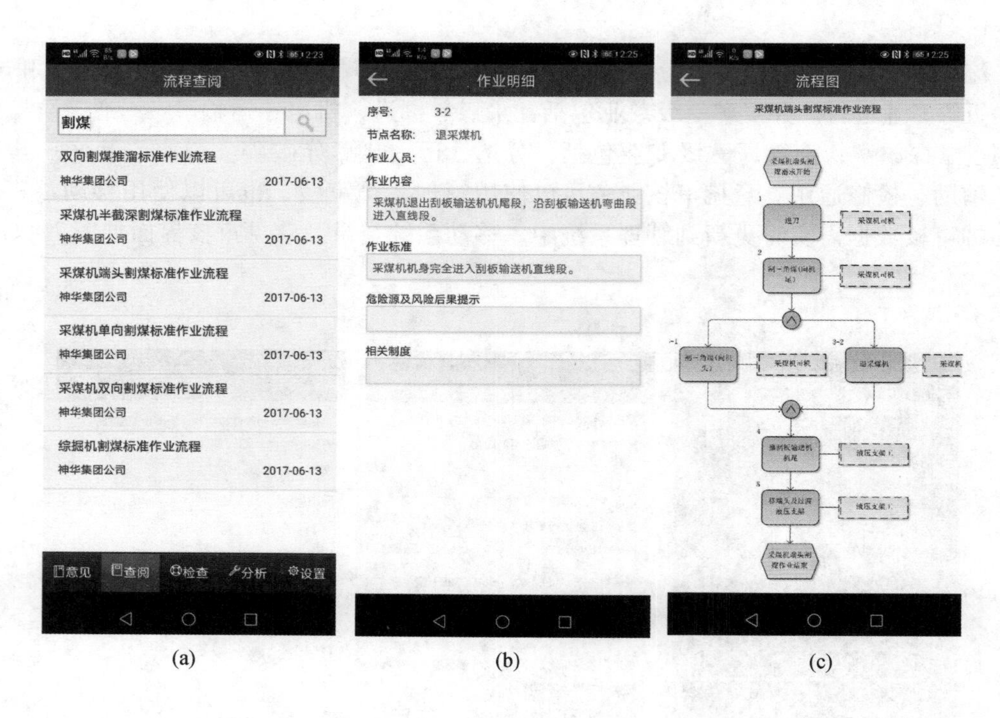

图 7-14　流程查阅及反馈界面

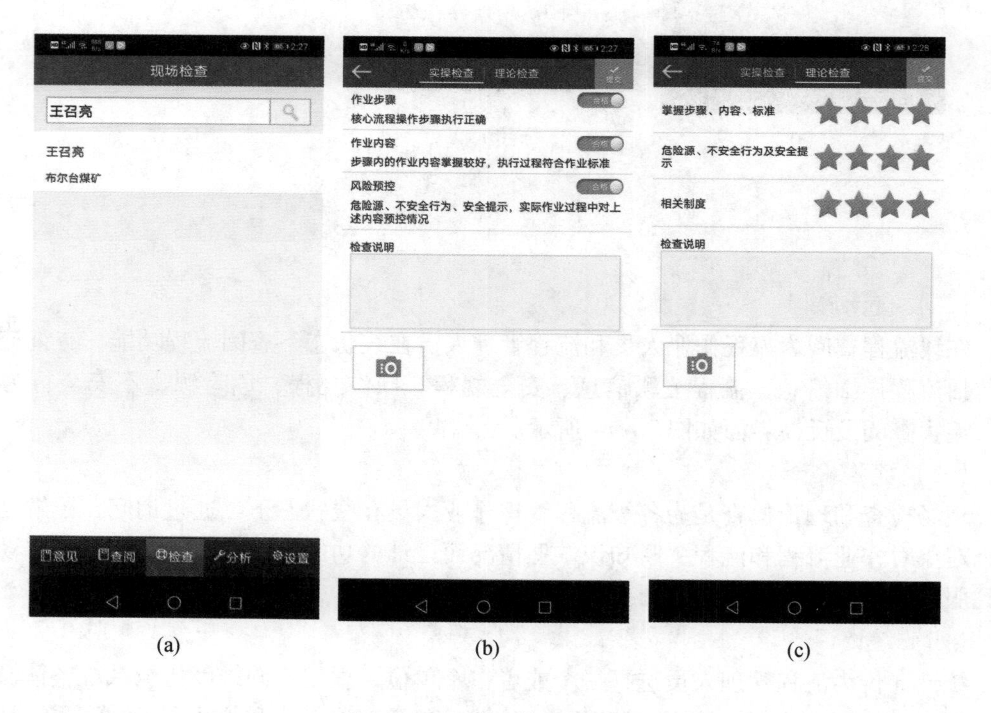

图 7-15　流程检查界面

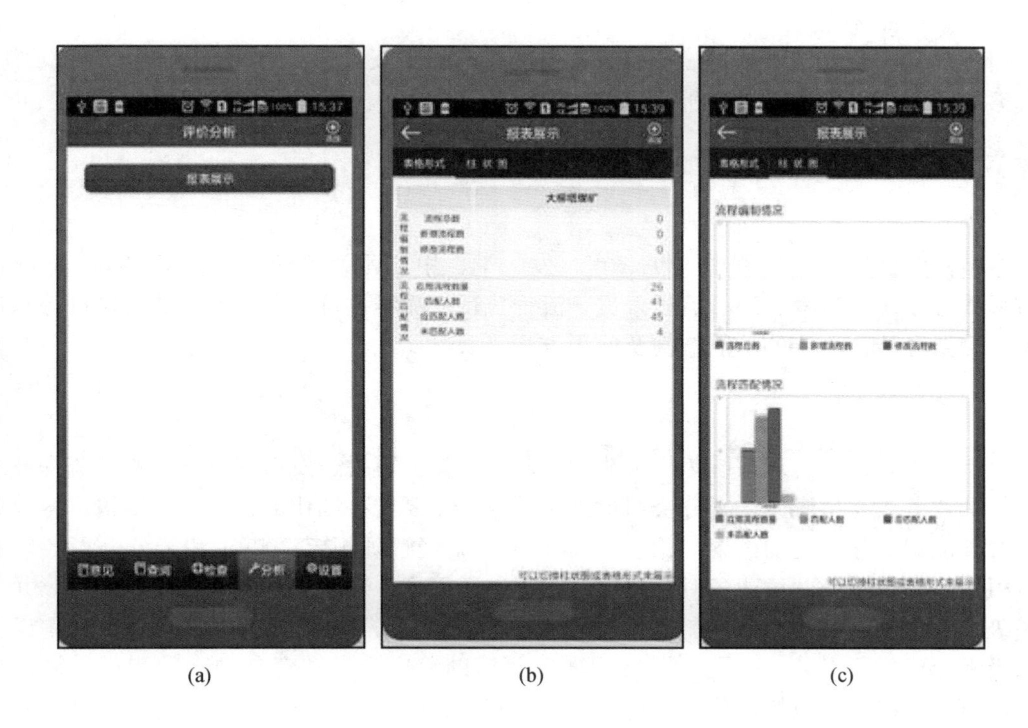

图7-16　流程统计评价界面

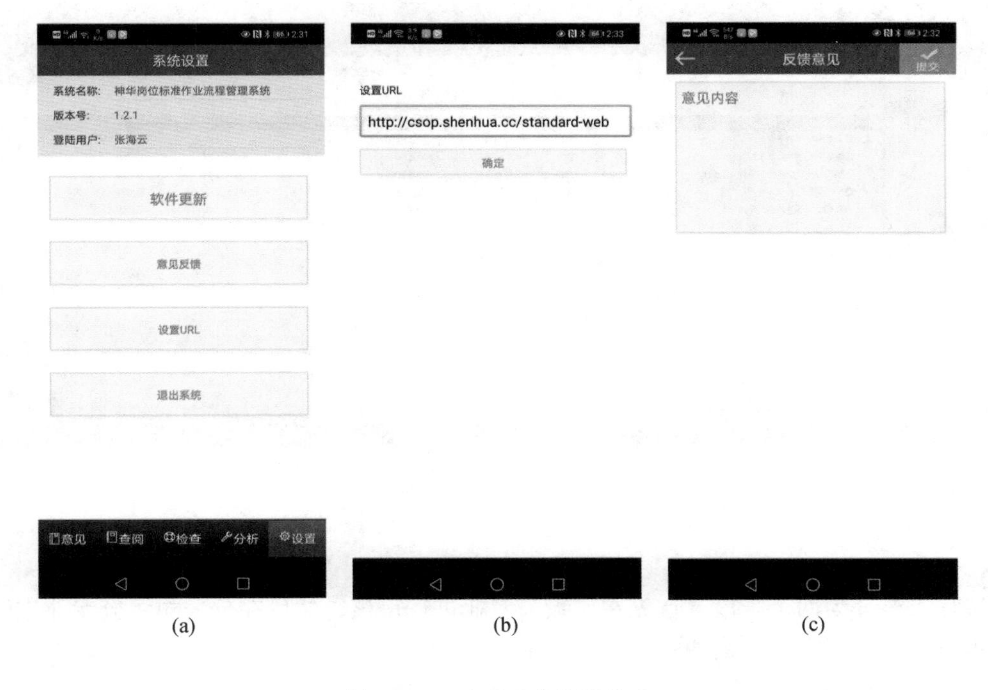

图7-17　流程系统设置界面

（五）系统设置

设置功能方便客户端用户使用，提供包括软件意见反馈、软件升级、退出系统功能。流程系统设置界面如图7－17所示。

第三节　系　统　应　用

本节围绕标准作业流程的“编、审、发、学、用、评”等环节，从煤矿岗位标准作业流程管理系统中流程管理、流程宣贯、流程执行、流程评价4个主要功能模块进行阐述说明，简要介绍该系统的功能特性及使用方法。

一、流程管理

编制管理是针对管理系统为规范流程编制、审核、审批、发布等过程，跟踪流程环节提供线上业务，支持煤矿、子分公司根据实际业务需要增补细化流程。编制申请内容也可以来源于流程优化意见的内容。根据“标准作业流程管理规定”煤矿和子分公司各专业人员根据实际情况分两种业务对标准作业流程进行管理，新增流程和现行流程修改。井工矿一级专业包括：采煤、掘进、机电、运输、“一通三防”、地质测量、探放水；露天煤矿一级专业包括：采装、穿孔、爆破、排土及辅助、运输、供变电、地质测量、采场排水；选煤厂一级专业包括：分选、运输、筛分破碎、脱水、装车、集控、生产辅助、检修通用。流程编制后进入审核审批环节，待审批通过后，流程发布人员发布流程。流程编制申请列表界面如图7－18所示。

图7－18　流程编制申请列表界面

（一）流程审核

流程审核分为两个阶段，首先在矿级分专业进行审核，然后在分公司级分专业进行矿级流程审核。流程审核界面如图7－19所示。

（二）流程审批

第一步：以集团用户登录系统，选中“流程管理→流程审批”，将进入流程审批列表。

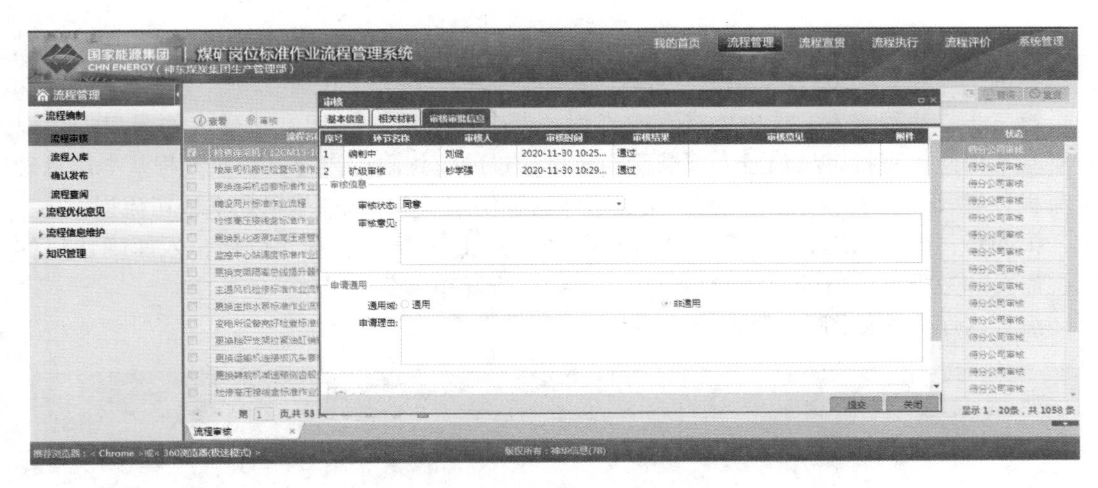

图 7－19　流程审核界面

第二步：查看，选中要查看的流程，点击“查看”按钮，在弹出的窗口中可以查看流程的基本信息、相关资料、通用信息、意见审批信息。

第三步：确定通用，选中要审批通用流程点击“确定通用”按钮，在弹出的窗口中可以查看申请通用的信息。

第四步：流程审批，选中要审批的流程，点击“审批”按钮，在弹出的窗口中可以查看流程相应的信息，审批成功后将发送到“流程入库环节”。

流程审批列表界面如图 7－20 所示。

图 7－20　流程审批列表界面

（三）流程入库

第一步：系统登录。各煤炭分公司 ARIS 流程编辑专员登录系统，选择“流程管理－流程入库菜单”，将显示待入库的流程，下载流程附件数据。登录使用 ARIS 软件，必须将附件里面的流程图、作业流程、流程编码编辑进入 ARIS 库，并且放到指定的分类下后，进行检查确认无误后，在管理系统中点击确认入库操作。

第二步：查询流程，点击页面中的查询条件，将显示查询表单，可以根据相应的信息进行查询。

第三步：流程查看，选中要查看的流程，点击“查看”按钮，在弹出的窗口中可以查看基本信息，审批审核信息，下载已经审批通过的流程附件内容，按照流程基本信息确定流程分类、编码、名称等信息，按照流程附件内容使用 ARIS 软件编辑到本公司流程库中。

第四步：确认入库，选中需要入库的流程，点击“确认入库”按钮，入库确认后的流程需要和数据系统中的流程同步成功后才会在待发布环节中显示。

流程入库界面如图 7－21 所示。

图 7－21　流程入库界面

（四）确认发布

流程发布是在流程编辑入库确认后，系统自动同步流程库中的数据到管理系统中，需要确认编辑的流程信息与审核、审批流程信息一致后，最后确认发布出来给作业人员使用操作。

确认发布界面如图 7－22 所示。

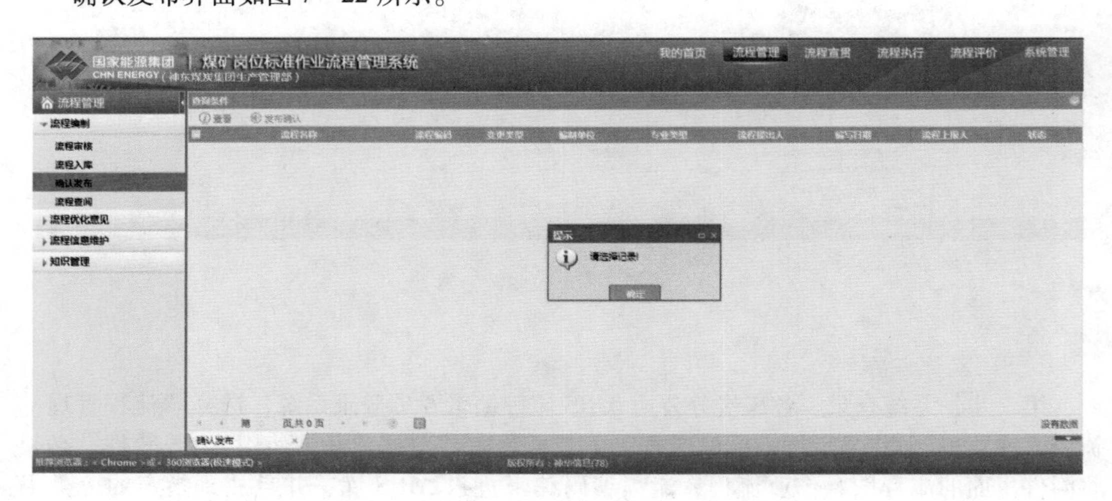

图 7－22　确认发布界面

二、流程宣贯

（一）流程浏览

生产现场操作人员浏览学习岗位标准作业流程，包括必修流程、选修流程及其他相关流程；针对流程分享学习心得和操作体验，流程内容包括：流程列表、流程图、流程信息、安全信息、危险源、不安全行为、音视频、交流信息、专家信息。

流程浏览界面如图7－23所示，流程图及关联信息导出界面如图7－24所示。

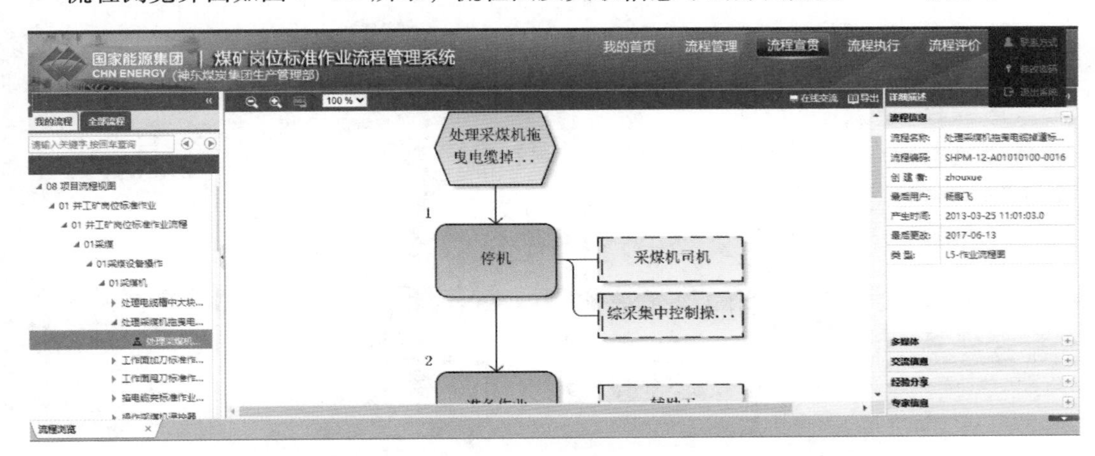

图7－23　流程浏览界面

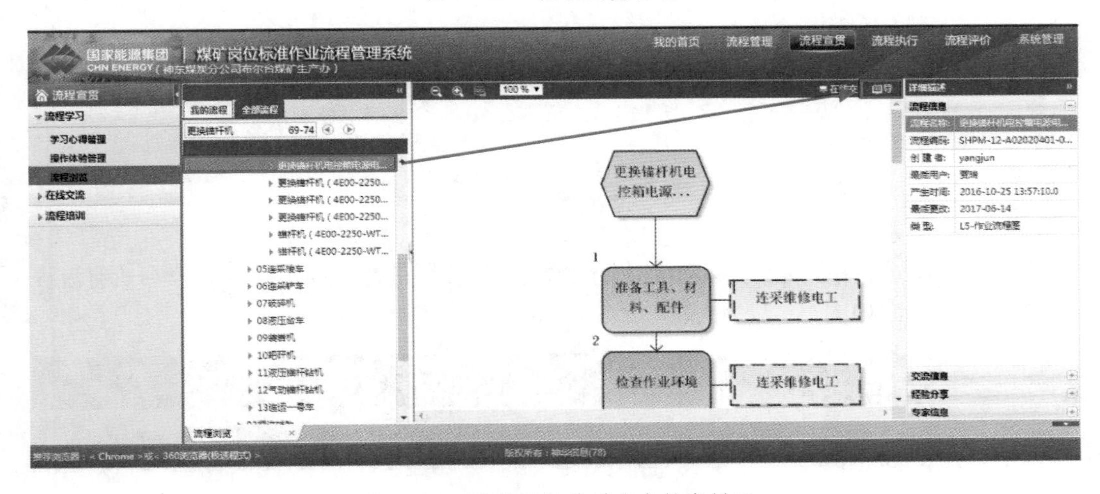

图7－24　流程图及关联信息导出界面

（二）学习心得管理

生产现场操作人员浏览学习岗位标准作业流程，将自己的见解和心得体会，撰写成文字，供其他人浏览和学习，共享学习心得和操作体验。

新增学习心得界面如图7－25所示。

（三）在线交流

作业人员浏览学习岗位标准作业流程，包括必修流程、选修流程及其他相关流程；针对流程与其他在线人员交流，类似于留言板。

在线交流界面如图 7－26 所示。

图 7－25　新增学习心得界面

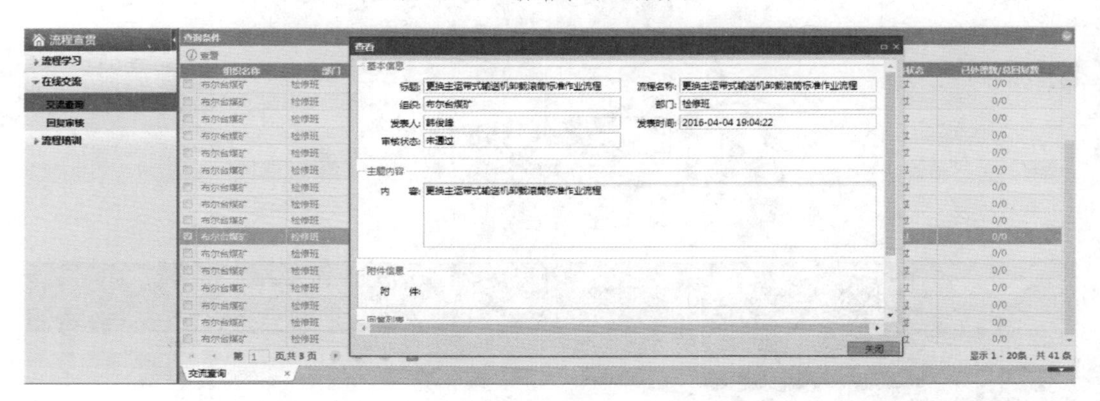

图 7－26　在线交流界面

（四）我的学习

流程作业人员使用在线或者移动端对分配给自己的流程进行学习，用户可以学习所有流程。我的学习界面如图 7－27 所示。

图 7－27　我的学习界面

三、流程执行

（一）流程执行管理

通过流程管理，已经将需要执行的流程以分公司为单位配置到流程库中，煤矿需要结合地质构造、人员工种、设备型号、施工工艺等情况选择符合煤矿可以执行的流程。其中可指定的流程分别为井工矿流程、露天矿流程、洗选厂流程。流程执行主要步骤为：指定执行流程→指定执行人员→人员流程匹配。指定后的流程系统自动下发到作业人员手中。

流程执行管理界面如图 7－28 所示。

图 7－28　流程执行管理界面

（二）人员流程匹配

流程执行人员在煤矿、洗选厂，并非所有人员都需要参与流程的执行环节，为了快速地将流程和人员进行有效匹配，需要各执行单位将需要执行流程的区队或者人员加入流程执行中，该管理功能将支持人员和区队的加入和取消加入操作。

人员流程匹配是流程执行的核心环节，在选定需要执行的流程和选定需要执行的流程人员后，要将人员和流程通过该功能进行匹配，当已有流程无法满足现有匹配时，需要通过流程管理功能对流程进行增补和细化。

流程人员匹配功能与人员流程匹配功能一致，只是选取对象不一样，人员流程匹配选取的是人，流程人员匹配选取的是流程。在选定需要执行的流程和选定需要执行流程的人员后，需要将人员和流程通过该功能进行匹配。

指定执行人员界面如图 7－29 所示。

（三）现场检查管理

集团、子分公司、煤矿（厂）等各级单位对岗位标准作业流程执行情况进行各类检查。检查结果由授权用户录入系统。录入系统的检查记录数据将在评价模块的流程执行评价子模块中输出统计报表或分析图表。

现场检查管理界面如图 7－30 所示。

国家能源集团 | 煤矿岗位标准作业流程管理系统
CHN ENERGY（神东煤炭分公司布尔台煤矿生产办）
我的首页　流程管理　流程宣贯　流程执行　流程评价　系统管理
流程执行
执行流程管理
流程信息关联
人员流程匹配
指定执行人员
人员流程匹配
流程人员匹配
现场检查管理

查询条件
已选人员
查看

序号	姓名	性别	工号	工种	部门
1	张磊	男	10023503	调度员	神东煤炭分公司...
2	栾涛	男	10023326	调度员	神东煤炭分公司...
3	郭晓毅	男	10023330	调度员	神东煤炭分公司...
4	赵心亮	男	10023395	调度员	神东煤炭分公司...
5	马志军	男	10023641	调度员	神东煤炭分公司...
6	张卫	男	20003171	调度业务主管	神东煤炭分公司...
7	韩金明	男	10040342	调度员	神东煤炭分公司...
8	王宇建	男	10025665	副主任	神东煤炭分公司...
9	仇延慧	男	10036562	调度员	神东煤炭分公司...
10	程利平	男	10023329	主任工程师	神东煤炭分公司...
11	陈战力	男	20045947	综采维修电工	神东煤炭分公司...
12	付钟保	男	20045948	综采维修电工	神东煤炭分公司...
13	鲁石滨	男	10022989	采煤工	神东煤炭分公司...
14	票春涛	男	10019975	井工普工	神东煤炭分公司...
15	郭东	男	10035659	材料员	神东煤炭分公司...

第 1 页,共 59 页　显示 1 - 20条，共 1168 条
指定执行人员

查询条件
可选人员
查看

序号	姓名	性别	工号	工种	部门
1	张建宝	男	10015061	副组长	神东煤炭分公司布...
2	罗鹏林	男	10015310	采掘电钳工	神东煤炭分公司布...
3	王强	男	10016094	队长	神东煤炭分公司布...
4	赵俊士	男	10016140	事务员	神东煤炭分公司布...
5	折建忠	男	10019608	库房管理员	神东煤炭分公司布...
6	刘志福	男	10019655	副队长	神东煤炭分公司布...
7	苏顺福	男	10019885	副队长	神东煤炭分公司布...
8	贺海成	男	10019981	综掘队长	神东煤炭分公司布...
9	李超	男	10019996	锚杆机操作工	神东煤炭分公司布...
10	宋义	男	10020004	井工普工	神东煤炭分公司布...
11	吴海文	男	10020276	书记	神东煤炭分公司布...
12	张中波	男	10020338	副组长	神东煤炭分公司布...
13	李占荣	男	10021108	井工普工	神东煤炭分公司布...
14	孙永秀	男	10022568	胶轮车司机	神东煤炭分公司布...
15	王雷锋	男	10022743	综合维修工	神东煤炭分公司布...

第 1 页,共 33 页　显示 1 - 20条，共 660 条

推荐浏览器：< Chrome >或< 360浏览器(极速模式) >　版权所有：神华信息(78)

图7-29　指定执行人员界面

国家能源集团 | 煤矿岗位标准作业流程管理系统
CHN ENERGY（神东煤炭分公司布尔台煤矿生产办）
我的首页　流程管理　流程宣贯　流程执行　流程评价　系统管理
流程执行
执行流程管理
流程信息关联
人员流程匹配
现场检查管理
现场检查管理
现场检查查询

查询条件
新增　修改　查看　删除

被检查人	单位	区队	检查方式	检查类型	奖罚类别	检查日期	检查人	描述
曾凤飞	布尔台煤矿	神东煤炭分公司布...	自查自检	理论检查	奖励	2020-12-12	白陆军	连运一号车行走标...
宋国良	布尔台煤矿	神东煤炭分公司布...	自查自检	实操检查	处罚	2020-12-12	王磊	更换主排水泵泵体...
葛伟	布尔台煤矿	神东煤炭分公司布...	自查自检	理论检查	奖励	2020-12-12	王世平	掘锚机掘进标准作...
张燕兵	布尔台煤矿	神东煤炭分公司布...	自查自检	实操检查	奖励	2020-12-12	吴喜雄	强排潜水泵操作标...
刘剑	布尔台煤矿	神东煤炭分公司布...	自查自检	实操检查	处罚	2020-12-11	吴磊	实操不熟练。
贺加智	布尔台煤矿	神东煤炭分公司布...	自查自检	理论检查	处罚	2020-12-11	白陆军	清理浮煤标准作业...
寇鲜荣	布尔台煤矿	神东煤炭分公司布...	自查自检	实操检查	奖励	2020-12-11	吴喜雄	更换主排水泵泵体...
布小青	布尔台煤矿	神东煤炭分公司布...	自查自检	理论检查	奖励	2020-12-10	曹磊	按照标准作业流程...
贺加军	布尔台煤矿	神东煤炭分公司布...	自查自检	实操检查	奖励	2020-12-10	范凯	主排水泵巡视标准...
韩小强	布尔台煤矿	神东煤炭分公司布...	自查自检	实操检查	奖励	2020-12-10	范凯	人工清理水仓标准...
李玉强	布尔台煤矿	神东煤炭分公司布...	自查自检	理论检查	奖励	2020-12-10	龙枫	按照标准作业流程...
韩福强	布尔台煤矿	神东煤炭分公司布...	自查自检	实操检查	奖励	2020-12-09	范凯	主排水泵启动标准...
刘海军	布尔台煤矿	神东煤炭分公司布...	自查自检	实操检查	处罚	2020-12-09	梁建金	胶带机检修时，没...
路飞	布尔台煤矿	神东煤炭分公司布...	自查自检	理论检查	奖励	2020-12-09	谢非	按照标准作业流程...
孙国华	布尔台煤矿	神东煤炭分公司布...	自查自检	实操检查	处罚	2020-12-09	李玉文	启动连运时，没有...
郭玉明	布尔台煤矿	神东煤炭分公司布...	自查自检	实操检查	奖励	2020-12-09	史建军	现场清理浮煤标准...

第 1 页,共 662 页　显示 1 - 20条，共 13238 条
现场检查管理

推荐浏览器：< Chrome >或< 360浏览器(极速模式) >　版权所有：神华信息(78)

图7-30　现场检查管理界面

(四) 现场检查结果查询

现场检查结果查询可在现场检查查询模块中查看，如图7-31所示。

四、流程评价

流程评价主要包括从集团、子分公司、煤矿（厂）、区队、班组、员工等组织人员维度，对流程管理、宣贯、执行及综合情况进行评价，评价结果作为考核单位和个人的依据之一。

(一) 流程发布评价

反映流程管理情况，主要从岗位标准作业流程发布、流程关联信息加载、流程优化意见处理等流程管理活动进行分析。

国家能源集团 | 煤矿岗位标准作业流程管理系统
CHN ENERGY（神东煤炭分公司布尔台煤矿生产办）

我的首页　流程管理　流程宣贯　流程执行　流程评价　系统管理

流程执行
- 执行流程管理
- 流程信息关联
- 人员流程匹配
- 现场检查管理
  - 现场检查管理
  - 现场检查查询

查询条件

查看

	被检查人	单位	区队	检查方式	检查类型	奖罚类别	检查日期	创建时间	检查人	描述
□	宋国良	布尔台煤矿	神东煤炭分公司...	自查自检	实操检查	处罚	2020-12-12	2020-12-12	王磊	更换主排水泵泵...
□	张燕兵	布尔台煤矿	神东煤炭分公司...	自查自检	实操检查	奖励	2020-12-12	2020-12-12	吴事雄	强排潜水泵操作...
□	鲁凤飞	布尔台煤矿	神东煤炭分公司...	自查自检	理论检查	奖励	2020-12-12	2020-12-12	白陆军	倒退一号车行走...
□	蒋伟	布尔台煤矿	神东煤炭分公司...	自查自检	理论检查	奖励	2020-12-12	2020-12-12	王世平	掘锚机掘进标准...
□	寇鲜荣	布尔台煤矿	神东煤炭分公司...	自查自检	实操检查	奖励	2020-12-11	2020-12-12	吴事雄	更换主排水泵泵...
□	贺加智	布尔台煤矿	神东煤炭分公司...	自查自检	理论检查	处罚	2020-12-11	2020-12-12	白陆军	清理浮煤标准作...
□	刘剑	布尔台煤矿	神东煤炭分公司...	自查自检	实操检查	处罚	2020-12-11	2020-12-11	吴磊	实操不熟练。
□	布小青	布尔台煤矿	神东煤炭分公司...	自查自检	理论检查	奖励	2020-12-10	2020-12-10	曹磊	按照标准作业流...
□	贺加军	布尔台煤矿	神东煤炭分公司...	自查自检	实操检查	奖励	2020-12-10	2020-12-10	范凯	主排水泵巡视标...
□	韩小强	布尔台煤矿	神东煤炭分公司...	自查自检	实操检查	奖励	2020-12-10	2020-12-10	范凯	人工清理水仓标...
□	李玉强	布尔台煤矿	神东煤炭分公司...	自查自检	理论检查	奖励	2020-12-10	2020-12-10	龙帆	按照标准作业流...
□	杨军	布尔台煤矿	神东煤炭分公司...	自查自检	理论检查	处罚	2020-12-09	2020-12-09	史建军	流程掌握不熟练
□	辛小东	布尔台煤矿	神东煤炭分公司...	自查自检	实操检查	奖励	2020-12-09	2020-12-09	王磊	主排水泵巡视标...
□	李永胜	布尔台煤矿	神东煤炭分公司...	自查自检	实操检查	处罚	2020-12-09	2020-12-09	闫洪奇	流程实操不熟练。
□	贺加军	布尔台煤矿	神东煤炭分公司...	自查自检	实操检查	处罚	2020-12-09	2020-12-09	范凯	主排水泵工交接...
□	刘海军	布尔台煤矿	神东煤炭分公司...	自查自检	实操检查	处罚	2020-12-09	2020-12-09	吴建金	胶带机检修时，...

第 1 页共 662 页　　显示 1 - 20条，共 13238 条

现场检查查询

推荐浏览器：< Chrome >或< 360浏览器(极速模式) >　　版权所有：神华信息(78)

图 7-31　现场检查结果查询界面

发布流程组织分布查看界面如图 7-32 所示。

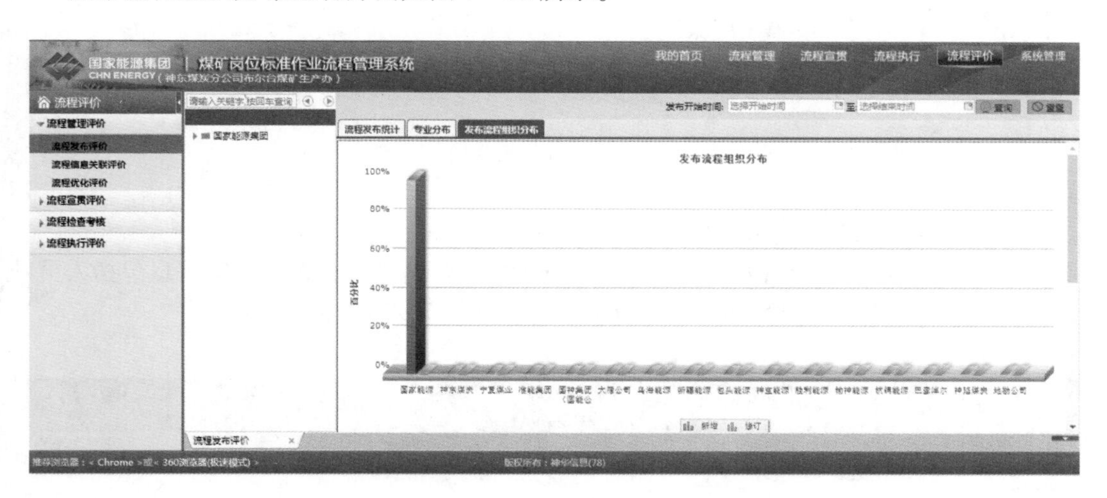

图 7-32　发布流程组织分布查看界面

（二）流程信息关联评价

一个具体的岗位标准作业流程的关联信息包括：

（1）相关危险源，数据来自生产本质安全管理系统。

（2）相关不安全行为，数据来自生产本质安全管理系统。

（3）《煤矿安全规程》相关内容，数据来自生产执行系统文档管理子系统（需要用户组织灌装文件数据）。

（4）有关操作规程相关内容，数据来自生产执行系统文档管理子系统（需要用户维护文件数据）。

（5）制度，数据来自制度管理系统。

流程关联信息是员工要掌握岗位标准作业流程内容的重要组成部分，对提高现场安全高效作业操作具有重要作用。因此流程关联信息建设指标也是流程管理绩效其中一个方面的反映。从组织、专业类型等维度，对岗位标准作业流程信息关联数据进行统计分析，进而评价各组织对流程信息建设及关联工作情况。

流程信息关联评价界面如图 7－33 所示。

国家能源集团 | 煤矿岗位标准作业流程管理系统
CHN ENERGY（神东煤炭分公司布尔台煤矿生产办）
我的首页　流程管理　流程宣贯　流程执行　流程评价　系统管理

流程评价
流程管理评价
流程发布评价
流程信息关联评价
流程优化评价
流程宣贯评价
流程检查考核
流程执行评价

组织机构
请输入关键字,按回车查询
国家能源集团
神东煤炭
宁夏煤业
准能集团
大雁公司
国神集团（国能公司）
乌海能源
新疆能源
包头能源
神宝能源
胜利能源
榆神能源
杭锦能源
巴彦淖尔公司
神延煤炭
地勘公司

流程关联统计　流程关联度比对

查看

序号	组织名称	流程	制度	操作规程	不安全行为	危险源	安全规程	多媒体
1	神华神东电力有…	2729	0	0	0	0	564	0
2	汝箕沟无烟煤分…	1765	0	0	0	0	46	0
3	宁夏煤业	1584	0	0	0	0	245	0
4	羊场湾煤矿	1579	0	0	0	0	23	1
5	梅花井煤矿	1448	0	0	0	0	23	1
6	乌海能源	1385	0	0	0	0	23	0
7	郭家湾煤矿分公司	1199	0	0	0	0	23	0
8	青龙寺煤矿分公司	1133	0	0	0	0	23	0
9	双马煤矿（筹建…	1093	0	0	0	0	23	0
10	神华新疆能源有…	1082	0	0	0	0	23	0
11	红柳煤矿（筹建…	1080	0	0	0	0	23	0
12	乌海市公乌素煤…	1067	0	0	0	0	23	0
13	补连塔煤矿	1063	0	0	0	0	23	0
14	神华国能集团有…	1062	0	0	0	0	23	0
15	上湾煤矿	1034	0	0	0	0	12	0
16	哈拉沟煤矿	1023	0	0	0	0	23	23
17	神华蒙西煤化股…	1010	0	0	0	0	23	2

流程信息关联评价

推荐浏览器：< Chrome >或< 360浏览器(极速模式) >　　版权所有：神华信息(78)

图 7－33　流程信息关联评价界面

（三）流程人员查阅学习评价

通过查阅，对该部门内人员具体的流程查询学习情况进行分析，查阅信息包括人员姓名、所在区队/班组、浏览次数以及累计时长等，如图 7－34 所示。

国家能源集团 | 煤矿岗位标准作业流程管理系统
CHN ENERGY（神东煤炭分公司布尔台煤矿生产办）
我的首页　流程管理　流程宣贯　流程执行　流程评价　系统管理

流程评价
流程管理评价
流程宣贯评价
流程查阅学习评价
流程人员查阅学习评价
流程培训评价
流程检查考核
流程执行评价

请输入关键字,按回车查询
国家能源集团
神东煤炭
大柳塔煤矿
榆家梁煤矿
神东检测公司
补连塔煤矿
生产服务中心
保德煤矿
地测公司
上湾煤矿
乌兰木伦煤矿
哈拉沟煤矿
石圪台煤矿
开拓准备中心
锦界煤矿管理处
柳塔煤矿
布尔台煤矿
寸草塔煤矿

部门：　学习开始时间：　至　查询　重置

1	马亚磊	寸草塔二矿工程队工程一班	135	1425	10	89	9	125	1336	11
2	张志宏	寸草塔二矿综采队检修班	127	2105	53	1163	22	74	942	13
3	罗生	寸草塔二矿通风队仪器发放班	329	4484	283	3926	14	46	558	12
4	王乃锋	寸草塔二矿运转队检修班	279	2665	85	838	10	194	1827	9
5	张永祥	寸草塔二矿通风队瓦检三班	248	1411	248	1411	6	0	0	0
6	郭旭君	寸草塔二矿掘锚一队掘锚一队检修班	349	5430	348	5427	16	1	3	3
7	池保利	寸草塔二矿掘锚一队掘锚一队检修班	207	2175	122	1393	11	85	782	9
8	张永青	寸草塔二矿机电队排水班	255	2312	255	2312	9	0	0	0
9	王河青	寸草塔二矿通风队仪器发放班	291	3648	89	917	10	202	2731	14
10	张峰	寸草塔二矿综采队检修班	329	39415	297	39207	132	32	208	7
11	王建军	寸草塔二矿掘锚二队检修班	141	1740	53	741	14	88	999	11
12	李亚春	寸草塔二矿综采队检修班	45	841	45	841	19	0	0	0
13	王志军	寸草塔二矿车队机动班	393	5807	393	5807	15	0	0	0
14	李杰	寸草塔二矿工程队	529	12917	296	9838	33	233	3079	13
15	刘志军	寸草塔二矿通风队工程班	176	2061	176	2061	12	0	0	0
16	屈爱军	寸草塔二矿通风队工程班	483	5475	483	5475	11	0	0	0
17	郭小强	寸草塔二矿工程队工程二班	48	363	48	363	8	0	0	0
18	李增志	寸草塔二矿机电队运转一班	83	855	80	827	10	3	28	9

流程人员查阅学习评　流程查阅学习评价

推荐浏览器：< Chrome >或< 360浏览器(极速模式) >　　版权所有：神华信息(78)

图 7－34　流程人员查阅学习评价界面

（四）流程检查考核评价

对岗位标准作业流程执行检查记录按照组织层级、单位、专业类型、奖罚类型等进行统计分析，可以评价岗位标准作业流程执行在各单位的绩效分布，发现执行薄弱环节，为流程运营管理改进和具体流程优化提供支持。

流程检查评价界面如图 7－35 所示。

图 7－35 流程检查评价界面

（五）流程执行评价

对岗位标准作业流程执行检查记录按照组织层级、单位、专业类型、奖罚类型等进行统计分析，可以评价岗位标准作业流程执行在各单位的绩效分布，发现执行薄弱环节，为流程运营管理改进和具体流程优化提供支持。

流程执行评价界面、区队流程评价界面如图 7－36、图 7－37 所示。

图 7－36 流程执行评价界面

图 7－37 区队流程评价界面

第四篇　执　行　篇

第八章 执 行 流 程

流程的生命力在于执行。流程唯有在作业现场落地生根，发挥其保障安全高效生产的作用，流程建设才算是真正取得了成功。那么，如何保证作业流程在现场落地？神东煤炭集团在推动流程落地方面有哪些经验？在流程执行过程中又存在哪些误区？为此，本章围绕流程执行，重点探讨基础流程和执行流程之间的关系、分析总结流程在神东煤炭集团的应用情况、结合实际指出流程应用过程中存在的误区，并针对这些误区提出优化和完善的建议。通过这些分析研究，为全行业推动流程执行和应用提供有益参考和借鉴。

第一节 基础流程与执行流程

一、内涵

（1）基础流程是指经审批通过在全公司范围发布的煤矿岗位标准作业流程，基础流程是企业标准，对公司岗位作业具有普遍指导意义。

（2）执行流程是各矿井（中心）、区队（厂）的执行标准，是在基础流程的基础上，根据作业现场实际情况，经过细化补充演化而来的，是对基础流程的进一步细化，其形成过程示意如图 8－1 所示。执行流程一般由矿井（中心）单位编制，适用于矿井（中心）、区队（厂）的具体作业环境。

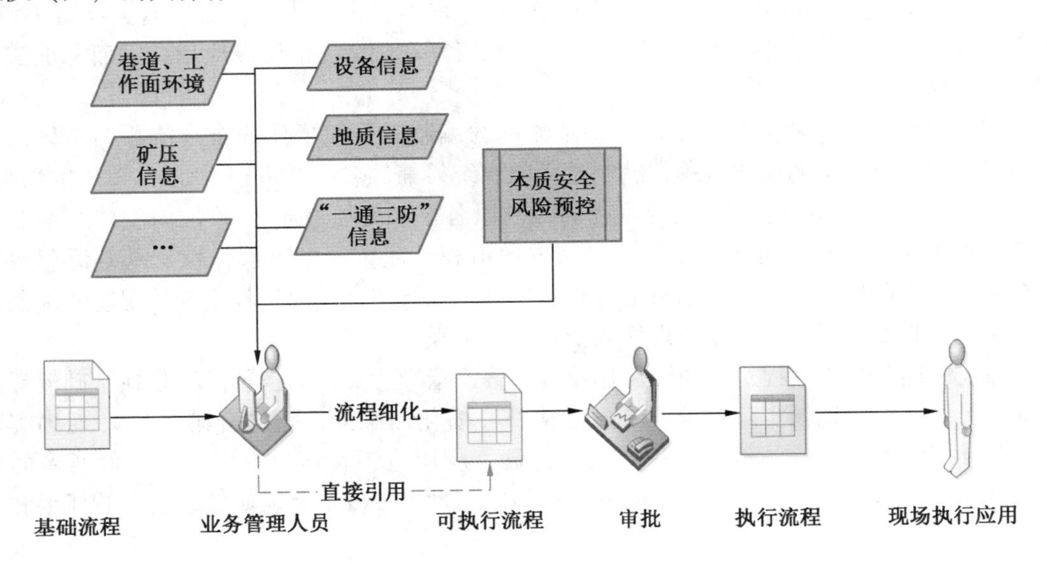

图 8－1 执行流程形成过程示意图

二、联系及区别

（一）联系

（1）两者要求相同。深入推广应用煤矿岗位标准作业流程，需要各层级管控机构互相配合、互相协调、全员参与，只有如此，才能将推广应用工作各环节梳理顺畅，进而保证流程顺利实施。基础流程和执行流程都有核心内容和重点环节，在推广应用时需要运用“抓住牛鼻子”的思想，做到抓住重点和关键环节，克服推广过程中的急、难、险、重等问题，从而推动流程落地生根。

（2）两者特征相同。基础流程和执行流程核心内涵来源于流程管控理念和标准化理念，因而基础流程和执行流程都有讲求程序和标准化的特征，而且由于基础流程和执行流程都应用于煤矿作业现场，因而基础流程和执行流程的编制都需要从作业现场实际出发，做到符合作业规律。同时，煤矿作业是一个系统环节，进行流程管控时需要对作业各环节进行把控，因而基础流程和作业流程都需要遵循 PDCA 闭环管理原则，做到全方位、多角度管控，进而推动流程实时更新完善和有效落地。

（3）两者作用相同。基础流程是构筑煤矿安全生产的基础工程、效益工程和生命工程，而执行流程是标准流程在作业现场的具体应用和延伸细化。因而两者都具备保障安全、提高效率、有效管理、固化经验、知识共享、树立形象的作用。

（二）区别

（1）两者定位不同。基础流程是神东煤炭集团的企业标准，对公司岗位作业具有普遍指导意义；而执行流程是各矿井（中心）单位、区队（厂）和班组（车间）的执行标准，是结合作业现场实际情况对标准流程的进一步细化，通过人、岗、流程匹配，由现场作业人员具体执行。因而基础流程属于指导层，而执行流程属于业务层和作业层。

（2）两者应用范围不同。基础流程在整个神东煤炭集团应用，具有普遍指导意义；而执行流程只在矿井（中心）、区队（厂）和班组（车间）3 个层级应用，因而标准流程应用范围更广。

（3）编制过程和质量要求不同。基础流程的编制以公司下发的指导流程为主体，编制具有普遍指导意义的作业流程，编制过程中要统筹兼顾各个矿井（中心）单位的情况，避免出现冲突，注重指导性。执行流程的编制以各个矿井（中心）单位为主体，编制符合各个矿井（中心）单位工作现场实际情况的流程，注重现场可操作性。基础流程参考操作规程、作业规程、安全技术措施等理论编制；执行流程按照现场实际情况写实编制而成，因此编制质量更高，对作业现场的指导意义更强。

综上所述，基础流程对公司岗位作业具有普遍指导意义，而执行流程是在基础流程的基础上，根据作业现场实际情况，经过细化补充演化而来的，是结合矿（厂）现场实际情况对标准流程的进一步细化。虽然两者内涵、应用范围及定位有所不同，但两者的作用、具体要求和发挥的作用都是相同的，都是助力世界一流示范煤矿建设的有效抓手和工具。

基础流程与执行流程既有共同点又有区别，见表 8 - 1。

表8-1　基础流程与执行流程的关系分析

名　称	基 础 流 程	执 行 流 程
定位	公司级流程	矿（厂）、区队级流程，岗位级流程
层级	指导层	业务层、作业层
要求	全员参与、抓重点和关键环节	
特征	程序、作业、标准化、遵循 PDCA	
目标	推动岗位作业标准化，保障安全生产，提高作业效率	
要素	技术、装备、工艺、作业质量等	
作用	保障安全、提高质量效率、有效管理、固化经验、知识共享、树立形象	

三、执行流程的作用

（一）指导一线人员作业

执行流程最主要的作用是指导一线人员作业，是现场作业实施的技术标准，对作业流程和技术标准进行详细的规定。作业人员按照执行流程所规定的程序和技术标准进行作业，就可以高质量、高标准、快速地完成作业，既提高了作业效率，又保障了作业安全，同时还保证了作业质量。

（二）辅助危险源辨识

危险源辨识方法分为经验对照分析法和系统安全分析法。经验对照分析法是一种通过对照有关标准、法规、检查表或依靠分析人员的观察分析能力和经验直观评价对象的危险性和危害性的方法。在经验对照法中，最常见的辨识方法是工作任务分析法。工作任务分析法是指以工作任务为单元，通过对工作任务执行步骤的划分，识别每一个步骤执行过程中可能遭遇的危险，进而确定危险的起因物和致害物。

执行流程对工作任务进行了明确的划分，对每一个步骤的工作内容都有具体的描述。这就为危险源辨识提供了一个基本的思路和步骤依据，在作业前进行危险源辨识时，必须对该作业的标准作业流程进行掌握，并按照流程的工序要求进行辨识和危险源的梳理，这是流程在安全管控方面的重要辅助作用。这样的危险源辨识更具有逻辑性和条理性，提高了危险源辨识质量。

另外，流程的工序本身就是符合安全作业的原则，在危险源辨识的过程中，作业流程中关于工序先后的规定可以作为一个危险源，即未按照流程的步骤作业就是违章作业。

（三）衡量岗位作业质量的重要标准

执行流程具备完整的作业工序和作业标准，在现场应用中作为衡量员工作业水平的标准，是员工工作质量量化考核的测评依据。执行流程实现了对作业过程的质量评价，尤其是在关键工序阶段可以进行质量评价，成为衡量岗位作业质量的标准。在生产现场的实际应用中，主要体现在以下几个方面：

（1）岗位作业前要熟练掌握流程，班组长对相关作业人员进行流程内容的提问，尤其是对关键作业环节的作业标准和相关联的风险进行考察。

（2）管理人员对岗位作业过程中的作业工序是否正确进行检查，是否有检查记录。

（3）管理人员对重点作业工序的作业标准进行检查，检查是否符合关键技术参数的相关规定，核验在具体工作环境下流程所设定的参数标准是否符合现场的实际情况。

（4）管理人员对该作业过程中涉及的重大风险进行重点关注，查看现场作业人员是否采取了相应的措施规避风险。

流程在现场的应用是持续的、动态的，而且和其他的工作关联性较强，生产现场的管理人员是流程应用的直接管理者，决定流程在生产现场的应用质量。

另外，流程的应用还作为定额体系中关于人工工作质量评价的基本依据。人工定额中一个重要的因素是工作质量评价，流程既能体现出工作前的准备质量，又能体现工作过程中的工作质量，还能对作业的结果进行评价，所以，流程对工作质量的评价和定额体系的建立起到了一定的支撑作用。

（四）作为评价岗位技能水平的重要依据

在日常的岗位技能培训中，侧重日常故障处理方法和思路的培养，而执行流程正是故障处理的正确步骤和标准，对岗位技能水平的提高有着重要作用。在实践应用中，以下几个方面是评价岗位技能水平的依据：

（1）在区队、厂站、车间的日常评比中，把流程知识的掌握程度作为考试重点。

（2）在单位职工技能竞赛中，把标准作业流程的相关知识作为考试的重点内容，考察员工对流程的掌握程度。

（3）在单位竞聘上岗的考试中，把与流程相关的知识作为考试的部分内容，作为衡量是否胜任某个岗位的关键因素。

（4）在公司举办的劳务工转正考试中，把对标准作业流程内容的掌握程度作为笔试考察的重点。

第二节 执行流程的应用

一、应用程序

经过写实后的执行流程首先开展流程培训，利用班前会及三级模块培训等形式，使员工熟练掌握，其次对培训效果进行考核。执行过程中对作业现场的流程执行情况进行再写实，对不符合现场实际的内容进行修改完善，完善后的流程继续在现场推广使用。通过这种闭环形式，使流程在推广应用的同时不断完善。

将执行流程与生产实际相结合，不断查找问题和缺陷，构建了“学习—应用—改进—反馈—修订—发布—再学习—再应用”的持续改进循环机制，如图8－2所示。

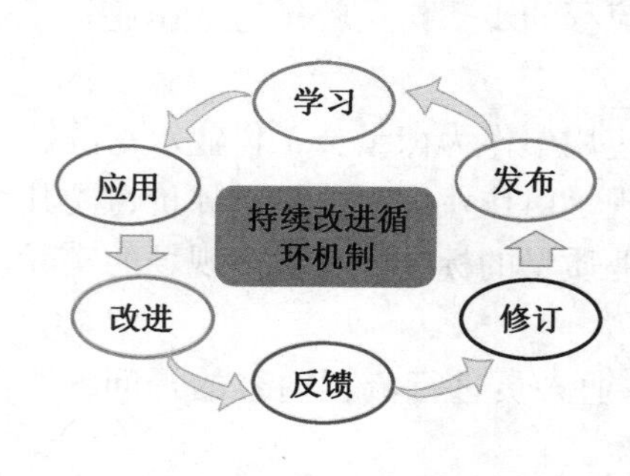

图8－2 流程优化循环机制

各层级管理人员可定期进行标准作业流程管理与应用评估，既为考核工作提供量化数据，也为标准作业流程本身持续优化提供依据。同时持续地组织参与流程编制的专家和技术人员对标准作业流程进行阶段性修订和补充完善，不断优化内容，最大限度地贴近实际工作需求，使得标准作业流程永葆先进性和适用性。

二、应用方法

（一）流程反馈

反馈是流程优化和完善的重要依据和基础，根据流程执行过程中，各个环节的应用实践，得到流程的基本应用反馈信息，对执行流程进行审核，发现流程与现场实际的不一致，从而对流程步骤进行合理优化，对流程内容进行充实，发挥流程体系的协同效应，以便标准流程更为顺畅地执行落地。流程应用过程中的意见反馈，对员工安全高效作业具有警示作用，能够推进整个矿井人—机—环—管的合理、有序、有效配合，提高矿井的精益化安全高效生产。

目前，流程在各矿顺利推广实践，但在实际应用中，流程应用的信息反馈还不够，流程优化和完善不能及时进行，从而造成了典型故障处理流程数据的不充分，形成某些故障处理流程环节的缺失，进而造成机的不稳定状态，人的不规范行为，增加了安全生产风险隐患。抓好流程信息反馈，要把握好以下原则：

（1）整体性原则，对所有流程执行进行梳理归纳，确定其适用性。

（2）适宜性原则，要根据具体环境、具体工器具、具体工艺来规范流程反馈信息，不能以偏概全。

（3）针对性原则，要针对各矿的实际情况，以及各矿执行流程中的薄弱环节，按照轻重缓急的方法进行流程信息的整合反馈。

（4）有效性原则，依托规程，运用现代化的管理手段，及时反馈流程执行中的各类问题。

同时，应该做到以下几点：一是在流程管理执行过程中，既要抓流程执行落地，更要抓员工对流程执行过程中的信息反馈；二是要发挥区队人岗匹配流程应用的作用，增强各岗位人员参与信息反馈的意识；三是要重视流程图的学习运用，落实员工在流程应用过程中对终端信息进行的分析、综合、比较，并把应用体验反馈给流程输入端，以达到整个流程执行过程的整合、完善。

总之，重视流程执行信息反馈，能更好地进行流程优化和完善，充实流程数据库，有利于员工的安全标准作业、设备的完好安全运行，提高作业效率，降低生产成本，确保煤矿安全高效生产，顺利完成各项指标及生产任务。

（二）流程优化和完善

在流程执行过程中，要对流程不断改进，以期取得最佳效果。流程优化是对现有工作流程的梳理、完善和改进的过程，不论是对流程整体的优化还是对其中部分的改进，如减少环节、改变时序等，都是以提高工作质量和工作效率、保证安全生产等为目的。对于煤矿企业而言，充分合理的流程优化，对于标准流程的推广应用、员工养成规范作业行为，以及企业生产作业的安全高效至关重要。那么，流程优化和完善是如何开展的呢？

1. 流程优化完善的原则

如何优化完善流程，应遵循以下几个原则。

（1）科学性原则。要体现理论与实际结合，采取科学的方法。

（2）系统性原则。要兼顾各方面指标均衡，体现客观全面、整体最优。

(3) 实用性原则。优化结果要简单、整体操作要规范。

(4) 目标导向原则。要引导、鼓励优化的流程向正确的方向发展。

2. 流程优化、完善需求的来源

从对流程进行优化、完善的驱动因素来讲，流程优化、完善需求大致可以分为两种：一是安全作业问题导向的需求，如流程执行中安全信息反馈、流程执行中事故经验教训、流程执行中风险预控管理需要等；二是高效作业问题导向的需求，如生产作业环境的变化、各种创新工艺的应用、安全管控理念的转变、人工智能化采煤系统的应用等。

3. 流程优化、完善具体的方式方法

(1) 通过工业工程技术的方法，采用"ECRS"分析法，对流程执行进行工序优化。其主要方法有：取消的方法，即考虑该项工作有无取消的可能性，如不必要的工序等；合并的方法，即工序或环节合并；重排的方法，即通过改变作业程序，使工作的先后顺序重新组合，以达到改善工作的目的；简化的方法，即经过取消、合并、重组之后，再对该项工作进行更深入的分析研究，使现行方法尽量简化，来达到流程执行的优化完善。

(2) 采用流程写实的方法，对流程进行梳理、优化、完善。流程写实主要是通过基层单位对一线员工开展教学培训与作业写实同步进行实现的，采用结合当班工作任务进行流程现场培训教学的方法，由岗位工将匹配好的流程打印并带到现场，进行一人监护一人写实的活动。主要方式是从高频流程向低频流程逐一开展现场写实，最后对写实过程中提出的优化意见进行整合处理，形成完善的具有实操功能的标准执行流程。

(3) 对流程反馈收集来的意见和建议，采取"三步走"审核机制，层层把关意见质量，从而对流程进行优化完善。第一步是基层区队以15天为一个周期对收集的优化意见进行审核，并将审核的意见分专业类别上报至矿业务主管科室；第二步是单位分管领导组织专业骨干对各区队上报的优化意见进行集中审核，并将审核通过的意见上报至公司；第三步是公司组织相关专业技术人员分专业对基层上报的优化意见进行审核、汇总、入库。

(4) 其他方法。

① 依托流程写实开展岗位危险源再辨识，辨识危险源并评估风险后果，将新增危险源融合到"标准作业流程"表单的作业内容和作业标准中，形成执行流程，使危险源得到更加有效的管控，同时也有效遏制员工不安全行为的发生。

② 建立执行流程表单，在表单中量化、细化每个流程中的工具、材料、配件的数量和规格型号，杜绝施工过程中因材料、工具等准备不全、不当造成工效浪费。区队利用执行流程表单考核班组材料消耗，成为成本管控的一把利剑。

③ 运用精益化辨识浪费方法，在写实过程中辨识流程执行中的"浪费"现象，找出流程步骤、作业内容和作业标准中的缺陷，进行完善。

④ 在标准作业流程表单中关联相关事故案例、故障处理流程等资料，使员工对标准作业流程的学习更系统、更直观、更全面。

⑤ 员工行为观察就是对员工作业过程进行现场观察写实，并对作业过程中未按流程作业等情况进行及时纠正。这是提高流程执行度，保证流程现场落地的重要手段。

第三节　典型做法与常见误区

流程在煤矿企业中作为作业的指导文件，是企业标准体系中的工作标准，还是安全管理的重要手段，在实践中有多方面的应用。为了更好地发挥流程的应用效果，下面对流程应用中的几个误区进行梳理和明确。

一、典型做法

为保障标准作业流程的学习和执行精准到每位职工，每个作业步骤要在指导流程的基础上，采用“合并同类项”和“找最大公约数”的方法，将标准作业流程与危险源辨识、行为观察、精益化、故障处理流程等工作进行融合，使流程向横向和纵向扩展，并以此为纽带，将相关联的工作紧密地联系起来，形成协同效应，提高各项工作的实效。

信息化建设及智能矿山建设的不断推进，为流程的推广应用拓展了新的路径。尤其是随着4G网络井下全覆盖和防爆智能手机的应用，为流程的推广应用提供了新的可能。例如，将设备检修的标准作业流程制作成二维码粘贴在设备上，员工在检修设备时，只需使用防爆手机扫描二维码就可以查看检修流程、设备检修需要准备的工器具、检修过程中存在的危险源、设备图纸等信息。同时还可以将流程执行步骤和工时相结合，为提高作业效率、实施精益化管理提供了依据。通过流程细化每一个作业步骤，对作业用时进行现场写实，从而确定每一个步骤的工时以及完成作业总用时，作为考核员工绩效、实施精益化管理的依据。

利用VR技术，让员工在虚拟现实环境下按照流程进行作业，既保障了员工安全，又强化了员工流程执行意识；制作3D、Flash课件，使流程培训通俗易懂，趣味性更强，提高了员工学习流程的积极性。

开展以标准作业流程为主线的三级培训模式，即矿井培训区队和科室管理人员，区队培训班组，班组培训员工。生产办每年组织全矿管理人员进行两次考试，区队组织所有作业人员每季度进行一次考试，并将考试成绩纳入标准作业流程考核结果。每月底由煤矿岗位标准作业流程管理员统计管理系统的应用情况，包括岗位标准作业流程系统的培训情况、学习情况、每月的流程管理总结、学习心得、各管理人员流程的检查录入情况等，并形成分析报告。在矿月度安全生产会上通报各区队系统使用情况，进行相应奖罚。通过这种方式，既保证了培训效果又提高了员工在思想上的重视程度。

二、常见误区

误区一：流程执行过程中发生人员变动和环境变化要重新启动流程，或者终止流程的执行。

流程针对作业本身，是由作业本身的性质决定的，和作业过程中的人员流动变换和环境变化没有关系。在岗位作业过程中，出现人员交叉作业、人员临时变换等情况，流程的执行是不会随着人员的变化而变化的，接班人员按照交班人员的工作任务完成情况和流程执行的工序进行交接，继续按照流程的要求进行作业。而且，流程的执行和作业实践应该是相互促进的，尤其要积极发挥流程在作业中的指导性意义。例如，当在作业过程中，发现作业现场的实际环境和某个作业点无法满足流程的规定，要把这样的作业点当成现场隐患进行整改，这就是不应该让流程去适应现场的工作，而是要让流程的规范化理念去指导、发现生产现场的隐患。

误区二：不按照流程作业只是违反了流程的一般规定，不属于违章作业。

流程制定的目的之一是从作业工序的角度和相关注意事项的角度来规避风险，其工序步骤符合安全管理的规定、符合岗位作业的日常习惯、符合作业的技术标准。所以，流程在安全管控方面的作用不能简单地理解为通过对流程的学习和执行在一定程度上规避了风险，而应该理解为不按作业流程作业就是违章作业，流程的作业工序步骤和工作标准是必须要执行的安全要求，没有按照流程作业就是违章作业。

误区三：流程作业标准属于技术标准。

流程作业标准是针对工序内容提出的，是对工序作业内容做出的一般规定。而技术标准是指重复性的事项在一定范围内的统一规定，包括基础技术标准、产品标准、工艺标准、检测实验方法标准及安全、卫生、环保标准等。显然，流程并不属于技术标准范畴，但在企业标准的等级水平上，属于企业标准体系中的工作标准，对岗位作业的执行做了规范。

误区四：风险提示只是流程工序的关联信息，只有参考价值。

流程中的风险提示不是要梳理该工序的所有风险，而是和风险预控管理体系关联的重大及以上等级的风险，而且是和该工序直接相关的作业风险，其目的是在流程的执行过程中，对作业人员在工作前起到风险提示的作用，并且采取合理的防范措施。在工作中，根据作业时的环境情况和采取的安全技术措施，及时规避风险的发生，所以，将风险提示和作业工序相融合就是为了能够更好地防范风险，在工作中对危险源进行预测，而不是机械地学习和在作业中被动地反映。风险提示信息应当引起相当的重视，而且要严格执行风险的防范措施。

第九章　落地应用方法

随着科技的发展和“互联网＋”技术的不断成熟以及其在工业领域的运用，信息化、智慧化矿井建设掀起了现代矿井建设的一场新革命。流程搭上了信息化建设的快车，迸发出更强的生命力。流程只有被员工熟练掌握，才能在作业现场被熟练运用。那么神东煤炭集团是如何运用信息化手段开展流程培训和学习的？信息化手段在流程运用过程中又提供了哪些助力？本章将围绕流程的培训和学习展开，通过一些具体的流程学习培训案例，详细介绍神东煤炭集团在流程培训以及员工学习方面的方法和经验。

第一节　“互联网+”及信息技术

一、流程二维码

二维码作为一种常见的数据库路径接口，应用已经十分普遍，将煤矿岗位标准作业流程相关的文档、视频、音频等资料数据库用二维码的方式进行关联，利用二维码跳转至指定的数据接口，方便员工读取和学习。同时利用二维码制作方便、易于推广和宣传的特点，将庞大的流程数据文件转变成简洁的二维码，减小了学习的限制，可在任意设备和工作地点设置相关作业二维码，提高了流程学习的效率和效果，目前已在神东煤炭集团各子分公司得到了广泛应用。

案例一：洗选中心流程二维码数据库

洗选中心提出了二维码“三步走”的应用方法。首先，利用专业二维码网站作为流

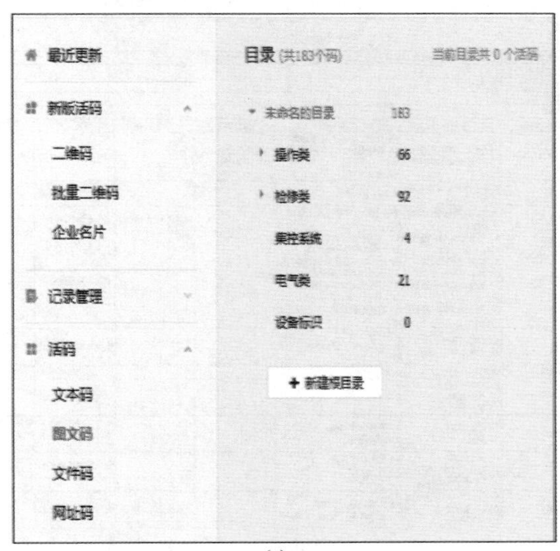

(a)

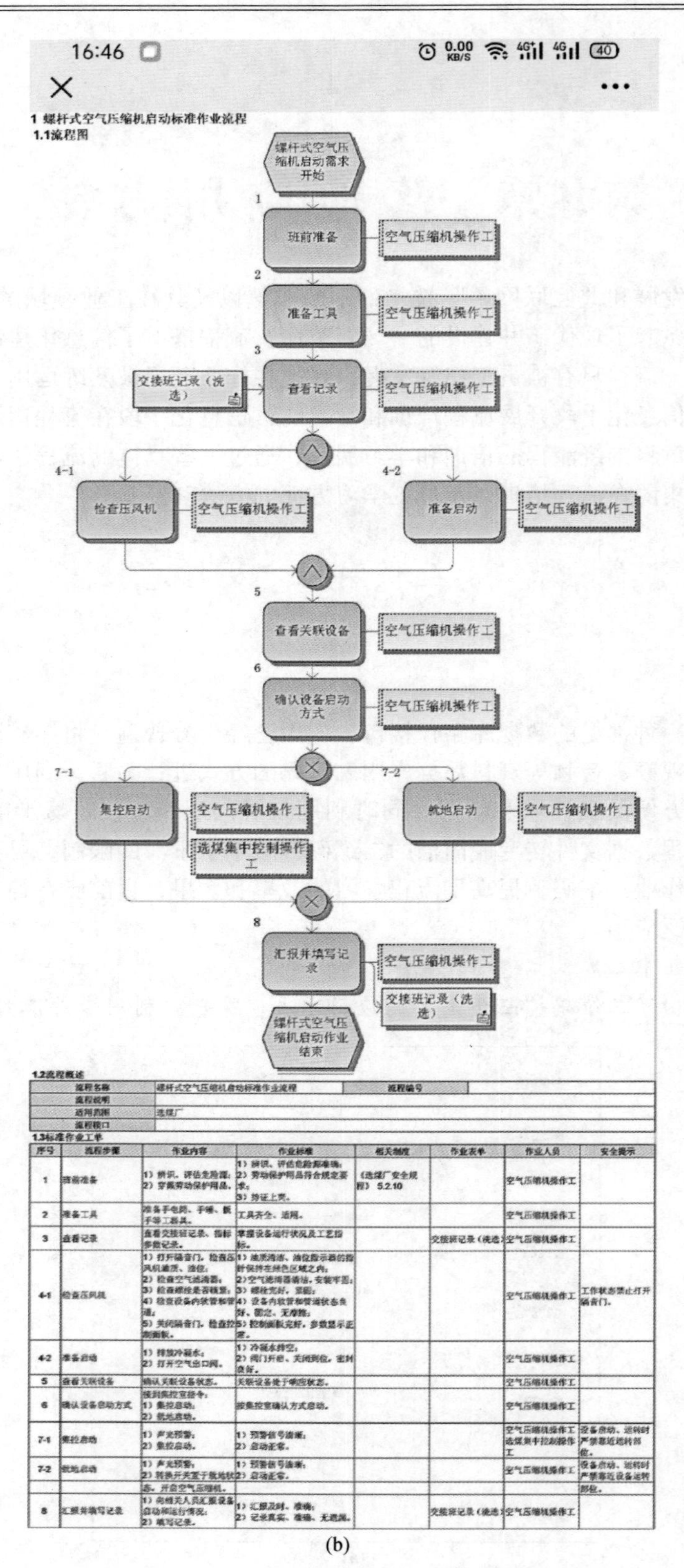

1.2流程概述

流程名称	螺杆式空气压缩机启动标准作业流程	流程编号	
流程说明			
适用范围	选煤厂		
流程接口			

1.3标准作业工单

序号	流程步骤	作业内容	作业标准	相关制度	作业表单	作业人员	安全提示
1	班前准备	1）辨识、评估危险源；2）穿戴劳动保护用品。	1）辨识、评估危险源准确；2）劳动保护用品符合规定要求；3）持证上岗。	《选煤厂安全规程》 5.2.10		空气压缩机操作工	
2	准备工具	准备手电筒、手锤、扳手等工器具。	工具齐全、适用。			空气压缩机操作工	
3	查看记录	查看交接班记录、指标参数记录。	掌握设备运行状况及工艺指标。		交接班记录（洗选）	空气压缩机操作工	
4-1	检查压风机	1）打开隔音门，检查压风机油质、油位；2）检查空气过滤器；3）检查螺栓是否紧固；4）检查设备内软管和管道；5）关闭隔音门，检查控制面板。	1）油质清洁、油位指示器的指针保持在绿色区域之内；2）空气过滤器清洁，安装牢固；3）螺栓完好，紧固；4）设备内软管和管道状态良好、固定、无摩擦；5）控制面板完好，参数显示正常。			空气压缩机操作工	工作状态禁止打开隔音门。
4-2	准备启动	1）排放冷凝水；2）打开空气出口阀。	1）冷凝水排空；2）阀门开启、关闭到位，密封良好。			空气压缩机操作工	
5	查看关联设备	确认关联设备状态。	关联设备处于响应状态。			空气压缩机操作工	
6	确认设备启动方式	接到集控室指令：1）集控启动；2）就地启动。	按集控室确认方式启动。			空气压缩机操作工	
7-1	集控启动	1）声光预警；2）集控启动。	1）预警信号清晰；2）启动正常。			空气压缩机操作工 选煤集中控制操作工	设备启动、运转时严禁靠近运转部位。
7-2	就地启动	1）声光预警；2）转换开关置于就地状	1）预警信号清晰；2）启动正常。			空气压缩机操作工	设备启动、运转时严禁靠近设备运转
		态，开启空气压缩机。					部位。
8	汇报并填写记录	1）向相关人员汇报设备启动和运行情况；2）填写记录。	1）汇报及时、准确；2）记录真实、准确、无遗漏。		交接班记录（洗选）	空气压缩机操作工	

(b)

图9－1　二维码管理系统数据库示意图

程二维码数据库的服务器，建立流程管理框架，为以后的管理、统计及更新工作打好基础。其次，制作流程的相关文档，将Word版本流程文件通过虚拟打印及图片处理等环节制作成同时满足二维码容量及手机浏览要求的图片文件，以满足二维码关联要求及手机客户端浏览清晰度。再次，在二维码服务器内制作二维码活码，关联编辑好的流程图片文件，美化二维码生成独特的专用二维码。最后，按照生成一线设备分布情况制作现场二维码识别牌匾，建立现场流程数据库。二维码管理系统数据库示意如图9－1所示。

流程二维码数据库的建立，使员工现场作业中随时可以扫码查询关联流程，再也不会出现作业“卡壳”而无据可依的情况，员工的作业效率及作业质量得到了很大提高，并且弥补了集团流程管理系统只能识别内网及安卓系统客户端的局限性。流程二维码数据库在洗选中心已经运行数年，对一线员工的作业能力、效率、质量及风险预控等环节起到了积极作用。利用二维码服务器还可以实现二维码扫描次数统计，管理层可以通过二维码扫描次数分析员工对具体流程的应用程度及需求指数，从而开展有针对性的强化培训和指导工作，帮助员工掌握流程。而且流程二维码均为活码，可以永久地对关联数据进行修改、更新，保证了现场二维码数据库的可靠性和及时性，适合设备变化更新周期长的厂矿企业使用。二维码管理系统应用情况示意如图9－2所示。

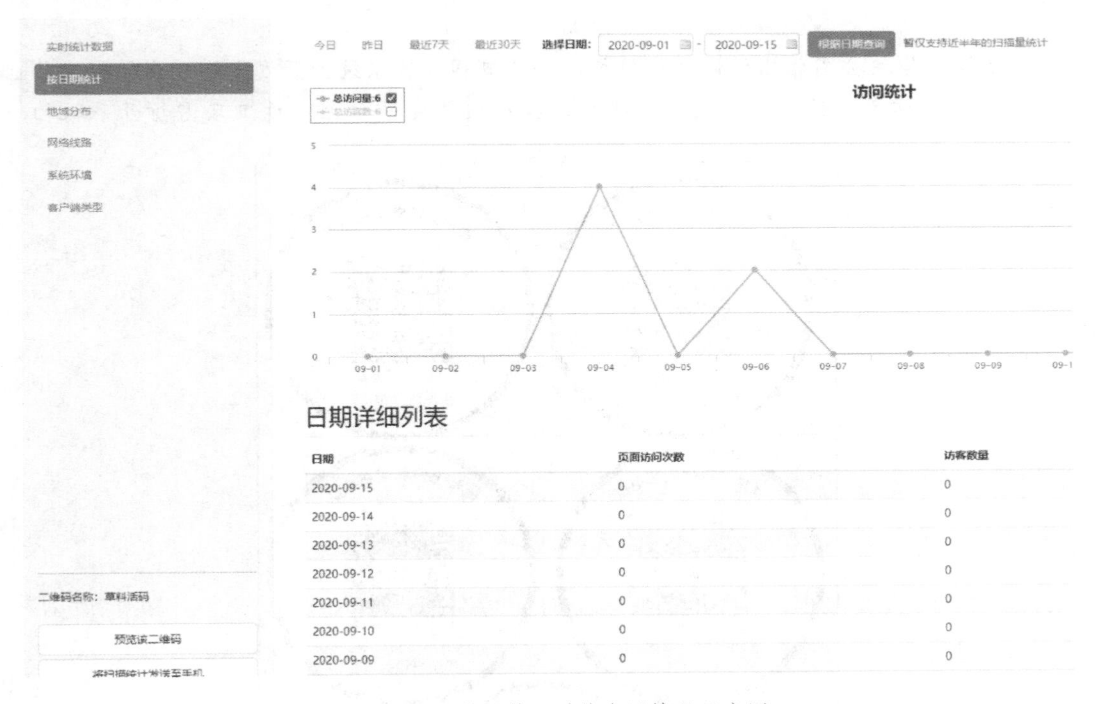

图9－2 二维码管理系统应用情况示意图

案例二：寸草塔二矿流程二维码应用

寸草塔二矿利用防爆手机扫码看流程，在企业微信的简道云模块中，将各台设备的标准作业流程上传至设备基础信息中，并形成二维码。员工在检修设备时，只要用手机扫一扫设备上粘贴的二维码，就可以查看对应的设备检修标准作业流程和操作标准作业流程，还方便检查人员和非操作岗位人员查看相关的流程。具体情况如图9－3所示。

图9-3 寸草塔二矿设备检修标准化流程二维码

案例三：锦界煤矿流程二维码应用

锦界煤矿工作面因设备较多，每套设备又涵盖大量的设备信息和作业流程，给管理人员现场管理带来诸多不便。目前锦界煤矿井下综采工作面已经全面覆盖3G网络，微信、企业微信也普遍应用于日常工作。基于以上情况，锦界煤矿构思出给设备编制二维码，只要用手机扫一扫设备二维码，所有信息就都能在手机中查看到，便于管理人员查看相关信息，省去了查阅作业规程以及流程系统的步骤，提高了工作效率。具体措施为：首先将每一套设备的包机人、设备参数、作业流程汇总起来制作成Excel或者Word文档。然后分别将不同设备的二维码信息文档上传至专业制作网站生成对应的二维码，再对生成的二维码加入对应设备的照片，这样一是能美化二维码，二是便于区分。最后将生成的二维码下载下来保存，制作成牌板。

案例四：上湾煤矿流程二维码学习应用

上湾煤矿依托公司推出的煤矿岗位标准作业流程管理系统，开发了煤矿岗位标准作业流程手机APP学习软件，并将相关资料全部放在该软件平台上，员工只需打开手机扫一

(a)

机电队班前会学习计划			
日期	流程学习	两日一题	抽查人员
3月1日班前会学习内容	移动变电站调整电压标准作业流程	两日一题：四不放过原则是指什么？答：即事故原因未查清不放过，责任人员未处理不放过，有关人员未受到教育不放过，整改措施未落实不放过	1日抽查
	遥测电缆绝缘标准作业流程		吴卫兵
	压风机巡检标准作业流程		孙凤有
	压风机开停机操作标准作业流程		刘进义
	压风机交接班标准作业流程		
	压风机集控系统检修及保护装置试验标准作业流程		2日抽查
3月2日班前会学习内容	压风机机械检修标准作业流程		扬柳青
	压风机房压风管路及闸阀检修标准作业流程		王建明
	压风机电气系统检修标准作业流程		赵辉阳
	压风风包检修标准作业流程		
	无轨胶轮车运料标准作业流程		
	无轨胶轮车运行标准作业流程		3日抽查
3月3日班前会学习内容	无轨胶轮车司机交接班标准作业流程	两日一题：煤矿五大灾害是什么？答：水、火、瓦斯、煤尘和顶板事故，俗称“五大灾害”	边大威
	无轨胶轮车收尾工作标准作业流程		曹景瑞
	无轨胶轮车启动后检查标准作业流程		郭强
	无轨胶轮车加油标准作业流程		
	停止离心式水泵标准作业流程		
	水泵工交接班标准作业流程		4日抽查
3月4日班前会学习内容	甩高压电缆标准作业流程		胡雪东
	人工清理水仓标准作业流程		霍娇
	敲帮问顶标准作业流程		黎兵
	强排潜水泵操作标准作业流程		
	启动离心式水泵标准作业流程		
	临时用电设备接线标准作业流程		5日抽查
3月5日班前会学习内容	临时用电设备拆线标准作业流程	两日一题：危险源的定义是什么？ 答：危险源是指可能造成人员伤亡或疾病、财产损失、工作环境破坏的根源或状态	刘映田
	局部通风机切换试验标准作业流程		刘昱亨
	井下移动变电站保护试验标准作业流程		钱磊
	井下接地系统检查标准作业流程		
	井下变电所配电柜除尘标准作业流程		
	井下变电工执行操作票标准作业流程		6日抽查
3月6日班前会学习内容	井下变电工巡视标准作业流程		张晓敏
	井下变电工停电标准作业流程		边俊峰
	井下变电工送电标准作业流程		邢宇
	井下变电工交接班标准作业流程		
	井下变电工处理应急掉电标准作业流程		
	更换主要通风机蝶阀标准作业流程		7日抽查

(b)

图9-4　上湾煤矿流程二维码学习示意图

扫二维码，就可以学习各自岗位的标准作业流程和了解班前会学习计划，使员工可以充分利用空闲时间进行学习。同时，该软件平台还设有8.8 m超大采高智能综采工作面各工种岗位标准作业流程专栏，专栏里放入了最新修订的超大采高作业流程，为员工快速适应新的作业环境提供了便捷平台，提升了员工学习效果。上湾煤矿流程二维码学习示意如图9-4所示。

二、微信+QQ学习平台

在标准作业流程学习、培训方面，抛弃了传统的填鸭式培训、宣贯方式，利用当前常用的微信和QQ互联网平台，全方位宣贯，多渠道学习，通过建立微信群、QQ群、企业微信群、公众号等途径，采取线上学习为主，线下学习为辅，线上以“煤矿岗位标准作业流程管理系统”电脑及手机客户端为载体进行学习，线下通过班前会、日常培训进行集中学习、展板、井下3G广播、微信和QQ平台等多种载体在业余时间学习。

案例一：大柳塔煤矿区队流程微信公众号

大柳塔煤矿以区队为单位建立各个区队的标准作业流程公众号，将各个区队各个岗位常用二期标准作业流程按不同工种进行筛选，筛选出的流程可作为原始学习资料上传至微信公众号后台，在微信公众号界面按不同工种建立选项菜单，员工可根据自己岗位选择相匹配的流程。以综采五队标准作业流程微信公众号为例进行介绍。微信公众号界面分为三大部分，第一部分是各工种常用标准作业流程，分别是：煤机司机常用标准作业流程、支架工标准作业流程、三机标准作业流程、电工标准作业流程、泵站标准作业流程；第二部分是典型事故案例汇编，内容是公司近几年发生的典型事故案例，此部分内容作为定期更新内容，每月更新一次，要求每人针对本月所学的典型事故案例撰写一篇事故案例心得体会发在公众号内，区队公众号管理员对员工撰写的材料进行审核，撰写质量较高的在三班班前会通报学习；第三部分是“应知应会”，包括班组建设、创领文化、节能减排、职业健康等内容。区队微信公众号管理员每月对微信公众号的内容定期更新，根据当月重点工作以及计划的预防性检修内容，将匹配的流程发至微信公众号并督促员工按时进行学习。另外根据每班的重点工作安排，每班班前会之前由微信管理员负责将本班的重点工作匹配流程推送至公众号，员工在班前会之前就可以仔细浏览学习本班重点工作匹配流程，同时公众号可以根据员工的需要推送一些国内外重大新闻、党建知识、富有教育意义的小故事、漫画、笑话等，极大地丰富了员工的业余时间。大柳塔煤矿综采五队流程微信公众号如图9－5所示。

案例二：洗选中心标准作业流程微官网检索应用平台建设

洗选中心在充分考虑智能手机便捷性、快捷性以及微信客户端使用广泛性的基础上，利用微信微官网平台及检索功能，建立了流程数据库，实现了流程精准快捷检索。同时在该平台设置管理权限，通过管理员权限还可以将梳理细化的执行流程、新增的故障处理流程和安全事故流程更新至微官网。及时更正流程信息，员工及时学习掌握，有效解决了流程系统无法直接使用执行流程的问题。形成了洗选中心执行流程数据库，有助于作业人员使用、学习和掌握流程，避免了管理人员因跨工种在检查过程中由于自身流程掌握不足而导致无法正确评价和指导作业人员。

该平台具体做法是将每一项标准作业流程内容存放在微信公众号后台，并提炼出各类信息对应的关键词。将两者上传并存储至系统成功后，员工就可以使用关键词搜索，随即会弹出对应的全部信息。例如：想学习、查看《带式输送机》操作类标准作业流程，就只需在对话框输入“输送带”“带式输送机”任意一个关键词，系统就会自动弹出该流程，如图9－6a所示；想学习、查看《带式输送机》检修类标准作业流程，就只需在对话框输入检修“输送带”、检修“带式输送机”（检修类关键词在操作类关键词的基础上增加了检修二字）任意一个关键词，系统就会自动弹出该流程，如图9－6b所示。这一关联高效、便捷，使用人员只需添加微信公众号学习平台，即可对所需信息进行精准搜索。

通过一段时间的推广使用，员工普遍反映使用关键词搜索学习能精准地查询所需标准作业流程。无论是业余学习提升，还是解决现场作业之所急，只需一键检索，流程即可传达。未培训当日工作流程的作业人员可通过该平台提前温习、班前会学习、现场查询等。解决了三级培训体系无法覆盖的问题，与洗选中心流程三级培训体系的专题培训和宣传相互取长补短，并形成互补优势。提高了学习培训和宣传效率，营造了学习的良好氛围和环境，消除了员工参加多次集中培训学习、宣传的不便和抵触心理，实现了管理软提升；同时管理人员使用该平台流程检查更方便，还能快捷、精准地指导现场生产和检

图9-5　大柳塔煤矿综采五队流程微信公众号

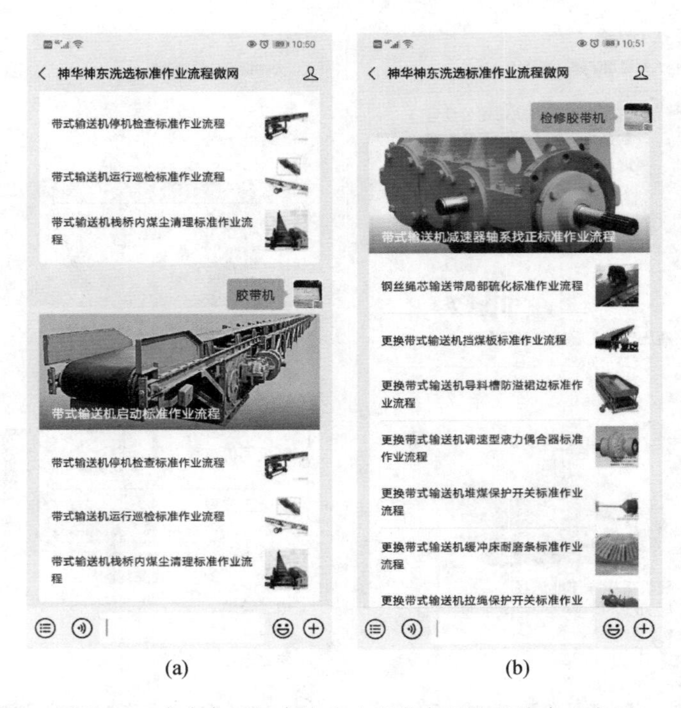

图9-6　洗选中心标准作业流程微官网流程检索示意图

修作业。

三、流程学习云盘

利用网络“云盘”服务，建立标准作业流程“云”管理平台，通过网络端—PC端—手机端三者同步共享功能，实现了资源共享和技术高效利用，能更好地服务于生产工作。同时方便了流程考核、检查、管理。

案例一：大柳塔煤矿流程云盘学习和管理

大柳塔煤矿借助360企业云盘作为平台，煤矿流程管理员创建360云账号，并分别给各个区队的流程专员分配角色，区队流程专员每月25日之前可以通过自己的360账号上传本队流程相关的内业及考核结果，并可以通过自己的账号下载云盘中共享的资料学习，这样解决了流程管理员查内业资料的麻烦，提高了工作效率。云管理平台界面如图9-7所示。

案例二：洗选中心标准作业流程云管理体系

洗选中心利用网络云盘技术的移动互联特性和协作功能建立洗选中心标准作业流程云管理体系。此体系包含3个访问端，即本地PC端、网络端、手机端。利用3个访问端建立3大平台，即流程管理基础平台、流程资源共享平台、流程使用交流平台。

云体系弥补了管理系统只能在公司内网环境学习共享和不能形成厂部级流程库的不足。通过三大平台的推广与使用实现了现场与办公室的无缝、无隙对接，给标准作业流程在洗选中心的推广应用带来了很大的便利。云管理示意如图9-8所示。

案例三：寸草塔二矿简道云平台流程学习

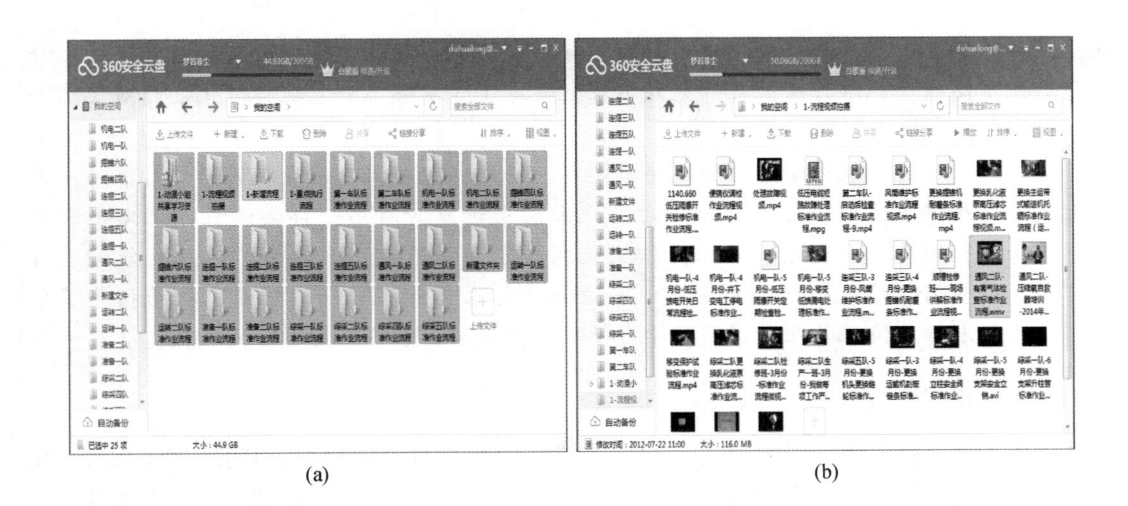

图9-7　云管理平台界面

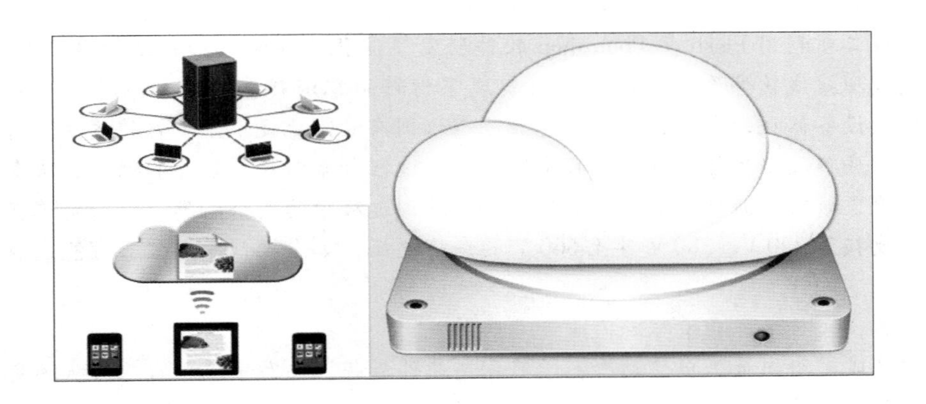

图9-8　云管理示意图

随着井下宽带、无线网络、4G网络的全覆盖和管理人员与关键岗位防爆手机的配备，岗位标准作业流程的落实也可搭上互联网这条“高铁”。

应用“互联网+”手段，寸草塔二矿自主开发了远程教育学习管理平台，将全矿的学习课件资源共享，通过系统功能和选择单元，员工可以随时随地对标准作业流程进行学习。通过利用互联网高科技手段，让所有员工心中有流程，上标准岗，干标准活，让标准作业流程的执行贯穿于整个安全生产工作，为实现信息化、智能化的现代化矿井提供有力的支撑。

2017年寸草塔二矿安装了矿井融合通信系统—智慧线系统，具备井下移动通信和上网功能，可以将照片随时上传，并能够查询数据。寸草塔二矿利用“简道云”软件系统，设计了设备关键部位检修系统、故障处理流程查询系统和标准作业流程查询系统，将链接二维码导出，并在每台设备上安装二维码。这样只需“扫一扫”，不仅实现了设备关键设备点检功能，而且员工可以随时查询故障处理流程和设备标准作业流程，从而有效杜绝了漏检，并减少了检修和故障处理中因工器具材料配件准备不到位造成的时间浪费，使检修工作更便捷高效，标准作业流程的无处不在也促进了寸草塔二矿管理标准化、精益化水平提升。

员工可以通过手机终端随时随地登录学习。将文字版转化为语音版的岗位标准作业流程上传至二维码系统内，员工可以随时随地像看小说或者听书一样学流程，让文化程度低，年龄偏大的员工准确地掌握标准作业流程内容，营造了“人人皆学、处处能学、时时可学”的良好环境。而且在井下可以一边播放标准作业流程一边作业，从而指导了新员工按照标准作业流程作业，提高了学习效率，养成了出手就干标准活的习惯。

四、流程连连看

连连看是一种应用广泛的趣味性游戏，游戏设计的目的就是找出相同的两样东西，在一定的规则之内利用程序进行相关联处理，可以用于学习、培训、测试等。由于其设计程序简洁，容易上手，可以根据需求进行个性化设计，在煤矿岗位标准作业流程的培训应用中取得了良好的效果。

案例一：寸草塔二矿流程连连看学习软件

寸草塔二矿利用 Flash 及 Photoshop 软件研发了流程连连看模拟接线软件，如图 9－9 所示。该模拟接线软件系统建成后不仅实现了材料的零消耗、过程零隐患，而且不受时间、环境、设备体积的影响，为标准作业流程培训有效落地提供了更好的方法。首先，该软件可以彻底解决以往标准作业流程中实操培训过程大量消耗元器件的问题，减少了资金投入。其次，该软件能杜绝以往标准作业流程培训过程中的安全隐患。以前员工在实操培训过程中要接触 220 V、380 V 甚至 660 V 的危险电压，如果操作不当极有可能造成人身伤害。

案例二：大柳塔煤矿流程连连看学习软件

大柳塔煤矿组织员工自己动手，学习相关软件教程，编写了属于自己区队的交互式标准作业流程学习软件，如图 9－10 所示。该软件将岗位标准作业流程与危险源关联起来，全面细化标准，采用游戏积分模式，让岗位标准作业流程动起来，能切实提高员工的学习兴趣和效率。利用 Flash、Photoshop、ActionScrip3.0 计算机编程语言制作整套软件。将岗位标准作业流程中的各流程步骤做成可以用鼠标拖动的图片，将各步骤相对应的作业人员做成人物图片。

五、远程教育

信息化已经成为社会发展的必然趋势，运用“互联网＋”技术开展远程教育是现代教育的发展方向。现代远程教育是随着信息技术的发展而产生的一种新型教育形式，是构筑知识经济时代人们终身学习体系的主要手段。它以现代远程教育手段为主，采用多种媒体手段联系师生并承载课程内容。

远程教育可以有效发挥各种教育资源的优势，为各类教育质量的提高提供有力支持，为不同的学习对象提供方便的、快捷的、广泛的教育服务。通过电脑、手机等移动终端，为员工提供培训资源，满足员工技能提升和终生学习的需求。通过这种方法，既可以提高

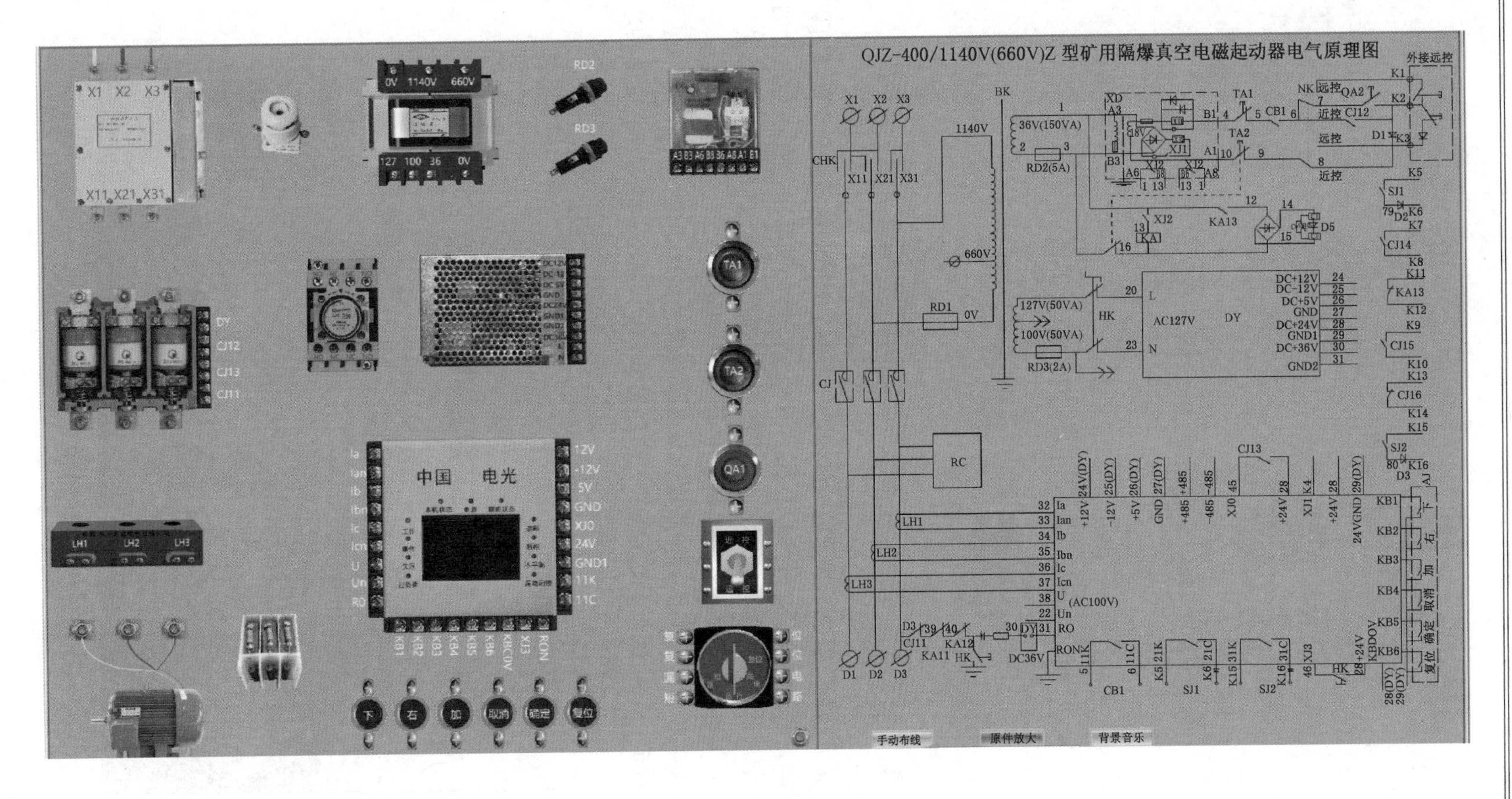
QJZ-400/1140V(660V)Z 型矿用隔爆真空电磁起动器电气原理图
中国　电光
下
右
加
取消
确定
复位
手动布线
原件放大
背景音乐

图9-9　模拟接线软件

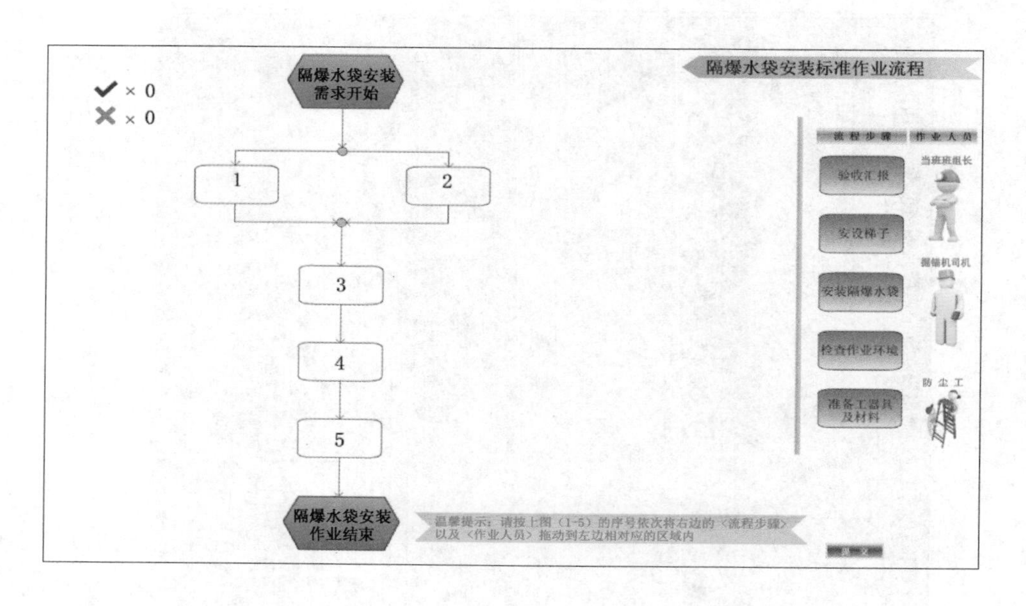

图 9-10　大柳塔煤矿流程连连看学习软件

学习效率，又可以有效解决工学矛盾的问题。员工在工余时间通过移动终端就可以进行学习，不受时间、地点的限制，还可以根据自身的实际情况和需求选择适合自己的学习内容，突破了传统课堂教育的诸多弊端，形成了一种全新的、喜闻乐见的教育方式。

案例：寸草塔二矿流程远程教育学习平台

寸草塔二矿应用“互联网＋”手段开启远程教育，实现了课件共享和职工自主学习，如图 9-11 所示。煤矿自主开发远程教育学习管理平台，将全矿学习课件资源共享，通过

图 9-11　寸草塔二矿远程教育学习平台

系统功能和选择单元，帮助员工在网上自主选择学习感兴趣的课程或某些课程的部分章节，提高了学习的针对性和可重复性，帮助职工更细、更有效地消化吸收所学内容。开通“指尖微课堂”，员工可以通过工号在电脑、手机终端随时随地登录学习。同时，系统可以全周期跟踪、记录员工的学习课时及得到的相应积分，员工的积分可以兑换奖品或奖金，员工的学习思想由“要我学习”向“我想学习”转变。

第二节　流程可视化

一、流程动漫

流程动漫就是采用三维动画技术，以动画的方式将煤矿井下情况完全仿照现实模拟出来，让井下的工人了解每日工作环境的整体情况，使工人身临其境，从而加深印象，能更好地掌握岗位标准作业流程和安全常识，提高了学习效率和效果，达到避免事故，实现安全生产的目的。

案例一：大柳塔煤矿动漫制作

大柳塔煤矿流程标准作业流程动漫小组总计 17 人，2017 年共计创作流程动漫视频 6 部，目前正在制作的视频有 3 部，制作的标准作业流程视频共计 30 部。大柳塔煤矿动漫视频示例如图 9－12 所示。

案例二：上湾煤矿动漫培训

近年来，上湾煤矿积极创新培训方式，采用 3D 动漫形式对员工进行流程培训。截至目前，上湾煤矿共举行 3D 动漫培训 3 次，通过 3D 动漫灵活、直观、有趣的形式为员工详细讲解流程步骤及注意事项，使员工在充满趣味的课堂上更加容易地学会了流程的精髓。

二、流程 VR

由于地质条件复杂、生产体系庞大、采掘环境多变等特点，矿山开采面临巨大挑战，而随着智慧化成为继工业化、电气化、信息化之后世界科技革命又一次新的突破，建设绿色、智能和可持续发展的智慧矿山成为矿业发展新趋势。一部手机、一副 VR 眼镜便能操控整座矿山的运营不再是梦想。

VR 虚拟现实技术在智慧矿山领域的应用尚处于起步阶段，VR 虚拟现实不仅仅是为了娱乐、影视应用，也不仅仅只是看到虚拟的数字矿山。将标准作业流程和虚拟仿真技术相结合，通过对井下设备、环境、人物动作按照标准流程进行三维动态仿真模拟，标准作业流程的全过程实现图像化、可视化，多角度化、动态化。在其中穿插危险源及风险描述，将违章作业的后果生动展示出来，使人身临其境，印象深刻，更具有教育意义。

案例：寸草塔二矿煤矿岗位标准作业流程 VR 演示

寸草塔二矿把握 VR 虚拟现实技术带来的新机会，拥抱 VR 应用的大潮，让 VR 技术走进煤矿，将综采工作面、辅助运输等利用 VR 技术制作成虚拟世界，对煤机启动按标准作业流程、辅助运输相关标准作业流程等进行操作。利用小的场地模拟大的场景，在保证员工安全的前提下对其进行虚拟仿真模拟操作的培训，使得培训更智慧、更安全，为员工的成长插上腾飞的翅膀，为矿井的安全生产保驾护航。

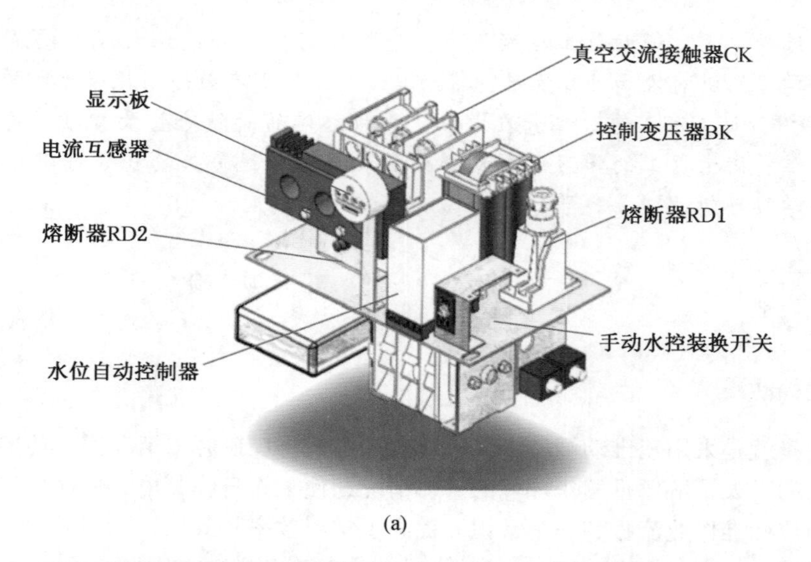

(a)

(b)

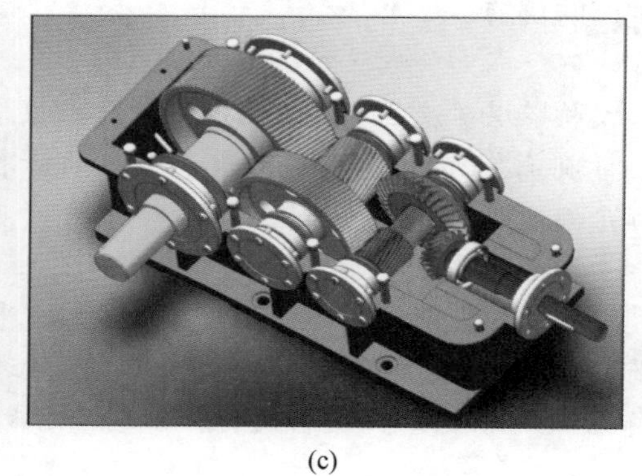

(c)

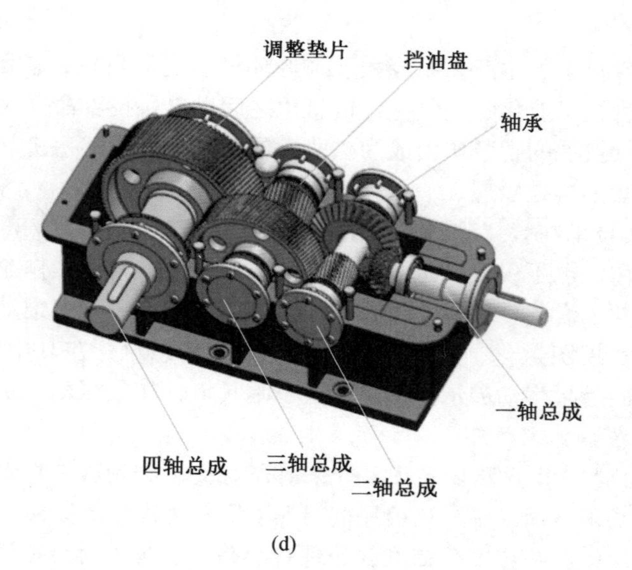

(d)

图9－12　大柳塔煤矿动漫视频示例

寸草塔二矿岗位标准作业流程 VR 演示如图 9－13 所示。

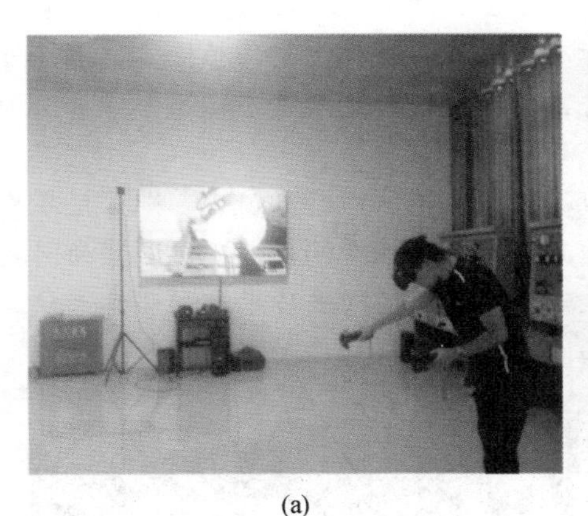

(a)

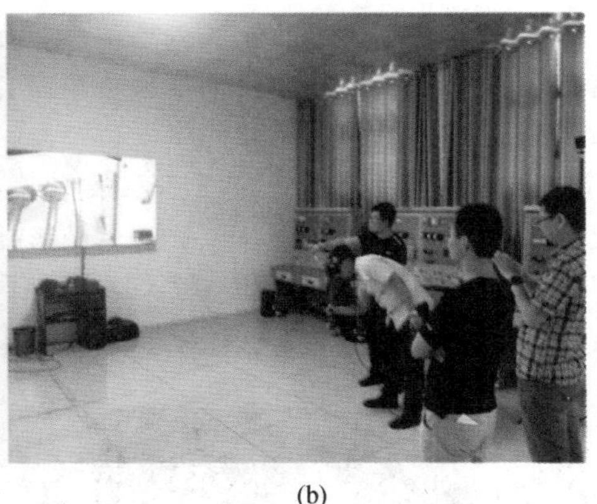

(b)

图 9－13　寸草塔二矿岗位标准作业流程 VR 演示

三、流程视频

目前的标准作业流程培训资料大多是基于文字和符号叙述的，比较抽象、枯燥，而大量科学实验证明，人类对于文字、符号等抽象信息的理解能力远远低于对图像和声音等感官信息的理解能力。基于此，利用现有技术力量将传统文字形式的流程制作成高质量、高清晰的教学视频，将作业前、作业中、作业后的作业内容及其标准逐一拍摄加工以视频形式呈现在员工面前，提高了学习和培训效果。

案例：大柳塔煤矿流程视频拍摄

大柳塔煤矿各区队成立了岗位标准作业流程可视化制作运行管理小组，由队长牵头，各分管队干分别监督各分管口的视频拍摄工作。要求区队管理人员（队干）深入现场对流程视频拍摄情况进行检查指导，协调解决各班组在拍摄过程中出现的问题。组织流程视频管理工作会议，汇总、收集、整理各班组拍摄过程反馈的意见。根据反馈及时制定相应措施保证拍摄工作顺利推进，并出台了管理办法，对视频拍摄做出严格的质量要求。统一标准为：严格按照流程步骤、作业详细内容、作业标准、涉及的相关制度、作业表单、作业人员、存在的危险源及风险逐条进行拍摄，确保视频拍摄质量。拍摄过程中新出现的危险源及优化意见连同视频一并上报，以便技术人员后期制作将其融合在拍摄教材中。同时规定视频教材后期制作技术人员对各班组上报素材进行整理、剪辑、添加字幕、旁白录音等后期精细化制作。将流程的每一个步骤及其相关标准用图像、声音、字幕、转场等方式进行后期加工，制作成高质量的精品可视化流程。

大柳塔煤矿在流程视频拍摄制作过程中积累了丰富经验，对遇到的困难提出了相应的解决办法。

（1）员工缺乏视频拍摄基本常识和相关技巧。为了解决这个问题，煤矿派出有一定视频制作基础的技术人员专门去相关制作单位“取经”：一是了解视频制作方法及相关拍摄技巧；二是技术人员组织拍摄人员讲解授课；三是将拍摄技巧制作成拍摄手册分发给员工学习。

(2) 员工对视频拍摄很反感，不理解、不配合，甚至背后嘲笑责骂。针对此情况，煤矿一方面严格落实各项考核措施，对于上报质量差、上报不及时的各种情况月底在区队的绩效考核中全部兑现，促使区队主动参与标准作业流程可视化制作拍摄工作中；另一方面通过定期召开标准作业流程学习落实座谈会，通过面对面谈心交流让每一位员工加深对该项工作的认可。

(3) 上报视频质量差，拍摄存在敷衍了事的现象。针对此情况，煤矿决定每月初组织一次技术讲课，由相关技术人员结合拍摄作品针对各区队在拍摄过程中遇到的问题进行答疑解难，对于拍摄质量不符合要求或者存在敷衍情况的区队进行再培训和再考核。

大柳塔煤矿标准作业流程视频教程图片如图9-14所示。

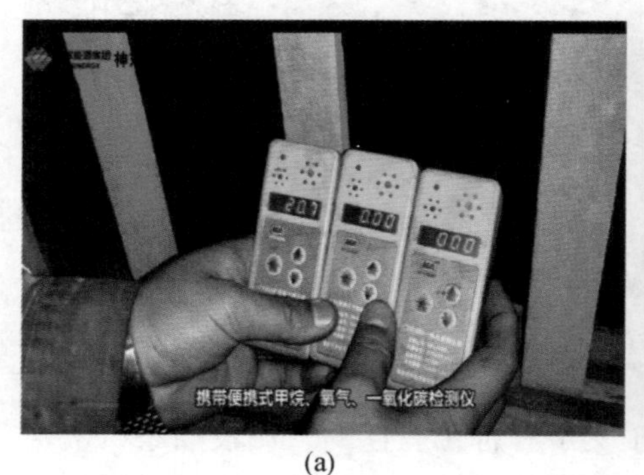

(a)

(b)

图9-14 大柳塔煤矿标准作业流程视频教程图片

第三节 现场学习方法

现场教学是指组织员工到生产现场或模拟现场学习有关知识和技能的教学形式。时间、形式不像课堂教学固定，根据教学任务、教材性质、员工实际情况和现场具体条件等而定。通过现场观察、调查或实际操作，丰富员工的感性认识，促进员工对书本知识的进一步理解和掌握，培养员工将知识用于生产实践的能力。

在现场（或模拟现场）的环境下，让员工进行实际操作，既能增加培训的针对性，又能增加培训的趣味性，调动员工的积极性。通过这种现场培训，员工的技能水平得到快速提升，员工在掌握技能的同时还能熟悉作业现场的环境。

一、便携卡

便携卡就是将标准作业流程打印到小纸片上，塑封之后发给对应岗位的员工，便于员工随身携带。当员工在作业过程中对流程有疑问或不清楚的地方，可以拿出便携卡随时查阅，而且方便员工在作业间隙随时学习。

二、手指口述

手指口述是一种通过心（脑）、眼、口、手的指向性集中联动而强制注意的操作方法。手指口述是提升岗位作业质量，提高职工个人自主保安能力，确保安全生产的重要手段之一，也是岗位作业文明行为养成重要的基本内容，是行为养成职业化升级的重要途径，是有效提高全体员工现代文明素养职业化升级的重要途径，是有效提高全体员工现代文明素养重要的基本内容。

手指口述的操作方法，在很多岗位作业中都已经成为习惯。例如，在机电检修等一些关键性操作中，员工运用手指口述，提前模拟操作流程，确定作业过程中需要注意的问题，尤其是在师带徒时应用更为普遍，师傅通过手指口述向徒弟讲述作业过程。大量实践证明，手指口述对于提高工人的岗位作业质量，尤其是对于确保作业安全，具有特别明显的效果。

案例：锦界煤矿现场手指口述

锦界煤矿要求各班组月度至少开展作业现场流程手指口述实践活动 1 次，活动效果将纳入月度“五型”班组建设考核中。在作业现场跟班队员主动当好考核员，员工在作业中未按照流程，将录入不安全行为并按照不安全行为管理办法进行处罚。这样重在强调作业流程现场实践的应用，对照流程作业步骤，每一程序都需要按部就班操作，在流程实践操作中把每一个步骤有序地结合在一起，形成合力，更好地开展生产运行工作。

三、现场演示

现场演示即员工在作业现场按照流程对作业全过程进行表演或示范。通过这种演示，员工既可以熟练掌握作业流程，又可以在演示过程中发现流程存在的问题，从而进行针对性的改进和完善。同时现场演示也是传授分享技艺和经验，不断提高作业技能和作业效率的重要手段。

四、实操培训

流程培训主要以流程表单为主，文字较多，学习枯燥，员工大多机械记忆，学习积极性不高。事故案例、设备原理、电气等方面单独培训，且多为基础知识，不能与具体的流程相关联，培训项目多，与实际工作脱节，这就造成了基层单位培训量大、针对性不强的局面，甚至会出现一些标准作业流程与实际工作两张皮的情况。因此可以建立流程实操培训基地，通过现场作业的真实模拟，使员工按照流程要求进行作业，提高了员工作业的熟练度。

案例：大柳塔煤矿流程实操培训基地

大柳塔煤矿在实操基地的基础上，着力打造标准作业流程实操体验基地，为员工提供了一个实操平台，提升了员工技能水平，实现了“上标准岗，干标准活”的目标。大柳塔煤矿实操培训基地如图 9－15 所示。实操体验馆主要由安全实操体验区、人体急救体验区和安全防护用品展示区 3 部分组成。通过模拟触电、人体急救体验、安全防护用品展示等让员工亲身感受，对于安全防护意识缺乏的人来说，这种身临其境的体验，能够起到提高安全防范意识的作用。

实操体验：调节模拟触电仪电压强弱，模拟人体触电体验，可使人体验瞬间触电的不同感觉，同时观察电流通过人体的过程，具有强烈的真实触电感觉。对于井下电工，自己切身体会触电感觉，要比班前会队干强调安全注意事项印象深刻，从而提高了员工对触电

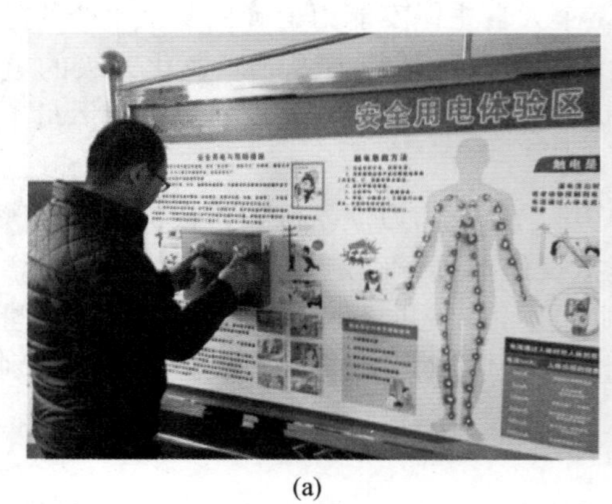

(a)

(b)

图9－15　大柳塔煤矿实操培训基地

事故的警惕性，增强了防触电意识，工作中严格按流程作业。

人体急救体验：员工通过亲身对假人的各种急救，体验真实急救过程，学习正确的急救知识。模拟假人与电脑相连，采用程序控制，在模拟急救过程中，自动判断各种动作，实时纠正错误的急救操作，语音提示正确的急救动作，使体验者更快、更准确地学习急救知识。

安全防护用品展示区：让员工熟知各种防护用品及其正确的使用方法和使用环境，对于新员工培训，能够起到很好的示范引导作用，增强职工自觉佩戴安全防护用品和加强自身保护的意识。

五、流程写实

流程写实就是对流程的每一个步骤进行现场观察、记录、分析，从中找出流程在现场执行过程中可能存在的问题并不断优化、完善。流程写实是不断强化流程培训、完善流程步骤、增强流程可操作性的重要手段。

案例：锦界煤矿定期流程写实

锦界煤矿每年初组织区队将标准作业流程按照使用频率梳理成高、中、低3个档次，同时制定年度培训计划，原则上每条流程每年至少培训2次。在梳理流程的同时将高频流程编入年度写实计划中，往年写实过的流程不再进行写实。流程写实分成4个步骤，分别是培训、写实、细化和完善，区队每月按照年初制定的写实计划开展月度写实。

锦界煤矿综采三队流程写实计划见表9－1。

表9－1　锦界煤矿综采三队流程写实计划（2018年）

月份	流程名称	写实月份	推广班组	包办队干	班长	主要岗位
1	更换采煤机截齿标准作业流程	1月	检修班，生产1、2班	赵某、鲁某、邓某	李某、宋某、薛某	煤机检修工、煤机司机
2	超前支护标准作业流程	2月	检修班，生产1、2班	赵某、鲁某、邓某	李某、宋某、薛某	超前支护工

表9-1（续）

月份	流程名称	写实月份	推广班组	包办队干	班　长	主要岗位
3	敲帮问顶标准作业流程	3月	检修班，生产1、2班	赵某、鲁某、邓某	李某、宋某、薛某	班长、超前支护工
4	开机标准作业流程	4月	检修班，生产1、2班	赵某、鲁某、邓某	李某、宋某、薛某	电工、控制台司机
5	拆单轨吊标准作业流程	5月	检修班，生产1、2班	赵某、鲁某、邓某	李某、宋某、薛某	马蒂尔司机、超前支护工
6	拉高压液管标准作业流程	6月	检修班，生产1、2班	赵某、鲁某、邓某	李某、宋某、薛某	支架工、电工、马蒂尔司机
7	工作面清浮煤标准作业流程	7月	检修班，生产1、2班	赵某、鲁某、邓某	李某、宋某、薛某	超前支护工
8	支架调直标准作业流程	8月	检修班，生产1、2班	赵某、鲁某、邓某	李某、宋某、薛某	班长、支架工
9	液压支架常见故障处理标准作业流程	9月	检修班，生产1、2班	赵某、鲁某、邓某	李某、宋某、薛某	班长、支架工、煤机司机
10	采煤机端头割煤标准作业流程	10月	检修班，生产1、2班	赵某、鲁某、邓某	李某、宋某、薛某	班长、煤机司机
11	更换刮板输送机刮板标准作业流程	11月	检修班，生产1、2班	赵某、鲁某、邓某	李某、宋某、薛某	三机检修工
12	拉移变标准作业流程	12月	检修班，生产1、2班	赵某、鲁某、邓某	李某、宋某、薛某	全员

第四节　激励学习方法

一、知识竞赛

知识竞赛就是通过组织特定形式的比赛，让员工参加比赛，通过比赛来了解员工对流程的掌握情况，可以通过发放奖品等手段激发员工参加知识竞赛的积极性。

开展知识竞赛是激发员工学习热情、增强学习趣味性、检验员工技能水平和学习效果的重要手段。通过定期或者不定期地组织知识竞赛，既可以了解、检验员工对流程的掌握程度，又可以“以赛促学”，督促员工加强对流程的学习。

案例：上湾煤矿开展流程竞技主题活动

为使员工真正接受岗位标准作业流程，使其内化于心外化于形，上湾煤矿近年来举办了多场以标准作业流程为主题的活动，如开展有奖竞答活动31次、标准作业流程猜一猜活动21次、案例宣讲活动15次和技术比武活动12次。活动主题涵盖煤机司机、矿井维修钳工、电工、矿山通风等各工种流程知识，在活动中重点对标准作业程序进行考核和评比，并通过宣传让参加活动的员工带动周边员工增加对流程的理解和认识，从而使员工熟知岗位标准作业流程，树立起按流程作业的意识。

二、流程技术比武

案例：锦界煤矿开展流程应用演练比武活动

本着“情景模拟、暴露问题、改进学习”的目的，锦界煤矿不定期地组织模拟大型作业任务，按照流程步骤进行演练，既达到学习应用的目的又可以暴露发现的问题，最终进行优化改善。另外通过组织比本领、比技术、比掌握岗位流程熟悉程度的活动，创造一个锦界煤矿员工展示自我的平台，激发每位员工干工作的内部原动力。锦界煤矿流程演练比武活动现场如图9－16所示。

(a)

(b)

图9－16 锦界煤矿流程演练比武活动现场

第五节 其 他 方 法

一、强化记忆法

案例：锦界煤矿颜色标注法

锦界煤矿仿照红、黄、蓝、绿的交通灯安全提示原理，对流程进行标色，见表9－2。将流程的每一个步骤标注成绿色，按照绿色标注的色块作业；将流程中的危险源及后果标注成黄色，表示黄色标注的色块内容要引起高度重视，作业前必须做好危险源辨识与处理工作；将不安全行为区域标注成红色，表示红色内容禁止作业；将安全措施标注成蓝色，表示要谨慎处理后方可作业。

二、分类培训和管理

案例：锦界煤矿分类评级管理

标准作业流程提出、推广以来，员工由于文化水平的差异、学习认知能力的差距、思考创新能力的差距，对于标准作业流程的认识、掌握、运用情况参差不齐。有的听而不学、有的学而不会、有的会而不用，也有的能够快速学习掌握并且学以致用。如果基层区

表9-2 更换采煤机截齿标准化流程

流程编码		SHPM-12-A01020102-0007		适用范围		井工矿
岗位		采煤机司机		重大危险源：2项（标记☆内容）		
序号	流程步骤	作业内容	作业标准	危险源及后果	不安全行为	安全措施
1	准备工具、材料、配件	1. 准备工具、材料；专业工具、卡簧钳、手锤、螺丝刀、防护眼镜等 2. 准备配件：截齿等	1. 工具、材料齐全可靠 2. 配件规格、型号符合要求	工器具使用不当，作业时造成人员伤害	作业前未检查所用器物、工具是否完好	1. 必须正确使用合适的工器具； 2. 工器具不符合要求的及时更换
2	检查作业环境	检查顶板支护、煤帮及淋水情况	1. 作业现场支护良好，无片帮、无漏顶、无淋水 2. 护帮板紧靠煤壁，支架闭锁，关闭进液截止阀	工作前未检查周围环境，煤壁片帮，顶板鳞皮坠落伤人	不先检查设备周边环境，启动操作设备	作业前必须认真观察工作环境，发现有片帮、鳞皮时及时处理
3	停机、停电	1. 采煤机、刮板输送机、喷雾泵停机 2. 组合开关隔离手柄打到零位	1. 采煤机、刮板输送机、喷雾泵开关闭锁、上锁、挂牌 2. 隔离开关断电、闭锁、上锁、挂牌	1. 处理采煤机故障时，未闭锁、上锁和护帮板未打到位，造成人员伤害 2. 三机闭锁未闭锁或闭锁不完好，发生误启动	不停机、不停电、不闭锁、不上锁检修机电设备	1. 采煤机停机处理故障时停电闭锁，闭锁三机、支架，并上锁关闭煤机附近支架进液截止阀 2. 破碎机、转载机、刮板输送机所设各种电器、机械、液压保护装置及闭锁必须使用，且动作要安全可靠
4	拆除旧截齿	拆除旧截齿	专用工具和手锤配合拆除截齿	☆1. 更换截齿时，人员钻进滚筒以下，滚筒降下或旋转时，造成人员伤害 2. 更换截齿时，人员未佩戴防护眼镜，滚筒的合金头在碰撞中崩出火花，造成人员伤害	安装或检修时使用不完好、不匹配或非专用工具、器具	1. 更换截齿时，必须将支架闭锁，护帮板打到位，并对采煤机进行停电，在滚筒外侧进行此项作业，严禁钻进滚筒下面更换截齿 2. 采煤机司机更换截齿必须佩戴防护眼镜
5	安装新截齿	安装新截齿	用手锤将截齿安装到位、牢固可靠、旋转灵活			

表9-2（续）

流程编码		SHPM-12-A01020102-0007		适用范围		井工矿
岗位		采煤机司机		重大危险源：2项（标记☆内容）		
序号	流程步骤	作业内容	作业标准	危险源及后果	不安全行为	安全措施
6	清理作业现场	1. 清点工具 2. 清理作业现场	1. 溜道内无遗留工具、材料及铁器 2. 回收旧截齿	作业完成后，未及时清理工具及杂物，煤机动作时导致人员伤害	作业完毕不及时清理现场材料或废品	作业完成后，必须清理现场杂物，将工具摆放在指定位置
7	检测瓦斯浓度	检测瓦斯浓度	便携式瓦检仪检查设备周围20 m范围内的瓦斯浓度达1%时，禁止送电	未检查瓦斯浓度或检查不到位，未及时发现瓦斯浓度超标，造成事故	未开启随身佩戴的气体检测仪或佩戴不完好仪器	1. 在检修电气设备前，必须检查检修地点瓦斯浓度 2. 瓦斯浓度超限时，必须采取相应措施
8	送电	采煤机、刮板输送机、喷雾泵组合开关隔离手柄打到送电位置	开关显示正常	☆未执行“谁停电、谁送电”原则，或“谁停泵、谁开泵”原则，造成人员伤害	约定时间停送电	严格执行停送电制度
9	试运转	1. 解除闭锁 2. 启动采煤机、喷雾泵	1. 采煤机、刮板输送机、喷雾泵摘除停电牌，解锁 2. 运行正常	开机前对采煤机及周围情况检查不到位造成人员伤害	1. 不先检查设备周边环境启动、操作设备 2. 不先检查设备完好情况启动、操作设备	1. 开机前必须确认溜槽内及煤机附近无作业人员 2. 各手把、按钮、旋转开关、遥控器、急停开关等灵活、可靠，动作有效、灵敏
10	停机、闭锁	采煤机、喷雾泵停机	采煤机、喷雾泵开关闭锁			

队对于所有员工采用统一的标准和尺度去培训、学习、提问、考试，不能因材施教，学习能力强的员工会感到冗繁浪费时间，学习能力差的员工会感到吃力，流程推广效果不是很好。在这样的情况下，根据基层区队的一线管理经验，锦界煤矿提出推广标准作业流程对员工进行分类评级管理，因材施教，努力提高管理成效。具体措施如下：

（1）根据员工的学历、年龄、学习能力将员工分为3类，第Ⅰ类小学、初中学历或年龄45岁以上的人员；第Ⅱ类年龄45岁以下的高中、中专学历人员；第Ⅲ类本科及以上学历的人员。第Ⅰ类人员要求掌握3条本岗位最基本的流程；第Ⅱ类人员要求掌握3条本岗位最基本的流程，掌握2条更换设备常用件流程；第Ⅲ类人员要求掌握本岗位4条高频流程、3条中频流程、2条低频流程。

（2）第Ⅱ类人员每人每月上报一篇流程学习心得、一篇操作体验；第Ⅲ类人员每人每月上报一篇事故案例观后感，从流程角度分析事故原因。每人每月提出一条合理流程意见，根据区队安排写流程宣传报道，编写新增流程等。

（3）根据员工流程学习掌握、上报材料等方面进行积分评级管理，制定积分细则，共分为☆级、☆☆级、☆☆☆级。30～60分为☆级，60～80分为☆☆级，80～100分为☆☆☆级。每个级别的员工制定不同的激励措施。

（4）第Ⅲ类人员对第Ⅰ类人员实行一对一帮扶，帮助他们学习掌握本岗位流程，帮助他们掌握流程应知应会知识，督促他们现场作业执行标准作业流程。

第十章 考 核 管 理

考核是改善职工的组织行为，充分发挥职工的潜能和积极性的重要手段。神东煤炭集团为加强煤矿岗位标准作业流程推广应用工作，将流程推广、执行、应用情况作为各单位、区队、班组重要的考核项目分级进行考核，公司层面按季度定期对各矿（处）单位进行考核。矿（处）层面按月度定期对各科队进行考核，科队层面不定期采用灵活多变的方式，对班组、员工的流程培训、执行情况进行考核评价，通过层层考核，不断推动流程落地，不断提升员工上标准岗、干标准活的意识，提升员工岗位作业技能水平。

第一节 考 核 制 度

一、公司级考核制度

神东煤炭集团成立了以总经理为组长的流程运行领导小组，负责在流程推广、运行过程中给予人、财、物支持，并协调解决流程运行期间出现的各类重大问题。领导小组下设办公室，办公室设在生产管理部，负责流程运行过程中的具体协调工作，按季度组织相关专业运行工作组对各单位的“作业流程”推广、运行情况进行考核。同时分专业成立4个流程运行工作组，负责本专业流程的运行推广工作，检查指导各单位的推广应用情况，协调解决各矿井及相关辅助单位在运行过程中出现的问题，定期组织召开例会，汇总收集整理各矿反馈的意见，以及负责流程管理系统的运行、维护、审批、发布等工作。

各矿井和相关辅助单位以“公司流程管理办法”为基础，制定本单位的“作业流程”管理办法，科队层面要以本单位的“作业流程”管理办法为基础，制定本队的“作业流程”管理制度，有序开展“作业流程”推广应用工作。各矿井和相关辅助单位还要明确采掘、机电、“一通三防”、地测防治水和洗选等不同专业的流程负责人具体负责本项工作。在具体工作中要求各单位做到人、岗、流程匹配，保证所有岗位的作业人员执行流程达到规范操作，形成三级培训管理体系，制定各应用单位及所属区队、班组的年度、季度、月度培训计划，并按计划组织实施。在具体流程推广实施过程中，还采取以下相关制度推广实施。

（一）实行分区包片责任制

各相关基层单位层面，将流程应用区队进行分组，由机关各流程主管业务科室平均分配进行承包，承包需明确被承包区队及承包科室的责任，主管业务科室应负责所承包区队的流程培训情况、现场检查、优化意见收集、审核及流程的日常管理工作，承包区队月度考核排名最后两名则对承包科室在当月绩效考核中予以体现；区队层面，每位队干要平均分配区队内部员工，承包队干应负责被承包员工的流程掌握水平、执行情况、学习、考核和现场检查，被承包员工被集团、公司、矿（处）抽查流程掌握不合格，则对承包队干在当月绩效考核中予以体现。

（二）开展月度流程应用之星评选活动

各单位班组层面根据班组内员工流程执行应用情况和日常表现，制定积极有效的评选和奖励机制，具体如下。

每月评选1名“流程应用之星”，并推荐至区队内部进行评比；区队层面每月在所属各班组上报的“应用之星”中根据员工所属班组的当月考核和流程执行应用情况，选取考核排名第一的班组推荐的“流程应用之星”作为该队当月区队层面的“应用之星”，并推荐至上级主管科室；矿（处）层面根据各基层区队当月的考核情况对排名前三的区队推荐的“流程应用之星”进行奖励。各层级的“流程应用之星”评选结果均需在单位内部进行公示和通报。

公司每年将组织公司级“流程应用之星”评比，每季度各单位推荐一名矿（处）级“流程应用之星”参评公司级“流程应用之星”，四季度公司组织对所有推荐人员进行测评，选取10名公司级“流程应用之星”，并进行表彰、奖励。

（三）流程库建设与管理

流程库的更新、补充和完善是一项重要的基础工作，神东煤炭集团制定的流程库建设、管理的几项制度，具体如下。

（1）各矿井和相关辅助单位要结合本单位作业现场的实际工况，对集团下发的基础流程逐条进行补充、细化，形成本单位执行流程库。

（2）各矿井和相关辅助单位定期对本单位执行流程库进行维护管理，将新增的执行流程及时添加入库。

（3）新工艺、新设备、新材料、新技术应用前，流程应用单位必须根据使用说明书、操作规程和作业规程等编制相应的流程。

（4）各矿井要针对每个采掘工作面单独编制执行流程，在作业规程审核时一并审核该工作面的执行流程，并形成会议纪要，参会人员签字确认。

（5）各单位要组织在本单位服务、施工的所有承包商建立关键岗位流程，纳入本单位流程库中。

（四）流程的编制、审核、发布管理

（1）流程编制要严格按照集团发布的“神华煤矿岗位标准作业流程”的内容和格式进行编制。

（2）基层单位每季度负责将需要修订、补充、新增的流程经审核通过后使用流程管理系统向公司提报。

（3）各级单位对需要修订、补充的流程意见，必须按照流程目录的分类进行汇总，审核结果必须由业务主管领导签字确认。

（4）各流程推广应用单位要建立编制、审核、发布的管理流程，明确各环节责任人及管理职责，严格执行，确保管理到位。

（五）加强流程推广应用检查、考核、奖罚

（1）矿（处）层面要将流程检查结果与“五型企业”绩效相挂钩，其占比不得低于总分的5%，可采取占“五型企业”绩效总分的一定比例，也可不占“五型企业”绩效总分比例，实行减分制。

（2）矿（处）层面要对本单位服务承包商的流程推广情况进行考核，具体考核管理

办法由各单位根据实际情况自行制定。

(3) 矿(处)层面每月由主管流程的业务科室牵头组织相关科室组成检查组，对基层区队的推广应用情况开展检查，根据检查情况进行奖罚，并将检查考核情况和矿(处)层面流程应用之星评选结果在本单位内网公示。

(4) 公司每季度组织流程应用工作的检查工作，每季度对上季度检查问题进行复查，对复查过程中未整改的问题加倍扣分，并对相关责任人进行处罚，根据问题的影响程度处罚标准为0~2000元；生产单位根据考核结果进行排名，矿井单位奖励前三名处罚后两名，前三名分别奖励2万元、1.0万元、0.5万元，最后两名分别处罚0.5万元、1万元(如果考核得分高于85分，不予处罚)；生产辅助单位不进行排名奖罚，每季度根据各单位的流程推广应用情况，对考核得分在95分以上的单位奖励5000元，对考核得分低于85分的单位处罚10000元，并将检查结果每季度在全公司进行通报。

二、矿(处)级考核制度

各流程推广应用单位每年初根据公司相关管理办法结合本单位实际情况修订本单位"作业流程"相关管理办法。以寸草塔二矿为例，该矿井每年修订"寸草塔二矿煤矿岗位标准作业流程管理办法""寸草塔二矿煤矿岗位标准作业流程推进计划""寸草塔二矿标准作业流程实施方案""各级管理人员跟班检查流程特别规定"和"寸草塔二矿标准作业流程落地方案"等管理办法，成立以矿长为组长的流程运行领导小组，执行矿领导跟班提问制，每班对重点区域、高风险作业岗位人员进行现场提问。矿内通过采取技术比武、知识竞赛、拍摄视频、制作卡片和图册等方式，积极推广和应用流程。各区队每年根据工作实际和业务特点,制定本队的标准作业流程管理办法,成立以队长为组长的区队级流程管理小组,严格落实执行流程推广应用的各项措施,真正做到员工"上标准岗,干标准活"。

第二节 激 励 机 制

激励机制对流程的推广和应用发挥重要作用，尤其是在流程推广初期，用激励代替硬性考核和惩罚，能够调动员工学习和应用流程的积极性，避免员工产生抵触情绪，营造积极、正面的流程应用氛围，提高流程推广效果。

一、采取正向激励的方式

员工可以利用自己的工号登录公司或矿井自主开发的"远程教育综合管理平台"，学习对应的流程内容，并以积分制的形式记录员工的学习过程与效果，学习积分可以兑换相应的奖品及绩效分，充分提高了员工学习流程的主动性。

二、采取正、负激励相结合的方式

每天班前会由班组长对前一天全班人员的流程执行情况进行点评，根据对应的考核标准及区队工资二次分配办法在绩效考核系统中以奖罚绩效分的方式予以兑现，并进行公布，做到"日清日结"，员工对其当日所挣工分一目了然、心知肚明，提高了员工执行流程的积极性。

三、开展月度流程应用之星评选活动

根据各级评选方法组织评比，每月评选的班组流程应用之星奖励100元/人；每月评选的区队流程应用之星奖励200/人；每月评选的矿（处）级流程应用之星奖励标准不低于500元/人；每年公司将组织公司级流程应用之星评比，奖励标准不低于3000元/人，同时颁发荣誉证书。

第三节 考 核 平 台

案例：大柳塔煤矿"两练一考"微信考试系统

大柳塔煤矿标准作业流程"两练一考"微信考试系统主要是由微信公众平台、域名及微信小程序制作结合生成的一套考试系统，充分发挥"互联网+"的优势，率先创建手机微信考试系统，将流程考试题库导入微信考试系统；创新考试模式，将月度流程考试转移到手机微信答题上来；后台管理员可以将题库任意生成试卷，依据不同人员设定相应权限，可以指定部分人员答题；管理员后台可以查看所有参考人员的成绩、及格率、考试时间、考生排名及试卷明细，通过发现问题有针对性地在实际工作中进行改进。此外，除了微信答题，员工还可以登录网址链接进行答题。

一、做练习题

该模式是大柳塔煤矿标准作业流程管理员导入的各岗位所有的标准作业流程试题，员工依据各自岗位进入相关练习题库。此项不计分，不需要全部答完，不论答题次数，做错了可以查看正确答案。

二、模拟试题

该模式是大柳塔煤矿标准作业流程管理员将导入的各岗位所有的标准作业流程试题分

(a)

(b)

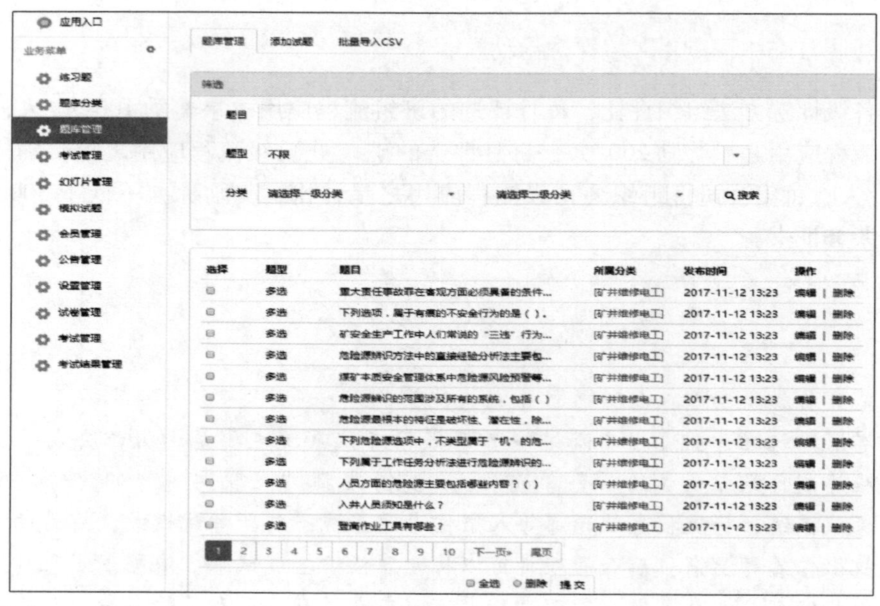

(c)

图 10－1　大柳塔煤矿“两练一考”程序示意图

岗位做成试卷，此项全部答完后计算分数，并显示正确答案。

三、“一考”模式

该模式是大柳塔煤矿标准作业流程管理员定期在系统中发布考试试卷，考试内容为练习题题库中的题，要求全员进行答题。大柳塔煤矿“两练一考”程序示意如图 10－1 所示。

第四节　考　评　题　库

案例：洗选中心流程考评题库建设

为了让员工提高对流程的重视程度，强化对流程的学习动力，洗选中心在一些关键的岗位提升、技能师竞聘、技术比武、劳务工转正考试中，把对流程的掌握程度作为考评的重要依据。洗选中心在现有推广应用流程的基础上，通过前期梳理细化的执行流程数据库，融合安全管理、煤质管理、机电管理标准，以及其他相关标准，制定流程填空、选择、判断，以及问答 4 种题型，形成机械类、电气类、岗位操作类、调度类、装车类五大类 2264 个试题。

洗选中心首先成立了流程题库建设领导小组，根据各选煤厂现有设备和工作性质，制定流程题库建设实施方案，将流程试题编制任务下发至各流程使用单位。

流程使用单位成立了以分管领导为组长的流程编制小组，由车间技术骨干进行流程题库编制，由分管领导组织相关技术大拿审核，通过后报送至中心业务主管部门。

中心业务主管部门汇总后分专业组织中心技能大师、专业技术带头人，以及专业技能师逐一审核，形成流程题库审核稿，报送中心主任办公会，经中心主任办公会审核通过，明确了作为今后员工晋升通道的重要考评依据和权重，并下发至相关业务部门及流程使用单位。

流程题库历经4个月建设与开发，以及近3年的推广与使用，是洗选中心流程考核评价体系的重要组成部分。

第五节 考核管理方法

案例一：锦界煤矿“十二个一”管理法

锦界煤矿以标准作业流程“十二个一”管理办法为核心，通过由“每班—每天—每周—每月—每季度—每半年度—年度”深入细化流程实施项目，每月全矿范围内考核评比，区队前三名分别奖励5000元、3000元、2000元，最后两名分别处罚3000元、2000元；科室前两名分别奖励1000元、500元，最后一名处罚500元。通过“十二个一”考核，进一步规范作业、保障安全、提升效率、优化管理。具体做法如下。

每位员工随身携带至少两个标准作业流程的卡片，科室值班人员每一班抽查提问，并在矿领导交接班记录单中填写记录。

各区队每班每人要在日常生产检修中有意识地应用一条流程，理论与实践结合，加深理解。

各区队一把手牵手创建队内微信群，员工加入率不低于70%，队干全部加入，要求队干、班组长在微信群中每天发一条标准作业流程或安全文化知识。

各区队每个班组每月查两条不规范执行流程的问题，并在标准作业流程系统中录入，各科室负责人不定期查看。

生产办每周对各区队在标准作业流程系统中的平均学习时间进行一次通报，学习时间不达标区队在矿调度会通报。

由生产办牵头，各科室相关负责人配合，组织区队队干、班组建设及标准作业流程负责人参会，每月召开一次例会。

各区队每季度组织员工进行一次考试，内容以班组建设制度与标准作业流程为主，并上报考试卷、照片。

各区队每班每月写一篇事故案例或视频的观后体会，每月末将稿件上报。

推行“一问一写”制，各区队在班前会对员工进行标准作业流程知识提问，要求上报提问记录；员工每月抄写一条标准作业流程，要求区队整理后上报。

各区队队干实行承包制培训，每季度培训一次，并编制相关的处罚办法，要求将培训记录及照片上报。

矿内每季度组织一次有奖考试，每次考试内容选取两条常用流程为考题，要求每个区队抽出1/4人员参加考试（包括队干），每个季度末将各区队考试人数情况纳入考核范畴。

矿每半年举办一次技术比武，相关工种在矿实操基地进行标准作业流程演练比武。

案例二：锦界煤矿标准作业流程“ABCS”管理模式

根据流程推广中存在的种种难题，锦界煤矿经过认真研讨推出了“ABCS”标准作业流程管理模式。“ABCS”管理模式分为目标管理、看板管理、文化管理和现场管理四大板块，“A、B、C、S”分别为目标（Aim）、看板（Board）、文化（Culture）和现场（Spot）英文的首字母。

（1）目标管理，即以目标为基础，以标准为规范，以成果为导向，区队全体员工在实际工作中实行“自我约束”，保证目标实现。

锦界煤矿要求区队为每位员工制定当月流程推广计划和预期目标，包括班前会流程提问回答完整率、标准作业流程系统学习积分、流程月度考核达标成绩、月度流程应用心得撰写和现场推广应用等方面的目标。对员工当月达标情况进行综合考核，考核结果与当月工资挂钩，同时下月预期目标在当月目标的基础上提高10%。月度不达标者当月工资下降2%，月度达标者当月工资上浮2%。

（2）看板管理，即根据作业现场条件，利用现场任务安排看板，制定作业最优方案和流程，其管理的宗旨是何时、何物、何人和何种作业方式。

在每班班前会上，带班班长带领员工学习当班工作任务对应的作业流程、存在危险源和管控措施。同时，编制流程随机抽取PPT，跟班队长在班前会对流程学习情况进行随机提问，并根据回答情况进行当班绩效考核，回答完整者发放小礼品一份。

现场作业前，由带班班长利用移变列车控制台办公电脑或3G手机客户端登录作业流程系统，根据当班作业内容对现场作业人员进行流程培训，或将当班作业流程打印后带到作业现场，标注工作重点和安全注意事项，要求员工严格按照流程作业。

（3）文化管理，即以文化为基础，从班组文化和区队文化入手，提高员工的思想认识和班组的团队合作精神。

利用标准作业流程微信群，每天上传一条标准流程，让员工学习流程。各组每周拍摄一条流程制作为PPT，在本组内进行交流学习。每班班前会学习事故案例和标准作业流程视频，提高员工按章作业的意识。全员参与编写区队和班组文化手册，营造良好的文化氛围。根据班组员工文化程度、专业特长和性格特点，对班组员工进行重新优化分组。践行“两学一做”教育实践活动，党员与普通员工“结对子”，由党员带头推广流程，党员检查流程应用情况，创建党员示范岗。

（4）现场管理，即根据现场生产要素（人、机、环、管和物料等）进行合理高效的组织协调，使现场作业处于安全的良好状态，达到安全、标准、高效和质优的目标。

在现场作业时，由作业人员就当班工器具准备、组织协作、按章作业、危险源辨识和安全措施落实情况进行自评，由各组组长进行相互评价，带班班长和跟班队长对各组进行考评，其中自评占考核结果的40%，互评占20%，带班班长和跟班队长考核各占20%。当班考核结果在95分以上者不扣分，并积一个“赞”，在85～95分之间扣当班绩效分5分，在70～85分之间扣当班绩效分10分，70分以下按照不安全行为进行考核。各周期考核中，在区队（或班组）积“赞”总数量最多者为区队（或班组）的标准金星，在区队（或班组）积“赞”总数量第二者为区队（或班组）的标准银星，在区队（或班组）积“赞”总数量第三者为区队（或班组）的标准铜星，区队（或班组）的标准金星、标准银星和标准铜星优先参与区队（或班组）的各类评优。

案例三：上湾煤矿岗位标准作业流程+“三级帮扶”

为切实提高流程整体管理水平，让流程成为员工标准作业的有效工具，上湾煤矿根据实际情况制订并实施了流程“三级帮扶”管理法，构建了岗位标准作业流程+“三级帮扶”流程落实责任机制，使落实流程工作由最初的“随手一把抓”转变为人人有分工，事事有人管。“三级帮扶”即构建矿级、区队级、班组级三级标准作业流程帮扶体系，提升区队流程管理水平和员工流程学习效果。

一、矿级帮扶体系

矿级帮扶体系主要由职能科室负责，将职能科室与基层区队结成对子，形成“一对一”帮扶体系，帮扶的主要内容是协助区队更新标准作业流程管理方法和制定具体流程考核制度等。同时，上湾煤矿每月将一线区队和二线区队分开考核，对于矿级标准作业流程月度考核排名靠后的两个区队，由其结对子的职能科室进行帮扶，连续3个月矿级考核排名为倒数第一名和倒数第二名的区队，要对相应的帮扶科室落实1000元处罚，而连续3个月矿级考核排名第一名的区队，要对相应的帮扶科室奖励1200元。

上湾煤矿矿级帮扶组织机构示意如图10－2所示。

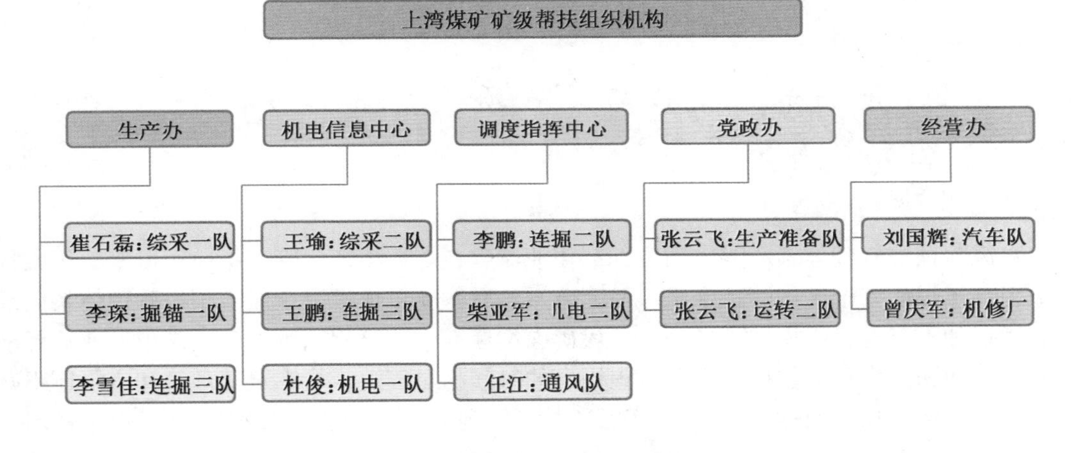

图10－2　上湾煤矿矿级帮扶组织机构示意图

二、区队级帮扶体系

区队级帮扶体系主要由区队管理人员负责，主要目的是提升员工对具体流程的掌握程度，帮扶的形式为“三重点”，即重点关注、重点培训、重点考核，具体操作是首先确定重点关注对象，即每月对标准作业流程考试、现场提问未达到要求的员工进行重点关注。其次是由帮扶队领导对其进行重点培训，督促其弥补短板，强化学习。最后是对连续2个月未有明显改善的员工进行200元处罚，并对相应的帮扶管理人员连带处罚200元。

三、班组级帮扶体系

班组级帮扶体系主要由班组内部人员负责，主要目的是提高班组所有成员的流程自学能力，帮扶的主要形式是手把手教学。上湾煤矿要求班组内部要结合班组成员的年龄结构、学历、责任心等指标，将指标差距大的班组成员以两人为一组结成一对，让年轻的、高学历的员工充分发挥自身优势，帮助年纪偏大、电脑及手机终端操作不熟练的员工开展日常流程学习。同时上湾煤矿规定，若检查发现员工不会操作流程系统或者出现流程学习指标未完成的情况时，不仅要严格考核责任人，还要对相应的帮扶人员落实处罚。

第十一章　流程与其他管理体系融合

煤矿岗位标准作业流程与其他管理体系存在密切联系。它既是一种具体方法也是一种思路和理念，将煤矿岗位标准作业流程与安全、生产，以及管理等体系进行有机融合，在内容和理念上相互配合与借鉴，不仅能有效促进煤矿岗位标准作业流程的落地，还增强了其他管理体系的作用，真正体现了共享、共赢、互惠、互利。本章从融合背景、关系分析、融合方法和融合案例4个层面，分别介绍了煤矿岗位标准作业流程与风险预控管理体系、安全生产标准化、精益化管理、内部市场化，以及班组建设实现融合的具体途径和方法。

第一节　流程与风险预控管理体系融合

一、融合原因

自风险预控管理体系和煤矿岗位标准作业流程在煤矿生产、管理中应用以来，很大程度上提高了煤矿安全生产管理水平。两套体系各有侧重，煤矿安全风险预控管理体系以危险源辨识和不安全行为控制为核心，而煤矿岗位标准作业流程则重点解决岗位作业的标准化和效率问题。由于岗位标准作业流程提出的时间相对较短，员工对其理解和应用还不够深入，容易在实际应用过程中出现“两张皮”的现象，部分员工甚至认为两套体系不仅没有起到互补的作用，反而成为累赘。因此，如何将两套体系有机融合，相互借鉴，共同实现安全高效生产是煤矿管理面临的一大难题。

员工在学习应用的过程中，标准作业流程和危险源辨识是分开培训教学的，费时耗力，并且两者难以对照学习，也难以将两者有效融合记忆，导致员工在执行标准作业流程的同时不清楚每个环节存在哪些危险源，学习和应用效果较差。

针对以上问题，对两套体系的特点和内涵进行深入分析和对比，揭示了两套体系的关系，提出了两套体系的融合方法，为两套体系的融合改进提供了参考和落地手段。

二、关系分析

（一）煤矿安全风险预控管理体系主要内容

2005年，由国家煤矿安全监察局和神华集团共同立项组织研究的煤矿风险预控管理体系，是一套在总结我国煤矿安全管理先进经验、引进国内外先进安全理念和技术的基础上，经过5年多的研究和实践检验发展起来的煤矿安全管理的新方法。煤矿风险预控管理体系强调的是“煤矿事故可防、事故风险可控”的过程管理，从管理对象、管理职责、管理流程、管理标准、管理措施，直至最终的管理目标，形成了一整套按照自动循环、闭环管理的长效机制，从认识观、方法论的角度来看，全面推行风险预控管理体系必将成为我国煤矿安全管理的必然趋势。

煤矿风险预控管理体系强调以危险源辨识和风险评估为基础，以风险预控为核心，以不安全行为管控为重点，对煤矿全生命周期过程中存在的危险源采取有效的消除、减少、稀释和隔离等措施，实现“人—机—环—管”的最佳匹配，力求将煤矿风险降低且保持在容许度上限之下。体系由5个部分组成。

（1）保障管理。其主要规定体系运行组织机构及其安全责任制、体系方针目标、体系文件化，以及体系评价等要求。其作用是保障体系能推动起来和运行下去，体系要求能落到实处。

（2）风险预控管理。其主要规定煤矿危险源辨识和风险评估、风险控制标准和措施，以及危险源监测、预警和消警等要求。其作用是将风险预控管理的理念和方法运用到煤矿安全管理的全过程。

（3）不安全行为控制。其主要规定不安全行为梳理、行为机理分析和不安全行为管控。其作用是保障员工行为安全，防止人员失误而导致事故和伤害。

（4）生产系统要素控制。其规定煤矿采掘机运通、防突防瓦斯、防治水和防灭火等煤矿生产活动，以及系统性重大危险源的管控。其作用是贯彻落实国家煤矿安全生产的法律法规，以及煤矿安全质量标准化标准，实现安全生产。

（5）辅助系统要素控制。其主要规定生产系统以外的其他安全工作。其作用是实现煤矿“全过程、全方位和全员参与”管理。原神华集团“煤矿安全生产风险预控体系及控制技术”获2009年中国煤炭工业协会科学技术奖一等奖，以原神华集团煤矿风险预控管理体系为蓝本起草的“煤矿安全风险预控管理体系规范”已经通过全国安全生产标准化技术委员会煤矿安全分技术委员会的审核，即将成为我国安全生产行业标准。原神华集团煤矿风险预控管理体系分为5部分，包含28个子系统、160个元素、746个条款，见表11－1。

表11－1　煤矿风险预控管理体系结构及元素

五大部分	系统	系统名称	元素个数/个
保障管理	1.1	组织机构	3
	1.2	安全管理规章制度	3
	1.3	文件、记录管理	2
	1.4	企业本质安全文化管理	3
	1.5	监督机制	3
风险预控管理	2.1	风险管理	5
不安全行为控制	3.1	人员不安全行为控制管理	7
生产系统要素控制	4.1	采掘管理	11
	4.2	地质监测管理	6
	4.3	防治水管理	11
	4.4	机电管理	17
	4.5	运输管理	7

表11－1（续）

五大部分	系统	系统名称	元素个数/个
生产系统要素控制	4.6	空压机及输送管理	4
	4.7	压力容器、登高及起重作业管理	3
	4.8	爆破管理	6
	4.9	通风管理	8
	4.10	通风安全监控管理	5
	4.11	防灭火管理	5
	4.12	防尘管理	7
	4.13	防突出管理	7
	4.14	瓦斯管理	6
	4.15	瓦斯抽采管理	9
辅助系统要素控制	5.1	煤矿准入管理	2
	5.2	承包商管理	2
	5.3	消防管理	3
	5.4	应急与事故管理	5
	5.5	职业健康管理	4
	5.6	煤矿环境保护管理	7

煤矿安全风险预控管理体系结合国内外先进安全管理理念和方法，系统研究了煤矿事故致因理论及煤矿安全风险预控管理体系的原则、架构、元素组成和运行模式等，是一套能够实现煤矿本质安全的新方法。经过全国数百家煤矿近5年的实践应用，该体系更趋完善，其科学性和有效性得到了验证。2011年，基于该体系编制形成的《煤矿安全风险预控管理体系规范》（AQ/T 1093—2011）正式发布，为我国煤矿安全生产管理提供了有力支撑。风险预控管理流程如图11－1所示。

（二）关系分析

分析煤矿安全风险预控管理体系和煤矿岗位标准作业流程之间的关系是两大体系融合的基础，二者的区别和联系主要表现在以下几个方面。

1. 目的一致，都遵循PDCA循环

循环煤矿安全风险预控管理体系是通过对生产过程中的风险提前进行识别和评价，并采取有针对性的管理措施，达到风险预控、安全生产的目的。煤矿岗位标准作业流程则是通过制定高质量、高效率、高安全性的最优标准作业程序，实现煤矿的高效安全生产。因此，二者的目的都是保证煤矿的安全生产，都能提高煤矿的安全生产管理水平。从二者的运营模式看，都遵循PDCA循环，如图11－2和图11－3所示。由图11－2和图11－3可知，不论是风险预控管理体系还是煤矿岗位标准作业流程，都遵循PDCA循环，都是一个动态变化的过程，两大体系实施的目的都是为了提高煤矿的安全生产管理水平。

2. 流程定位、层次、管理对象和要求不同

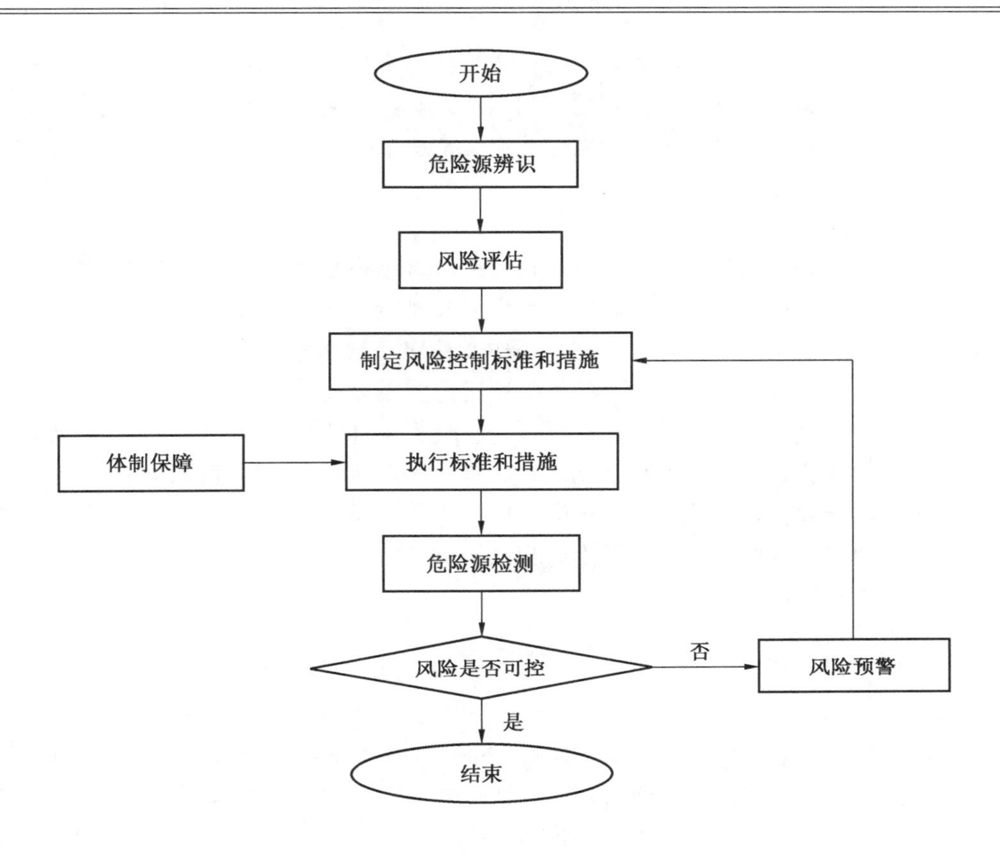

图 11－1　风险预控管理流程

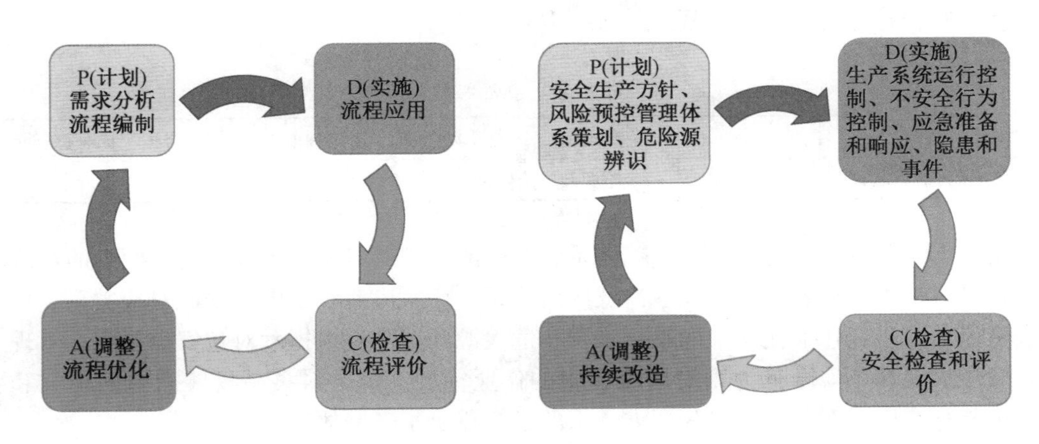

图 11－2　风险预控管理体系 PDCA 循环图　　图 11－3　煤矿岗位标准作业流程 PDCA 循环图

由风险预控管理体系的构成元素可知，整个体系是包含作业安全控制在内所有与安全生产相关要素的一个有机整体，侧重各个层级的安全管理。风险预控管理体系涉及煤矿生产中人、机、环、管各方面、各层级的管理内容，核心是风险的识别和消除，相较于煤矿岗位标准作业流程具有更强的整体性和系统性。煤矿岗位标准作业流程定位作业层级的基础执行，一般不涉及管理层级的内容，以作业为核心，相较于风险预控管理体系具有更强的应用性。从煤矿岗位标准作业流程的编制来看，对具体岗位的操作和经验要求较高，而对使用者并无特殊要求，由于岗位标准作业流程来源于生产实践，一般具有一定工作经验的使用者都能很快掌握和使用。

3. 互补联系

由以上分析可知，岗位标准作业流程是实现风险预控管理体系落地的有效抓手，为安全检查提供了有效途径，实现了煤矿安全由“被动管理”向“主动管理”过渡。煤矿岗位标准作业流程提供了规范、标准、安全的作业程序，从根本上消除了人的不安全行为。与此同时，风险预控管理体系中大量的危险源辨识成果以及相应的安全管理措施为煤矿岗位标准作业流程提供了良好的借鉴。通过融合、吸收风险预控管理体系的成果，煤矿岗位标准作业流程的内容进一步完整和细化，尤其是根据危险源有针对性的编制流程步骤、作业内容和作业标准等，将显著提高煤矿岗位标准作业流程的安全水平。因此，风险预控管理体系和煤矿岗位标准作业流程不仅不会相互矛盾，而且相辅相成，互为补充，共同促进煤矿安全生产水平的提升。

三、融合方法

（一）融合基础

煤矿岗位标准作业流程包含煤矿、选煤厂标准作业流程，其内容基本覆盖了煤矿、选煤厂主要生产岗位。为了加强作业过程中的风险管理，在流程表单中为每一个作业步骤设计了安全提示的内容，重点提示作业过程中可能遇到的重大危险有害因素。同时，在流程管理系统中预留了与风险预控管理系统接口。两者在内容上具有类似的部分，可以相互借鉴，将风险预控管理表单和流程工单进行对比，见表11－2。

表11－2　风险预控管理表单和流程工单对比情况

管理体系	任务	工序	危险源	风险及其后果	管理标准	管理措施	不安全行为
流程	流程名称	流程步骤	危险源及风险后果提示		作业标准		

由表11－2可知，风险预控管理体系表单中的任务对应流程名称，通过两者的对应和匹配，可以精确找出某一作业流程涉及的风险；工序对应流程步骤，据此对应关系，可进一步将风险缩小至作业流程中的某一步骤；危险源和风险后果提示对应安全提示；管理标准、管理措施和不安全行为则对应流程中的作业标准，都是对某一具体措施的规定和要求。由于存在以上对应关系，为两大体系的融合奠定了良好的基础。

（二）融合原则和融合内容

基于对两大体系的特点、关系的分析，提出两大体系的融合原则如下。

（1）在各子分公司执行流程层面开展流程与风险管控体系融合。

（2）因人的不安全行为导致的危险源应在流程作业内容和作业标准中避免和消除。

（3）无法通过作业内容、作业标准消除的危险源应作为安全提示。

（4）可能导致重大伤亡事故的不安全行为（曾发生过事故或重大等级以上危险源也应作为安全提示，可重复强调）。

融合内容主要包括作业内容、作业标准、安全提示3方面。

（三）融合方法

根据以上分析，提出两大体系的融合方法如下：对流程作业表单内容进行改进，充分利用吸收风险预控管理体系现有成果，进一步完善流程的风险管控内容，实现流程与风险预控管理体系的有机融合。将原流程表单中的“安全提示”改为“危险源及后果”，填入风险预控管理体系中辨识风险等级重大及以上的危险源以及相应的风险后果。同时，若“作业内容”“作业标准”中缺少预防该危险源的措施，应按该危险源对应的管理标准进行补充。

四、融合案例

案例一：布尔台煤矿岗位标准作业流程与风险预控管理体系融合编制故障处理流程，杜绝违章操作

《岗位标准作业流程及危险源手册》明确了作业中的风险与安全防范措施以及作业标准，是杜绝零散事故的有效手段。但是随着机械化、自动化生产程度的日益提高，尤其是神东煤炭集团各矿井的采掘机械化率已达到100%，各类设备出现故障在所难免，处理设备故障带来的作业安全风险较大。但是现行推广的岗位标准作业流程只是设备在正常生产运行状态下的作业标准，未包括设备在发生故障或异常状态下的处理流程，因此很有必要编制设备故障处理流程来规范人员在处理故障时的作业行为，保障人员作业安全，指导处理设备故障作业人员“上标准岗，干标准活”。

2017年11月，布尔台煤矿成立了以矿长为组长的故障处理流程编制小组，小组首先审核编制了设备故障处理流程工单，审核后的工单按照区队名称、故障流程名称、故障时间、故障部位及类型、故障原因性质简述、故障现象描述、故障原因分析、准备处理工具、故障处理流程、更换配件材料、危险源及后果、不规范操作、不规范操作矫正措施共计13项内容。同时收集了各区队曾经发生过的典型故障，根据已发生故障，由各区队机电队长或技术骨干，负责按照工单编制设备故障处理流程，每月由分管科室汇总各区队编制的故障处理流程，并牵头组织小组成员集中审核，审核修订后统一下发各单位学习、推广、应用，在应用过程中及时收集反馈意见，对故障处理流程存在问题或者不足，及时进行修订完善，现已编制设备故障处理流程59条，并编印书籍下发学习，规范现场故障处理。

布尔台煤矿设备故障处理流程如图11－4所示。

案例二：大柳塔煤矿岗位标准作业流程与工作任务风险管控融合

一、推广基于危险源辨识与流程相结合的安全技术措施

随着岗位标准作业流程深入推进，大柳塔煤矿将流程与安全技术措施紧密结合，通过细化流程步骤、作业内容、作业标准、岗位危险源及防范措施等内容，编制标准作业流程版安全技术措施。特别是对于当班工作任务中高风险的作业项目，必须提前编制安全技术措施，措施要紧密结合此项任务的标准作业流程，包含作业内容、人员、风险描述、流程步骤、作业标准及防范措施等内容；同时附此类作业任务的典型事故案例，通过会审合格后，组织全员学习。在现场作业时，严格按照措施中辨识出的风险，制定切实可行的管控措施后，利用标准作业流程来指导此项工作任务。以更换综采输送机机头链轮为例，在措施中加入对应的流程内容，经过班前会重点讲解培训，现场组织得当，作业工序更合理每

1.4煤机链轮箱故障处理流程

<table>
<tr><td colspan="2">故障处理流程名称</td><td>煤机链轮箱故障处理流程</td><td>区队名称</td><td>综采一队</td><td>故障时间</td><td>2017年11月1日</td></tr>
<tr><td colspan="2">故障部位及类型</td><td>采煤机右侧链轮箱</td><td colspan="4">机械(✓) 电器( ) 液压( ) 其他( )</td></tr>
<tr><td colspan="2">故障原因性质简述</td><td></td><td colspan="4">人为因素( ) 自然因素( ) 质量因素( )</td></tr>
<tr><td>序号</td><td>流程步骤</td><td colspan="5">具体内容</td></tr>
<tr><td>1</td><td>故障现象描述</td><td colspan="5">煤机链轮箱故障</td></tr>
<tr><td>2</td><td>故障原因分析</td><td colspan="5">煤机右侧链轮箱轴套座孔磨损</td></tr>
<tr><td>3</td><td>准备处理工具</td><td colspan="5">1 t手拉葫芦2台、3 t手拉葫芦2台、55mm套筒扳手1件、10mm六角扳手1件、36mm六角扳手1件、钳工螺丝刀1把、六角扳手1套、12寸活口扳手1把、撬棍1把、风动扳手1把、润滑脂2桶、棉纱1 kg、大锤1把、链轮箱1件</td></tr>
<tr><td>4</td><td>故障处理流程</td><td colspan="5">当煤机链轮箱故障时：①准备工具、材料、配件；②检查作业环境，作业现场支护良好，无片帮、无漏顶、无淋水；护帮板紧靠煤壁，支架闭锁，关闭进液截止阀；③运进新链轮箱；按措施固定；吊具匹配；人员配合好，专人指挥、专人闭锁；④停机、停电；采煤机、刮板输送机、喷雾泵开关闭锁、上锁、挂牌，隔离开关断电、闭锁、上锁、挂牌；⑤用24mm套筒和10mm六角扳手拆除电槽连接板，拆卸电缆和水管，用风动扳手拆卸电缆槽固定螺栓，用2台1t吊链将拆卸电缆槽移走后固定牢固；⑥在煤机右侧拆除输送机销排2块；⑦采煤机送电，启动煤机油泵，将煤机牵引至无销排处，压下煤机右摇臂滚筒，将采煤机右侧链轮箱与齿轨轮分离；⑧采煤机停电，用55mm套筒扳手拆下牵引块13条36mm双头螺栓；⑨用2台3t手拉葫芦将旧链轮箱移到溜槽外；⑩用2台3t吊链将新链轮箱移到煤机右侧牵引块处高度合适，对正定位销；⑪将链轮箱和牵引部的销轴孔对接；⑫用55mm套筒扳手安装链轮箱固定双头螺栓，螺栓张紧必须可靠；⑬采煤机送电，降下煤机右侧摇臂，向左牵引采煤机至销排中；⑭用2台1t吊链将电缆槽吊装到位后安装电缆槽M24固定螺栓，安装电缆槽连接板；⑮恢复电缆槽水管及电缆；⑯试运转采煤机</td></tr>
<tr><td>5</td><td>更换配件材料</td><td colspan="5">链轮箱</td></tr>
<tr><td>6</td><td>危险源及后果</td><td colspan="5">①工器具使用不当，作业时造成人员伤害；②工作前未检查周围环境，煤壁片帮，顶板鳞皮坠落伤人；③链轮箱滑动伤人，起吊点未选好掉落伤人；④未按规定停电闭锁、上锁、挂牌，造成触电；⑤人员用手指检查销轴孔，挤伤手指；⑥起吊电缆槽人员站位不当，电缆槽滑动伤人；⑦作业完成后，未及时清理工具及杂物，启动设备时导致人员伤害</td></tr>
<tr><td>7</td><td>不规范操作</td><td colspan="5">①作业前未检查所用器物、工具是否完好；②停电后不闭锁、上锁；③起吊、移动大件设备、物料时在摆动、倾倒范围内停留；④井下高、低压停送电，不执行“谁停电，谁送电”制度</td></tr>
<tr><td>8</td><td>不规范操作矫正措施</td><td colspan="5">①必须正确使用合适的工器具；②严格执行停送电检修制度，检修时先切断上级电源，上锁，并挂“禁止合闸、有人工作”警示牌；③人员远离电缆槽受力范围；④严格执行停送电制度和停泵、开泵制度</td></tr>
<tr><td colspan="2">填表说明</td><td colspan="5">①请在【故障部位及类型】中对应的（···）打“✓”；②请在【故障原因性质简述】中对应的（···）打“✓”；③请在【准备处理工具】中对所需工具的名称、型号及数量进行详细说明；④请在【更换配件材料】中对所需配件、材料的名称、ERP系统物资编码、图册页码、图纸编号进行详细说明</td></tr>
</table>

图11-4 布尔台煤矿设备故障处理流程

更换一次能节省约0.5 h。

二、井下风险问询、工作任务清单问询

针对员工作业现场可能存在的安全风险，采取作业流程风险问询观察举措，问询卡的内容主要包括工作内容、是否按照标准流程作业及预防措施等。针对将要做的工作执行先问询后工作，由小组组长问询：安全完成本项工作需要按照哪些标准步骤作业？每个步骤存在哪些风险？怎样做更安全？与作业人员分别从作业环境、岗位危险源、标准作业流程、岗位风险和安全技术措施等方面进行现场再辨识并相互补充，直至完善全面方可展开作业。问询人将问询内容简要填写在作业风险问询观察卡上，同时，设专人对问询卡进行总结分析，针对员工提出的作业流程步骤修改、作业环境存在隐患、发现的新危险源及合理化建议等做出正确的筛选，并将其作为增补、修订岗位标准作业流程及“作业规程”“操作规程”等的参考标准。

“工作任务清单”中没有列出的计划外工作任务是全矿关注的重点，跟班队长或当班班长提前明确小组组长，由组长组织小组成员对此项工作进行风险问询，对现场作业环境和作业流程中可能存在的风险和可能发生的不安全行为进行辨识并相互补充，直至完善全面并制定安全措施，填写“作业风险问询卡”后，方可展开作业。跟班队长负责对工作组问询情况进行监督检查（跟班队干无法到现场的要安排专人负责），按要求填写问询检查记录并签字确认。机关管理人员、跟班队长或班长对照“工作任务清单”中需要重点盯防及计划外作业项目进行行为观察，并对作业人员危险源辨识、标准执行及措施落实情况进行考核，及时发现纠正不规范行为，消除环境隐患，并填写作业风险问询观察卡。

工作任务清单和作业风险问询卡如图11-5所示。

单位：综采五队检修班					跟班队干：		班次：	8点班		日期：	2020年11月2日	
序号	班组	类型	设备	当班工作任务	风险等级	存在的主要风险	防范措施及安全注意事项	常发生的不安全行为	作业人员		完成情况	备注
									组长	其他作业人员		
1	检修班	日常检修	煤机	更换磨损严重的截齿	一般	1. 登高作业时不系安全带 2. 更换齿套、截齿时铁屑飞溅伤人	1. 登高作业必须使用安全带 2. 更换齿套、截齿时必须戴护目镜	1. 登高作业不系安全带 2. 人员站位不正确 3. 未使用正确的工器具				
2				检查煤机链轮滑靴	一般	1. 支架动作伤人 2. 输送机动作伤人	1. 闭锁作业范围内的支架 2. 支架护帮板打到位 3. 输送机闭锁、上锁、挂牌	1. 未闭锁作业范围内的支架 2. 未闭锁输送机，并上锁		班岗		
3				检查煤机左右滚筒紧固螺栓	一般					班岗		
4				检查并更换煤机电缆夹板	中等					班岗		
5				检查煤机左右滚筒喷雾	一般					班岗		
6			三机	检查输送张力、刮板压条、螺丝磨损情况、更换磨短的刮板	中等	1. 未停上级电源 2. 未闭锁上锁挂牌	1. 停机作业，闭锁、上锁 2. 进入溜槽内三机断电、闭锁、上锁 3. 严格执行敲帮问顶制度，隐患处理后方可作业	未闭锁三机并上锁				
7				检查输送机减速箱油位、油质	一般							
8				检查转载机链条张力、刮板压条、螺丝磨损情况	一般							
9				检查三机连接件、结构件	中等							
10			泵站	检查处理泵站齿轮箱油质、油位	一般	1. 未停泵、闭锁、上锁 2. 未泄压	1. 作业时必须停泵、闭锁、上锁 2. 泄压	未执行实名制开停泵				
11				检查处理磨损的高压管路	中等	防止高压液伤人	更换高压管路时必须卸液	未执行实名制开停泵				
12			支架	检查处理支架护帮板自卸	重大	1. 起吊、拆卸人员站位不正确 2. 吊具使用不符合规定 3. 未关闭截止阀、未卸液	1. 作业前必须关闭相邻支架截止阀并闭锁支架 2. 拆卸液管前必须泄压 3. 在四连杆后作业必须有人监护	未闭锁作业范围内的支架				
13				检查处理起底油缸销子、推拉头销子	中等			未闭锁作业范围内的支架				
14				检查处理跑冒滴漏、窜液	一般	1. 作业前本架及相邻两架支架截止阀未关闭、支架未闭锁 2. 未泄压 3. 未正确使用工器具，伤人	1. 作业前必须关闭本架及相邻两架支架截止阀并闭锁支架 2. 拆卸液管前必须泄压 3. 正确使用工器具，人员站在工器具摆动范围外	未闭锁作业范围内的支架				
15			电气	日常完好检查	一般	1. 停电闭锁上锁挂牌 2. 准备正确的工具	正确使用工器具	1. 未停电闭锁上锁挂牌 2. 使用正确的工器具				
16				电缆检查	一般							

(a)

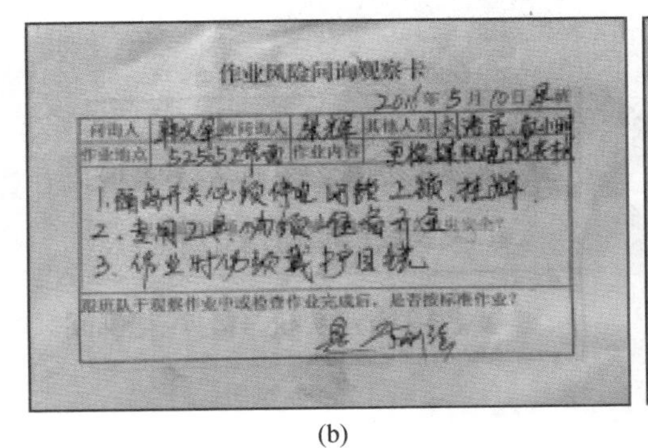

(b)

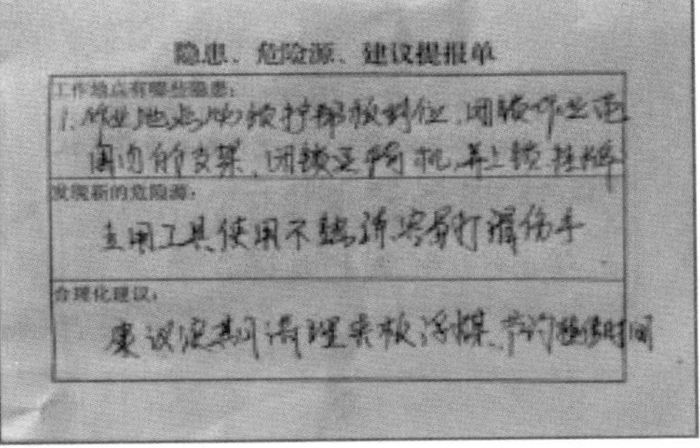

(c)

图 11－5　工作任务清单和作业风险问询卡

三、井下现场查看流程

（一）综采工作面标准流程作业平台

综采工作面标准流程作业平台由检修流程图、流程工单、工单进展表和工具备件平台组成，员工在检修前首先查看流程图，掌握流程的作业步骤，并将所需要的标准工具摆放在平台上。然后根据标准作业流程工单的顺序完成每一步检修作业，每完成一步在对应的进展表中相应的序号后划“√”，从而实现按照标准流程作业。

（二）连采工作面标准流程作业架

为了适应连采工作面移动设备多，且设备位置变化频繁的特殊情况，大柳塔煤矿制作了适合连采工作面应用的标准作业流程架。该流程架分为上下两层，上层左侧为作业流程单工单，右侧为工单进展表；下层为放置标准工器具的平台。该工作架的应用类似综采工作面标准流程作业平台的使用。综连采工作面流程平台、流程架的支柱和使用，使得岗位标准作业流程在井下作业现场的落地有了依托，实现了标准作业流程在井下作业现场的落地实施。

案例三：大柳塔煤矿流程管理与风险预控深度融合

大柳塔煤矿在岗位标准作业流程的推广应用过程中通过流程管理系统与危险源、不安全行为、三大规程、安全生产制度的关联，实现了风险预控管理相结合，达到“学流程、会技能、知本安、懂制度、保安全”的目的。这是流程成为杜绝三违、保障安全生产、促进本安体系建设的一项重要举措。

召开班前会之前，跟班队长要将当班作业任务、准备工作、作业人员及每项工作任务的风险描述、防范措施逐条列出形成工作任务清单；对工作任务清单以外的作业项目或高风险作业任务，现场由小组组长组织开展风险问询与观察（图 11－6），并将作业任务清单和标准作业流程及作业风险相融合，通过三维仿真技术，制作成员工喜闻乐见的动漫，避免了枯燥的说教式培训，提升了措施执行效果。

图 11－6　现场风险问询

案例四：寸草塔二矿岗位标准作业流程与风险预控管理体系融合

寸草塔二矿在标准作业流程与风险预控内容融合（编制执行流程）的基础上，在标准作业流程推广应用的过程中不断探索与风险预控管理融合的方法，来保障矿井安全生产。

一、内容融合

编制执行流程时要与风险预控系统相关内容统一考虑，提前梳理流程相关危险源，通过写实发现新的危险源，完善危险源辨识表中相关信息，然后进行审核，审核通过后融入流程表单中，与风险预控系统中的工序进行比对，优化流程步骤，完善作业内容和作业标准。

二、管理理念融合

依托具体流程进行危险源辨识；流程写实过程中发现的新危险源，由安管办审核后上报，匹配相关事故案例，将危险源融合到流程表单中，岗位工按照流程作业，使危险源得到更加有效的管控；安检员依据执行流程表单对每班重点盯防的作业进行监督检查，检查标准更明确；大型检修作业编制措施时，附检修流程表单，统一宣贯学习。

三、融合方法

一是以标准作业流程为工具进行岗位危险源辨识；二是流程与措施相结合；三是“手指口述”法管控重大危险源；四是匹配公司近2年事故案例；五是用流程分析事故案例和不安全行为；六是组织以流程执行情况为主的步行检查。

第二节　流程与安全生产标准化融合

一、融合出发点

安全生产标准化是指通过建立安全生产责任制，制定安全管理制度和操作规程，排查治理隐患和监控重大危险源，建立预防机制，规范生产行为，使各生产环节符合有关安全生产法律法规和标准规范的要求。安全生产标准化在煤矿应用以来，很大程度上提高了煤矿安全生产管理水平。由于安全生产标准化和煤矿岗位标准作业流程两套体系各有侧重，安全生产标准化强调企业安全生产工作的规范化、科学化、系统化和法制化，强化风险管理和过程控制，注重绩效管理和持续改进，而岗位标准作业流程则重点解决作业过程中的标准化和效率问题。因此，如何将两套体系有机融合，相互借鉴，实现安全高效生产，从而推动我国煤矿企业安全生产状况的根本好转显得尤为重要。

针对以上问题，对两套体系的特点和内涵进行了深入分析和对比，揭示了两套体系的关系，提出了两套体系的融合方法，为两套体系的改进提供了一定的参考。

二、关系分析

（一）煤矿安全生产标准化主要内容

1. 建立和保持

煤矿是创建并持续保持标准化动态达标的责任主体，应通过实施安全风险分级管控和事故隐患排查治理、规范行为、控制质量、提高装备和管理水平、强化培训，使煤矿达到并持续保持安全生产标准化等级标准，保障安全生产。

2. 目标与计划

制定安全生产标准化创建年度计划，并分解到相关部门严格执行和考核。

3. 组织机构与职责

有负责安全生产标准化工作的机构，各单位、部门和人员的安全生产标准化工作职责明确。

4. 安全生产标准化投入

保障安全生产标准化经费，持续改进和完善安全生产条件。

5. 技术保障

健全技术管理体系，完善工作制度，开展技术创新；作业规程、操作规程及安全技术措施编制符合要求，审批手续完备，贯彻执行到位。

6. 现场管理和过程控制

加强各生产环节的过程管控和现场管理，定期开展安全生产标准化达标自检工作。

7. 持续改善

煤矿取得的安全生产标准化等级，是煤矿安全生产标准化工作主管部门在考核定级时，对煤矿安全生产标准化工作现状的测评，是对煤矿执行《安全生产法》等相关规定组织开展安全生产标准化建设情况的考核认定。取得等级的煤矿应在取得等级的基础上，有目的、有计划地持续改进工艺技术、设备设施、管理措施，规范员工安全行为，进一步改善安全生产条件，使煤矿持续保持考核定级时的安全生产条件，并不断提高安全生产标准化水平，建立安全生产标准化长效机制。

（二）分析

1. 目的一致

煤矿安全生产标准化，是指通过建立安全生产责任制，制定安全管理制度和操作规程，排查治理隐患和监控重大危险源，建立预防机制，规范生产行为，使各生产环节符合有关安全生产法律法规和标准规范的要求，人（人员）、机（机械）、料（材料）、法（工法）、环（环境）处于良好的生产状态，并持续改进，不断加强企业安全生产规范化建设。煤矿岗位标准作业流程则是通过制定高质量、高效率、高安全性的最优标准作业程序，实现煤矿的高效安全生产。因此，二者的目的都是保证煤矿的安全生产，都能提高煤矿的安全生产管理水平。

2. 二者管理对象、范围和要求不同

安全生产标准化体现了“安全第一，预防为主，综合治理”的方针和“以人为本”的科学发展观，强调企业安全生产工作的规范化、科学化、系统化和法制化，强化风险管理和过程控制，注重绩效管理和持续改进，涵盖了安全风险分级管控、事故隐患排查治理、通风、地质灾害防治与测量、采煤、掘进、机电、运输、职业卫生、安全培训和应急管理、调度和地面设施 11 个部分的安全生产标准化考核项目，内容广泛，有更强的整体性和系统性。煤矿岗位标准作业流程定位作业层级的基础执行，一般不涉及管理层级的内容，以作业为核心，相较于煤矿安全生产标准化具有更强的应用性。从煤矿岗位标准作业流程的编制来看，对具体岗位的操作和经验要求较高，而对使用者并无特殊要求，由于岗位标准作业流程来源于生产实践，一般具有一定工作经验的使用者都能很快掌握和使用。

3. 相互联系

由以上分析可知，岗位标准作业流程为煤矿安全标准化的管理提供了有效途径，实现了煤矿安全由“被动管理”向“主动管理”过渡。煤矿岗位标准作业流程提供了规范、标准、安全的作业程序，从根本上消除了人的不安全行为。与此同时，煤矿安全标准化体系全方面涵盖了煤矿各个方面，其评定标准又为煤矿岗位标准作业流程提供了良好的借鉴和依据，使岗位标准作业流程的内容进一步完整和细化。因此，煤矿安全生产标准化和煤矿岗位标准作业流程互为补充，相辅相成，共同促进煤矿安全生产水平的提升。

三、融合方法

煤矿安全生产标准化涵盖煤矿生产中安全风险分级管理、事故隐患排查治理、通风、地质灾害防治与测量、采煤、掘进、机电、运输、职业卫生、安全培训和应急管理、调度和地面设施11个方面的考核内容。新版岗位标准作业流程对流程作业表单内容进行了改进，充分吸收了安全生产标准化辨识出的危险源，将原流程表单中的“安全提示”改为“危险源及后果”，填入风险预控管理体系中辨识风险等级重大及以上的危险源，以及相应的风险后果。同时，将岗位标准作业流程重新进行分类：包括综采（放）、掘进、机电安装、运输、“一通三防”、探放水和其他辅助共七大部分内容，每一部分内容又分为岗位操作和岗位检修两大类，其中岗位操作按工种划分，岗位检修细化为设备部件更换及维护等。经过融合后的岗位标准作业流程，实用起来条理清晰，重点工作、关键环节更容易把握，切实提升了煤矿的安全管理水平。

四、融合案例

案例：布尔台煤矿岗位标准作业流程与安全生产标准化融合

随着岗位标准作业流程深入推进，布尔台煤矿在编制安全技术措施时，优化了安全生产标准化流程步骤，制定出包括目标与计划、组织机构与职责、安全投入与技术保障、现场管理和过程控制、作业标准及防范措施等内容。涉及具体作业时，按照标准作业流程执行，通过细化流程步骤、作业内容、作业标准、岗位危险源及防范措施等内容，编制标准作业流程版安全技术措施。特别是对于当班工作任务中高风险的作业项目，必须提前编制安全技术措施，措施要紧密结合此项任务的标准作业流程，包含作业内容、人员、风险描述、流程步骤、作业标准及防范措施等内容；同时附此类作业任务的典型事故案例，通过会审合格后，组织全员学习。在现场作业时，严格按照措施中辨识出的风险，制定切实可行的管控措施后，利用标准作业流程来指导此项工作任务。以更换综采采煤机截割扭矩轴为例，在措施中加入对应的流程内容，经过班前会重点讲解培训，现场组织得当，作业工序更合理，每更换一次能节省约20 min。

第三节　流程与精益化管理融合

一、融合原因

开展精益化管理是矿井加快转变发展方式，提升核心竞争能力，建设世界领先的清洁煤炭生产商的重要步骤和必经阶段；是应对煤炭市场下行，实现挖潜增效，降低运营成本，提升整体运营效率的有效路径；是全面贯彻落实公司战略决策部署，深入开展“成本管控”活动的有利抓手；是夯实管理基础，提升矿井管理水平，增加矿井经济效益的必然选择。从基础、基本功入手，应用对标管理方法，从精益化管理“持续消灭浪费，不断创造价值”的思想出发，以“降成本、提效率，增效益”为目标，以业务提效、成本降低和管理提升为主线，进行现状诊断，找出当前存在的突出问题和薄弱环节，确定关键业务指标，制定切实可行的改善措施，减少浪费，提高效率，提升管理水平和经济效益，促进矿井各业务持续、稳定、健康发展。

二、关系分析

推行精益管理模式，一方面，粗放型与集约型最本质的区别在于是否最大限度地减少各种形式的浪费，合理利用资源，提高整体效益；另一方面，精益管理有利于企业运行模式的改革。在国有企业中，浪费现象严重，运用精益管理方法，将有助于企业改革原有运行模式，消除浪费，使之运转起来。

岗位标准作业流程是在实践过程中总结出的能提高工作效率和作业标准的一种生产管理方法。精益生产的核心在于“精益”两字，也就是在生产过程中利用规范化管理尽可能做到没有资源浪费，企业生产资源都能准确无误地应用在需要它的地方。在行动上将这一理念宣贯在整个企业文化和氛围中，鼓励和支持员工在精益管理方面主动学习、共同学习，从而使传统低效率的管理理念彻底向低成本高效率的精益管理理念转变。

三、融合方法

作业过程中的每一个精益管理要求都是为了改善整个作业体系以利于下一次作业，因此发现问题并不需要慌乱，恰恰相反的是这体现了标准作业流程加深的一个契机和突破口。将工序科学化与低成本高效率的管理理念充分结合，将标准的工序循环时间、标准的资源持有总量与不浪费、不粗制滥造等理念结合起来，为改善每一个“下一次”而科学管理、标准化生产，建立一套完善的岗位标准作业流程。

四、融合案例

案例一：布尔台煤矿岗位标准作业流程与精益化管理融合

标准化改善：布尔台煤矿42203综放工作面安装过程中，由于单轨吊上DN50管路布置数量多，共计8趟管路（其中3趟排水管路、2趟喷雾管路、2趟输送机冷却水管管路、1趟风管管路），距离长且外观相同不好辨别用途，考虑到以后损坏后更换时确定管路用途及采取相应措施耗时长并影响生产的诟病，利用本次安装铺设胶管的契机，决定将不同用途的管路进行编号备份管理。具体做法就是将不同用途的整趟管路连接直通使用不同颜色安装对接，然后对应进行编号备份（如红色——煤机喷雾、黄色——支架喷雾、绿色——输送机机尾冷却水、蓝色——风管等），并编写了更换液管标准作业流程。

通过此举降低了管路排查时间，更换效率提升至少50%，是精益化管理标准作业化思维改善的典型实施案例，如图11－7所示。

图11-7　布尔台煤矿岗位标准作业流程与精益化管理融合现场案例

案例二：布尔台煤矿岗位标准作业流程与精益化管理融合

思路和做法：基于流程的精益化管理方法主要从两个方面入手，一是管理模式要“精”，主要通过诊断分析，删除非增值流环节，精炼流程步骤，完善业务逻辑和流程断点，缩短流程周期和时限，消除专业壁垒；二是管理效果要“益”，通过识别和改善流程环节资源配置，少投入资源、多产出成果，提升流程运转效率，提升经济效益。

综采二队在标准作业流程结合精益化管理时，利用现场操作相结合的方式将标准作业流程运用到精益化管理的每一个细节中，员工记忆深刻，严格按照流程作业进一步提高工作效率和安全系数，保障人员安全的前提下进一步提高设备的检修效率、检修质量和生产效率。

产生效益：通过对近几个月的数据统计分析得出，自强化开展标准作业流程及相关危险源学习和运用后，累计推进度、设备故障率、开机率、设备综合利用率（OEE）等各项精益化考核指标都显著提升（表11-3）。

表11-3　指标参数变化情况

月　份	指　　标			
	设备故障率	开机率	设备综合利用率（OEE）	累计推进度
6	0.4	0.77	0.375	21
7	0.1	0.89	0.624	268.3
8	0.09	0.9	0.699	289.7

推广价值：精益化管理结合标准作业流程的运用，设备故障率降低77.5%，开机率提升16.8%，生产效率提升37.9%，设备综合利用率提升86.4%。

案例三：寸草塔二矿岗位标准作业流程与精益化管理融合

(1) 流程在执行前和执行过程中开展岗位危险源再辨识、精益化七大浪费辨识等，并进行员工行为观察。

(2) 重新梳理工具、材料、配件的数量和规格型号，确保工作实施过程中，不因准备工具、材料、配件不到位，造成等待浪费。

(3) 在写实过程中查找流程执行中七大浪费现象，运用5W2H+28问+5WHY方法找出流程步骤、工作内容和标准中的缺陷，加以补充。

第四节　流程与内部市场化融合

一、融合背景及目的

煤矿企业内部市场化就是将市场机制引入企业内部，以企业内部各区队作为内部市场的经济主体，建立起一种统一性和灵活性相结合的企业管理机制。在企业内部引进市场的价格机制、区队采掘定额计件、辅助任务量化包干、矿务工程单项竞标、岗位总承包、任务饱和度、材料消耗等竞争机制，让企业区队直接面对市场，在市场压力下激发出巨大的创造力，所以岗位标准作业流程是企业实行内部市场化的基础和重要前提。通过干标准活和上标准岗，把工作任务精确量化，作业工时量化，使用工器具明确，材料成本量化，提高员工工效，降低故障及事故影响。通过岗位标准作业流程与企业内部市场化深度融合，强化岗位标准作业流程在矿井安全生产中的执行应用程度，同时为了有效控制在市场化经营工作中因准备不到位、准备不当所造成的“浪费”（材料和工时的浪费），以及产生的不安全行为，遵循“干什么活，挣什么钱，多劳多得、质量优先”的原则，逐步形成了企业员工“向标准作业流程要安全、要质量、要效益”的共识，达到规范员工执行，提高工作效率，节约成本的目的。这有利于企业发现和培养其核心竞争力，对企业起到提高运作效率和提高盈利水平的作用。

二、融合原理及方法

岗位标准作业流程与内部市场化融合原理，就是根据工作任务，如掘锚机司机岗位工作任务，也可以是具体的某项工作任务，以煤矿岗位标准作业流程为基础，按照标准作业流程规范操作步骤完成任务。通过大量的现场写实，确定工作任务所需人员数量、工器具、材料、作业工时，根据写实数据完成劳动定额单价，生产成本定额，以企业内部市场化方式进行任务承包，项目竞标，打破传统区队任务总承包和采掘一线、二线辅助系数考核结算方法。通过融合，不断提升员工一专多能业务技能，提升了企业创新能力，提升了企业核心竞争力和适应外部市场能力。

三、融合案例

案例一：柳塔煤矿岗位标准作业流程与内部市场化相融合

在矿井生产经营活动中，工资定额结算，最早是以一线吨煤、进尺、安全、辅助及其他与系数挂钩进行结算，中期工资定额结算加入了安全风险预控、成本、工效、企业文化建设等方面的考核。但在企业内部，各区队工作任务固定，考核指标固定，考核结算只停留在矿级层面，区队班组及岗位员工毫无市场经营意识，虽然加入了较多的考核内容，但各区队每月工资结算差别不大。只有采掘一线与二线辅助差别，员工工作任务单一，换个工作任务就很难适应，这样导致企业生产经营机制僵化，企业内部缺少竞争和创新动力。柳塔煤矿为了解决这一问题，利用企业内部市场化平台，根据工作任务中每个岗位标准作业流程进行定额，实施采掘定额计件，二线辅助工作量包干，矿务工程竞标，岗位总额包干的工资定额结算方式。通过不断推行标准化、程序化、规范化的作业流程，使员工上标准岗、干标准活，避免因准备不到位、准备不当所造成“浪费”、杜绝员工不安全行为，提高员工工作效率。以价值创造为导向，以标准作业流程步骤为节点进行绩效考核，体现多劳多得、质量优先的原则，逐步形成了全矿员工“向标准作业流程要安全、要质量、要效益”的共识，夯实了矿井安全根基，为矿井安全高效生产提供了重要的基础管理手段，助推煤矿企业持续健康稳定发展。

柳塔煤矿劳动定额价格共5308项，其中矿级定额851项，区队内部定额3162项，非操作岗位完成1295项定额。根据各区队工作任务性质，按照施工任务、施工岗位流程、作业工时、消耗材料进行详细定额定价。柳塔煤矿定额情况如图11－8所示。

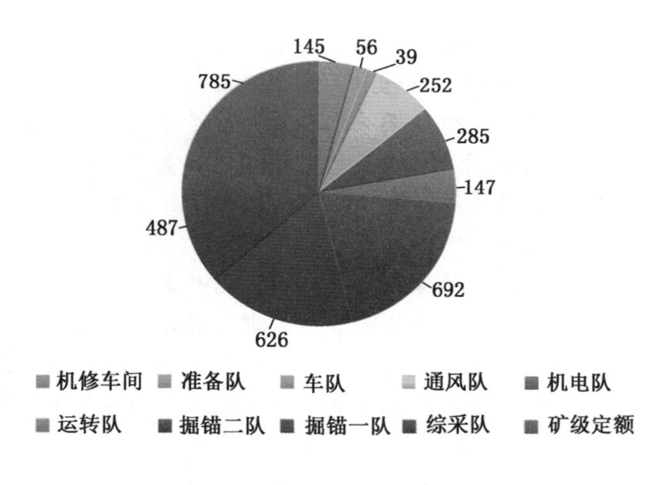

图11－8　柳塔煤矿定额情况

案例二：洗选中心流程与内部市场化融合

随着企业精益化管理水平的不断提高，对运营成本、劳动生产率、劳动效率等指标的管控越来越科学化。洗选中心为实行精益效益最大化，积极实施并推行了精准生产定制、作业成本法、内部市场化和定额量化包干等经营管理手段。无论哪种管理理念，其基本依据都来源于现场实践。例如，内部市场化管理体系，就是以“承包”形式将选煤厂的生产任务进行量化，并交付车间进行一定程度的自主经营，以“定额、定价”的方式形成压力传导效应，使车间、班组及员工个体形成自我管理、自我控制的理念。而内部市场化的基础数据则来源于对各项材料消耗和人工成本的“定额”。

洗选中心流程与内部市场化融合管理如图11-9所示。

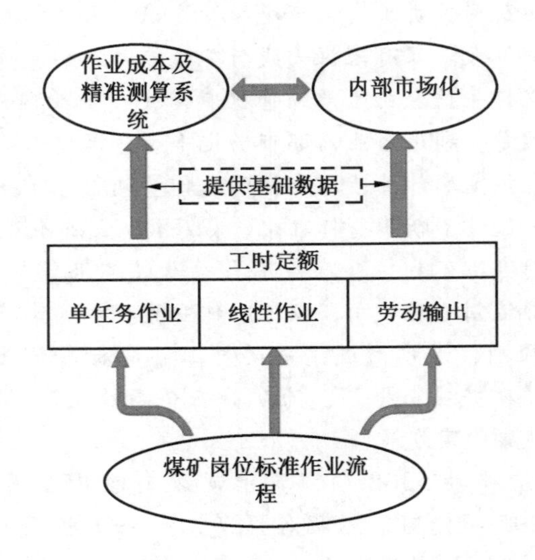

图11-9 洗选中心流程与内部市场化融合管理

定额定价体系是实现内部市场化结算关系的基本工具和结算尺度，是内部市场规范运作的前提，以支撑内部市场化运行。洗选中心在制定定额计划时，将定额分成两类：一是材料类；二是人工类；对于人工定额主要采取了工作质量评价、工况因数分析和工作用时估算相结合。其中，工作用时和对工作质量的评价就以标准作业流程为基本依据，用标准作业流程的作业步骤和作业标准对工作时间和质量进行量化估算。所以，标准作业流程体现了对管理创新的基础支撑作用。

案例三：寸草塔二矿岗位标准作业流程与内部市场化相融合

寸草塔二矿为压缩各项成本支出，全面推行内部市场化，充分发挥市场调节作用，通过车辆考核、矿务工程、课件制作、人员内部市场化等方法，全面强化成本管控，降本增效，提高工作效率，增加经济效益，全面提升经营管理水平。岗位标准作业流程在内部市场化定额中起到关键作用。

内部市场化在进行定额时采用工时定单法，依靠标准作业流程分步骤作业的优势，矿经营办人员在现场对作业人员的每一步工作进行详细写实，记录作业时每一步需要的人员数量、作业时间、劳动强度和技能要求，从而对每一步作业内容进行合理定价，从而对整个作业项目给出合理的指导价格。

寸草塔二矿积极拓展单一的书本式培训教材范围，实行课件制作内部市场化，建成了课件资源全员共享库。按照三维动画类（500元/min）、二维动画类（200元/min）、PPT类（50~100元/个）、视频类（1000~2000元/个）、交互操作类（1000元/个）的明码标价，通过审核验收纳入课件库，目前课件库已存课件2463个，实现了单位效益、个人价值共赢。

第五节　流程与班组建设融合

一、融合原因

班组是煤矿生产经营的细胞单元，是安全事故防范的前沿阵地，是各项经济技术指标完成的重要载体，是一切政策措施的落脚点。加强班组建设，是全面深化改革发展，提升矿井安全质量、生产组织、成本管控和现场管理水平的重要举措，是实现建设世界一流矿井的必然要求。建立以“五化”管理为目标的现代班组管理体系，即工作内容指标化、工作要求标准化、工作步骤程序化、工作考核数据化、工作管理系统化，更是煤矿企业现代班组努力的方向。

岗位标准作业流程则重点解决作业的标准化和效率问题，全面推进岗位标准作业流程在班组的贯彻执行，按照标准进行作业现场和岗位危险源辨识，坚决纠正生产过程中的不正确、不标准、不安全行为，使员工“上标准岗、干标准活”的意识明显提高，新员工养成好的习惯，老员工的思想得到纠正，矿井安全生产标准化水平持续提升。

二、关系分析

（一）煤矿班组建设主要内容

班组是煤矿员工成长锻炼的初始地，煤矿的标准作业流程是为了提升员工的岗位技能、职业素养，来源于班组实践活动，又通过班组去贯彻完成。班组建设水平的高低、班组管理效能发挥如何，关系着岗位标准作业流程的推广使用程度，影响着煤矿企业的生产经营和健康发展。只有切实加强班组建设，才能使岗位标准作业流程推广落地，实现安全生产标准化。

煤矿开展班组建设“一把手”工程，成立由矿长指导、生产矿长负责、区队长分级负责、班组长具体落实的班组建设领导机构，职责清晰，指标明确。设置班组建设专项经费，按月兑现奖惩，年度各项评优树先与班组建设挂钩，充分调动班组建设的活力和积极性。

（二）关系分析

1. 目的一致

煤矿班组建设是强化安全管控的基础、提升管理水平的有效方法。煤矿管理的基础在班组，执行力在班组中体现，效益通过班组实现，安全由班组来保证。通过班组建设，全面提升班组精细化、数字化管理水平，提高班组成员执行力、战斗力、创造力，提高班组经济效益。

班组建设使安全管理关口前移抓现场，重心下移抓班组，充分发挥班组安全生产第一道防线的作用，减少和杜绝“三违”现象，有效遏制重特大事故发生，保障安全生产。以人性化管理和亲情感召凝聚职工，努力形成安全生产的整体合力。班组建设使班组成员像亲兄弟一样抱成团，生活上互相关心，工作上互相帮助，从而结下深厚的友情，形成一个和谐温暖的“班组大家庭”，既能为安全生产创造条件，也能为构建和谐矿区做出贡献。

煤矿岗位标准作业流程则是通过制定高质量、高效率、高安全性的最优标准作业程序，实现煤矿的高效安全生产。因此，二者的目的都是保证煤矿的安全生产，都能提高煤矿的安全生产管理水平。

2. 二者服务对象相同

煤矿班组建设的对象是以班组为单位的井下作业员工，通过各项规定措施、集体活动来组织、服务员工。煤矿岗位标准作业流程以作业为核心，也是针对井下作业员工制定的，二者服务对象相同，出发点和落脚点一致。

3. 相互联系

由以上分析可知，岗位标准作业流程为班组建设提供了有效途径。以岗位标准作业流程为主线，可以提高班组作业安全保障程度和劳动效率，降低生产成本，缩短员工成熟周期，进一步促进劳动关系和谐稳定。

三、融合方法

将岗位标准作业流程的学习贯彻、推广应用、新增修改纳入班组建设范畴，班组制定岗位标准作业流程年度计划，机关部门在井下跟班检查时，可以随时考核检查员工正在作业的岗位标准作业流程，开展月度排名、年度表彰。健全岗位标准作业流程的技术管理体系，各班组每月上报新增岗位标准作业流程，矿井每年召集技术人员修改完善岗位标准作业流程，确保流程与采煤工艺、岗位工种相匹配。

四、融合案例

案例一：布尔台煤矿“1575”现代班组建设大融合管理体系

一、背景介绍

班组是企业从事生产经营活动或管理工作最基层的组织单元，是激发职工活力的细胞，是提升企业管理水平、构建和谐企业的落脚点。新经济时代组织变革带来的管理重心下移是矿井管理的发展趋势，矿井的发展与班组管理水平的联系越来越密切。近年来，通过“星级班组创建”“班组建设大讲堂”“日评价月评星”等活动，有力地推动了班组建设，促进了矿井管理水平的提高。但从实际情况来看，还存在对班组建设思想认识不到位、管理体系不够完善、工作开展不够平衡、班组技术力量储备不足、班组建设与现场工作结合不紧密，班组建设与矿井管理脱钩等问题，给矿井的基础管理带来了一定影响。

通过开展班组建设大融合工作，建立系统科学的班组建设运行机制，将矿井各项工作任务与班组建设融合起来，并分解到区队班组落地实施，使区队、班组成为企业安全生产的第一道屏障、创新创效的基本单元、人才成长的摇篮，使班组成员成为勤奋工作、遵纪守法、诚实守信、和谐进取的劳动者。把班组长培养成为政治素质好、技术业务精、管理能力强、具有开拓创新意识的基层管理者，使区队班组管理处于领先水平，形成具有布尔台煤矿特色的管理模式，助牢矿井安全生产基石。

二、思路做法

布尔台煤矿班组建设以聚焦公司“1223”主要任务，以安全型、学习型、节约型、和谐型、创新型的五型班组建设为基础，以班组长人才建设工程、班组标准化建设工程、班组创新工程、互联网+班组管理工程、班组建设大讲堂工程、班组建设展厅工程、班组特色品牌创建工程七大工程为抓手，以实现工作内容指标化、工作要求标准化、工作步骤程序化、工作考核数据化、工作管理系统化的“五化”管理为目标的“1575”现代班组建设管理体系。

布尔台煤矿“1575”现代班组建设大融合管理体系模式（图11－10），以神东煤炭集团大楼四号桥为灵感，桥梁象征着布尔台煤矿正在进行跨越式的高速发展。桥梁的整体颜色为绿色，寓意神东煤炭集团绿色煤炭的发展理念。桥梁道路代表布尔台煤矿班组建设以“1233”任务为主线，五根桥墩代表以五型班组建设为基础，七根拉杆代表以党建引领核心的七大工程为抓手，桥墩前方的五角星代表班组建设的五化管理目标。

案例二：布尔台煤矿岗位标准作业流程与班组建设融合

布尔台煤矿开展了岗位标准作业流程与班组建设融合工作，目前岗位标准作业流程虽然已修订完善，但切实落实仍然任重道远，需要不断完善与探索，逐步强化员工标准作业意识，树立标准作业思想，使得“上标准岗、干标准活”的理念深入人心，切实提升班组成员业务水平。只有强化管理整个“学习、考核、评价”过程，才能确保员工能够熟知理论并应用到实际工作中，保证安全作业和高效生产，杜绝安全事故，真正实现“人、机、环、管”的本质安全。为此，布尔台煤矿提出了“三学、三考、三评、一修订”十项管理法。

一、“三学”管理法（班组学、区队学、矿井学）

（一）班组学

班组每天班前会都要组织学习至少一条标准作业流程，学习录入原神华集团煤矿岗位标准作业流程管理系统“流程宣贯－流程培训”模块，并留有纸质签字记录。

（二）区队学

区队每旬组织集体培训一次，每月不少于3次，学习录入原神华集团煤矿岗位标准作业流程管理系统“流程宣贯－流程培训”模块，并留有图片、视频或其他记录。

（三）矿井学

流程小组每季度组织一次全矿岗位标准作业流程集体培训，暨每季度组织召开标准作业流程大讲堂活动。

二、“三考”管理法（班组考、区队考、矿井考）

（一）班组考

区队班组长以上管理人员（包括班组长）每天利用班前会，或井下作业现场对班组员工流程掌握情况进行检查考核，每月考核不少于5人次，考核录入“流程执行－现场检查管理”模块，考核必须与绩效考核或工资挂钩，并留有考核记录。

（二）区队考

区队每月组织一次流程考试，每季度将全员考核一遍，考试成绩与绩效考核或工资挂钩，并留有相关记录。

（三）矿井考

矿领导、机关科室跟班人员每天跟班必须认真负责抽查各区队岗位作业流程熟知情

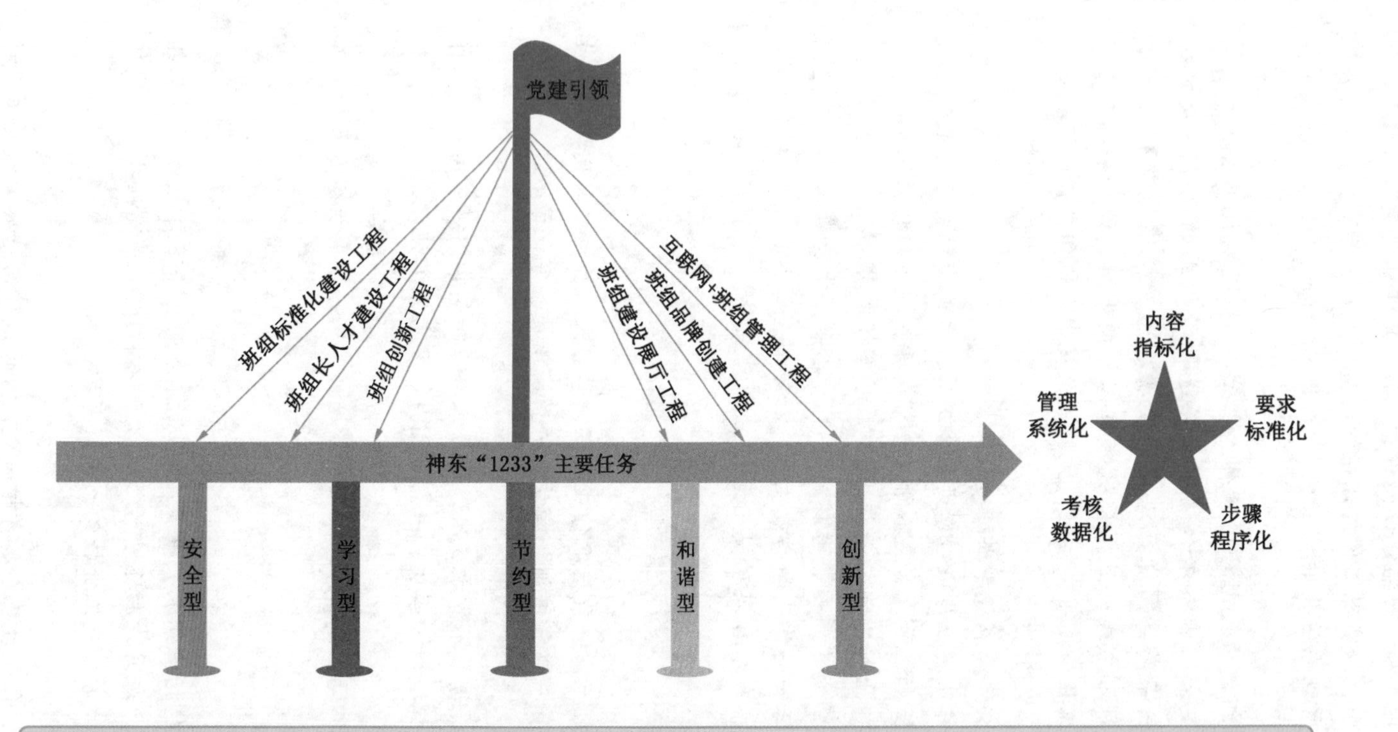

图 11-10　布尔台煤矿“1575”现代班组建设大融合管理体系模式

况，每班抽查不少于2个区队，岗位作业流程现场提问表随矿领导带班工单一并领取，下班后一并交回生产指挥中心存档，考核同时录入“流程执行－现场检查管理”模块；其他管理人员要深入现场检查员工对流程的执行情况，每月至少在管理系统的流程执行模块中录入1条现场检查问题。

三、“三评”管理法（班组评、区队评、矿井评）

（一）班组评

班组每月根据班组员工流程掌握应用情况，评选出至少1名“流程应用之星”，并在月底工资中奖励200元/月。

（二）区队评

区队每月根据班组流程掌握应用情况，对班组进行考核，评选出流程推广应用明星班组，并在班组考核中加分，同时根据各班组评选出的“流程应用之星”，评选出区队标准作业“流程应用之星”（不少于一名），区队工资奖励300元/月。

（三）矿井评

每月由生产办组织对区队流程推广应用进行评比考核，对推广应用较好的区队进行绩效奖励，对流程推广应用滞后的区队进行处罚通报，并评选矿“流程应用之星”，奖励300～500元。

四、“一修订”管理法（标准作业流程修订、新增、补充、完善）

每年组织一次流程修订、增补、完善工作，抽调矿机关、区队技术骨干和各岗位技术能手，对已有流程不符合项目进行修订、完善，对各工种缺少的流程进行重新编写，同时对各流程匹配对应危险源、不安全行为、安全措施、事故案例，做到流程应用符合现场实际，流程与安全管理相结合，彻底解决流程与危险源等“两张皮”现场，实现流程与安全管理紧密结合。

案例三：寸草塔二矿班组建设“6+1”管理模式

2017年开始寸草塔二矿班组建设实行“6+1”管理模式（图11－11），即借助1个班组建设管理平台，推行2种理念即精益化管理理念、风险预控体系管理理念，应用好2

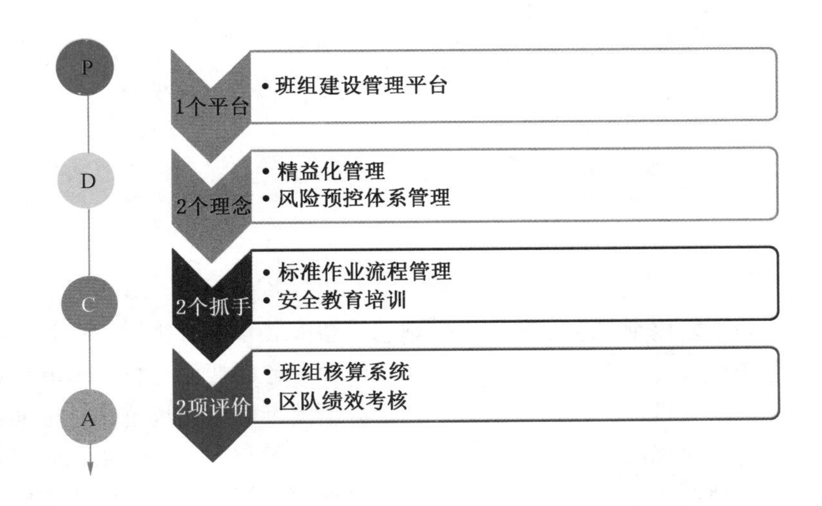

图11－11　寸草塔二矿班组建设“6+1”管理模式

个抓手即标准作业流程管理、安全教育培训，通过2项评价检验考核效果即班组核算系统、区队绩效考核。

将标准作业流程与班组建设进行有效融合后，可以使大部分工作程序、核算方法等更加科学合理。经过融合，实现了数据资源共享，不但提高了机关管理人员的效率，也减少了基层员工的内业负担。经过“6+1”管理模式，充分利用培训、班组核算、员工绩效考核等方式，提高了员工的工作积极性，真正使班组建设的各项工作落到实处，达到矿井安全生产、经营管理全面提升的目标。

2018年寸草塔二矿实行“1757”班组建设管理模式（图11-12），即1个平台、7大支柱、5型班组、7自管理，平台为班组建设平台，7大支柱分别为党建引领、标准作业流程、风险预控管理、安全教育培训、精益化管理、班组核算、绩效考核，5型班组分别为和谐型、创新型、安全型、学习型、节约型，通过5型班组建设和7大支柱的作用，形成班组自省、自律、自强，员工自律、自动、自发。

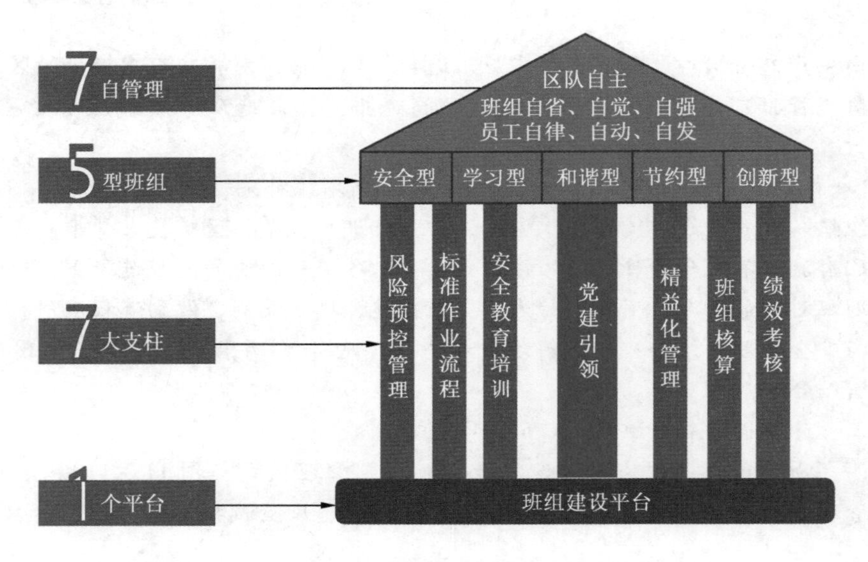

图11-12　寸草塔二矿“1757”班组建设管理模式

第六节　流程与智能化建设融合

一、融合背景

智能化建设是智能控制方法、智能管理理念和智能装备的有机结合，其本质就是通过数据的采集、存储和分析实现数据可视化，实现管理业务的智能分析和智能决策。而这个过程的基础就是数据采集，要根据需求分析保证数据的准确性、规范化、标准化，而煤矿标准作业流程涵盖作业规范、安全风险信息、关键技术参数，是标准化和规范化的数据来源。同时，煤矿标准作业流程也是部分智能化项目的前提和基础。智能化建设是对部分业务管理水平的提升，是业务管理智能化的体现，部分智能化建设也是在原有的业务基础上进行了智能化改造而形成的，而煤矿标准作业流程的发展也要不断适应智能化建设的需要，使之更加完善，适用性和操作性更强。

二、融合目的

煤矿岗位标准作业流程拥有流程化的规范操作步骤，具有针对性的安全风险提示和评估，为智能化建设中的工业数据采集、视频识别和监测技术、标准检修的实现提供了最基本的依据。为了提高智能化建设质量，使智能化体系更加完整，必须引用煤矿标准作业流程的部分规范和基础数据，而这也为煤矿岗位标准作业流程建设提出了更高的要求，也将促进煤矿岗位标准作业流程向智能化方向发展，在智能化建设方面进行改进和提升。

三、融合原理和方法

在智能化建设过程中，涉及基础操作规范、安全风险提示等内容，都需要以煤矿岗位标准作业流程为标准，并引用煤矿岗位标准作业流程的标准文件，依据煤矿标准数据库以保证智能化建设数据来源的权威性和实时性。在实施过程中出现的涉及标准化操作及相应规范，但是没有流程可以引用，这就需要编制相应的流程进行补充，适应智能化建设的需要，同时，智能化改造后的操作规范也将按照流程内容和审批要求引入流程库，这就实现了两者的有机融合。下面，将举例进行具体说明。

(一) 煤矿标准作业流程为智能化建设提供基础数据支持

数据采集和存储是智能化建设的基础工作，数据采集质量直接关系到系统数据处理能力和数据分析结果是否正确，是智能化建设最基础、最重要的工作。涉及的数据范围包括以下几个方面：标准检修工单、安全报警值、安全操作规范、设备信息命名规范、设备点检标准及报警阈值设置标准、工控数据命名规范、巡检标准。流程与大数据系统的关系如图 11－13 所示。

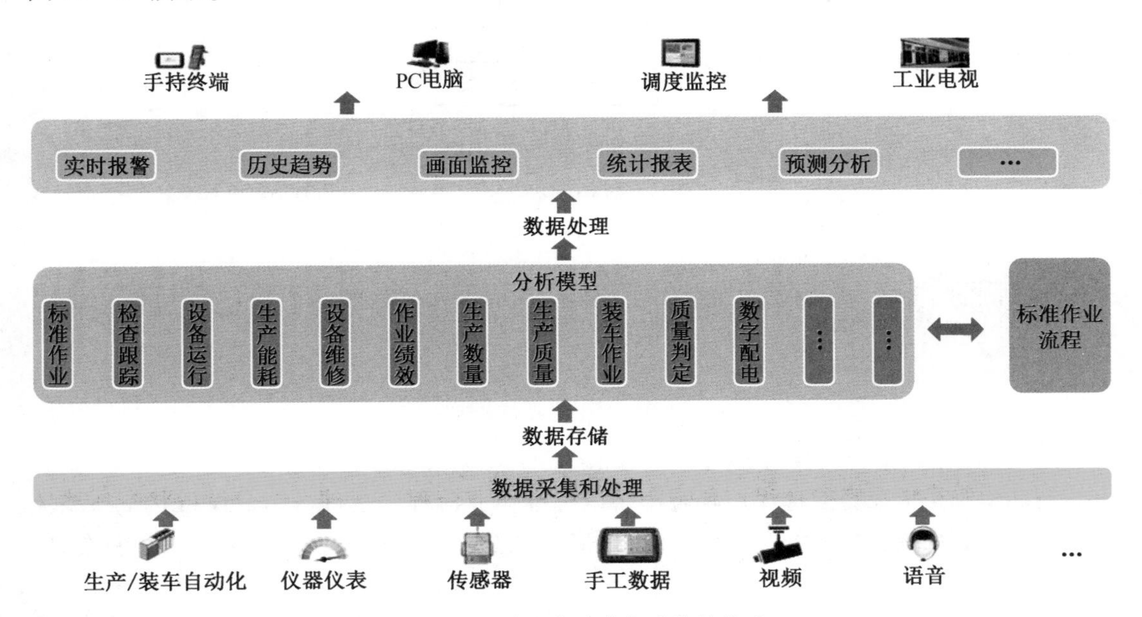

图 11－13　流程与大数据系统的关系

从这些基础数据出发，提取关键数据作为报警阈值、过程参数和目标参数。这样既能保证指导现场的操作，也能反映现场作业的实际情况，又能保证智能化建设为生产运营服务的目的，所以，智能化项目通过煤矿岗位标准作业流程有效掌握了规范性的生产实际操作情况，也有了基础数据来源。

在工业数据分析模型 PCS/MES/ERP 三层数据信息架构网络中，PCS 作为数据采集和控制层，是整个构架的基础，数据采集工作所用到的安全操作规范、巡检标准、标准作业工单、仪器仪表、传感器等是数据采集工作的基础。而标准作业流程既是直接体现标准工单、规范操作和巡检标准的内容，也是实现仪器仪表和传感器安装、维护作业的依据。MES 制造执行系统的数据分析模型中，标准作业流程为分析模型数据分析提供最基础的操作程序和表单；精准生产测算系统、智能分选、设备状态在线监测、自动装车等都以标准作业流程的基本作业步骤为依据。所以，标准作业流程的应用和发展为智能化数据分析提供最底层的技术支持，助力智能化建设向标准化和规范化方向发展。

流程提供的数据支持和标准化建设思路在智能化建设中起到了关键性和基础性的作用，推动了洗选中心对 11 个选煤厂建设标准的统一，为洗选中心智能化建设在行业推广提供了巨大便利。

（二）煤矿标准作业流程是智能精准检修的基础

神东煤炭集团洗选中心各选煤厂每年超过 8 h 的大型检修项目 1600 多项，是生产系统正常运转的基础保障。检修活动不仅安全风险较高，而且检修质量关系着生产运营成本和生产任务能否实现，所以，实现精准检修对选煤厂的生产运营意义重大。智能选煤厂精准检修如图 11－14 所示。

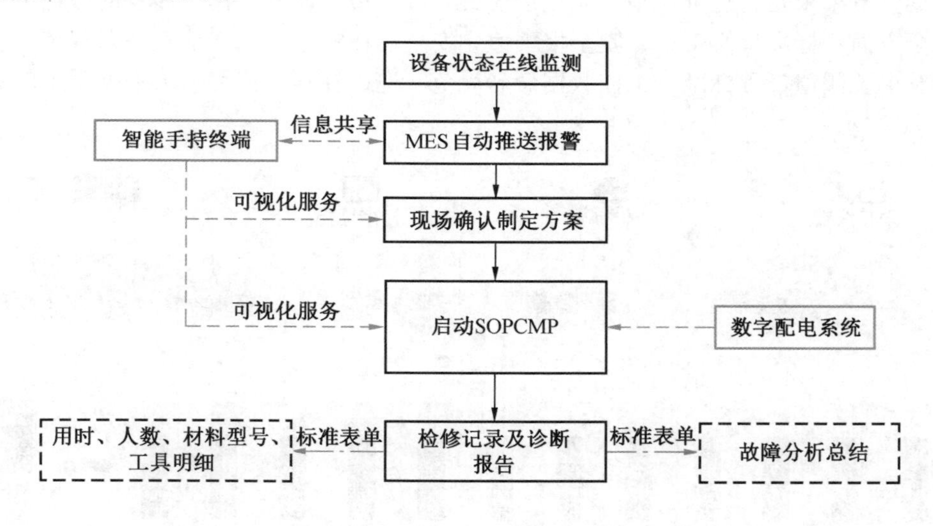

图 11－14　智能选煤厂精准检修

精准检修是指在智能选煤厂环境下，以标准作业流程为基础，结合设备状态在线监测、数字配电系统、智能手持终端等智能系统和设备，形成的适合智能选煤厂运行模式的检修方式。

煤矿岗位标准作业流程涵盖了生产系统内的各种检修、巡检活动，是作业过程的细化，是一种科学的、流程化的标准。这些标准具有通用性，不仅为岗位人员提供作业指导，还是实现自动化、无人化操作的基本依据。洗选中心在推进智能选煤厂建设过程中，实现了区域巡视向无人值守转变；调度集中控制向移动控制转变；人工数据采集向系统自动采集转变；运行状态由经验分析向大数据智能分析转变。这4个转变的基础都是以人力操作的基本作业顺序为依据，经过标准作业流程的指导，结合建设实际而形成的。

标准作业流程在精准检修的实现过程中，是最基础、最核心的部分，是流程在选煤厂生产过程中落地的具体体现。选煤厂精准检修从选煤厂设备状态在线监测系统监测到越限报警开始，精准定位生产系统内的设备故障点，检修人员到现场确认后制定维修方案。具体的维修过程以标准作业流程为依据，按照流程要求的步骤和风险提示进行作业。在作业的过程中，利用智能化手持终端进行相关的停送电操作、工单填写及远程可视化服务，实现专家远程指导。

同时，智能选煤厂MES系统在后台会记录相关的操作内容，智能数字配电记录整个停送电动作，智能选煤厂数字配电如图11－15所示。而整个维修工作是以标准作业流程来执行的，目的是最终要完成检修任务。在这个过程中，对流程的细化也不断提出新的要求，要求安全风险提示更加具有针对性，要求技术参数可作为相关数据分析的基本参数。因此，执行流程的细化随着智能系统和设备的升级改造需要不断进行丰富和完善，以提升形成智能化建设各个项目的标准化水平。

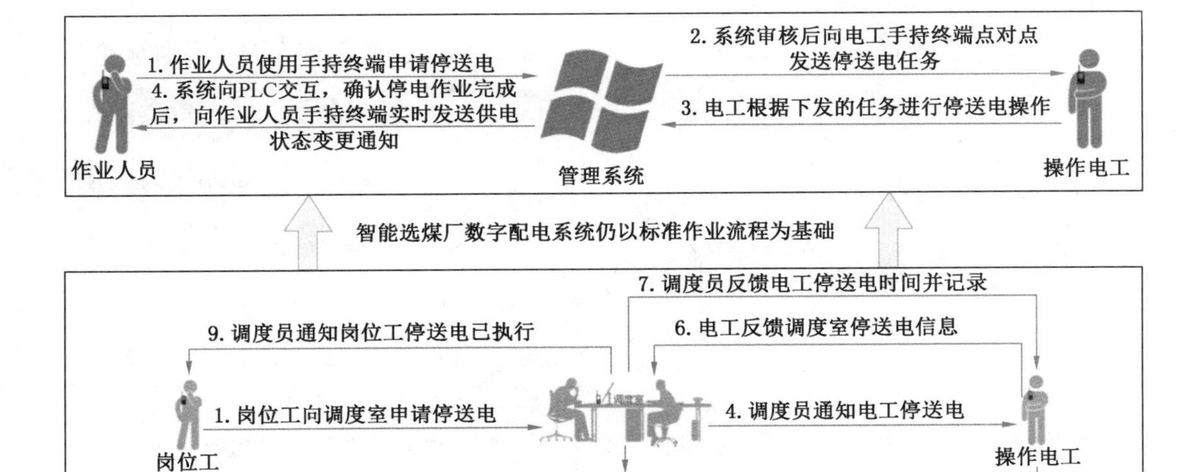

图11－15　智能选煤厂数字配电

以煤矿岗位标准作业流程为核心的精准检修会逐渐促进检修活动的标准化管理，同时，逐渐形成人力、材料、工具和方法的标准使用依据，给企业的精益化管理带来巨大的附加效益。

四、融合案例

案例一：锦界煤矿依托流程工艺优化，助力智慧矿山建设

锦界煤矿依托标准流程的合理规范应用，实现了规模化、集约化安全高效生产，淘汰了落后的采煤工艺，引进了新技术、新设备、新工艺，综采工作面煤机自动化割煤，支架跟机自动拉架、自动推溜，多岗合一，大幅度提高了装备水平和生产能力，自动化生产得到初步实现，为最终形成无人工作面可视化智能生产奠定了基础。

智能矿山（锦界）示范工程项目主要包括综合智能一体化生产控制系统项目、综合智能一体化生产执行系统项目、自动化子系统升级改造项目、井上下IT基础设施建设项目4部分。

锦界煤矿智能矿山总体规划如图11－16所示。

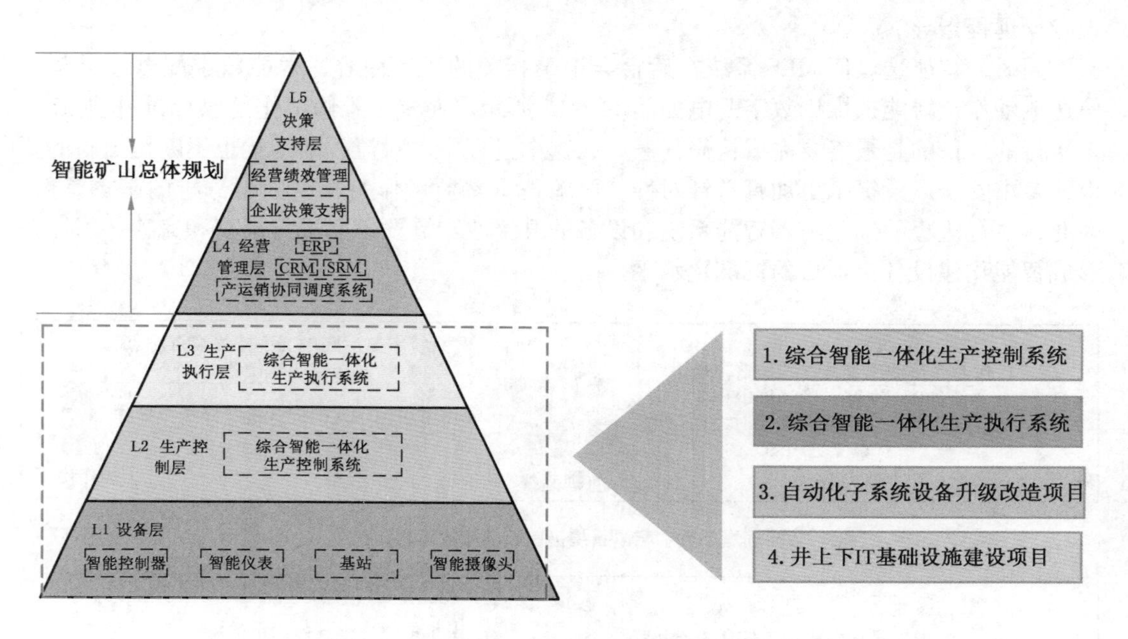

图11－16　锦界煤矿智能矿山总体规划

实践证明，锦界煤矿坚持推广标准流程的实践应用，积累了大量的实用性标准作业数据，为本矿的安全高效技改提供了数据库支持。现今，锦界煤矿实现了持续提升矿井综合生产能力的目标，走上了良性发展、安全发展的循环发展之路，产生了较好的经济效应和社会效应，经营步入良性循环。标准流程的持续推广优化应用是现代煤矿建设的基础，更是锦界煤矿推行数字化矿井的立足之本。锦界煤矿数字矿山整体建设情况如图11－17所示。

同时锦界煤矿从实际出发，紧紧依托流程工艺，发挥资源优势，利用先进设备，依靠科技进步，优化采掘布局，坚持把科技进步和智能化矿山建设作为推动矿区健康、持续、快速发展的首要战略任务，集中力量推行综采自动化、智能化割煤，规避人海战术，减员提效。依托标准流程工艺，充实自动化割煤流程数据库，发展锦界煤矿智能开采工作面。锦界煤矿自动化割煤工作面如图11－18所示。

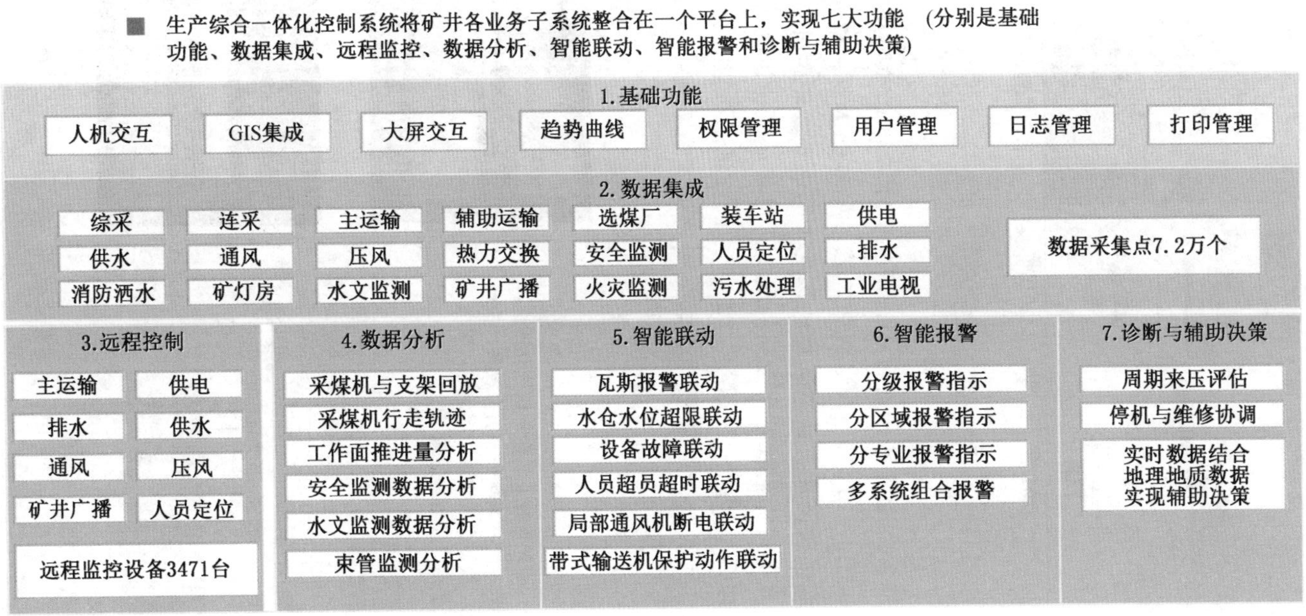

■ 生产综合一体化控制系统将矿井各业务子系统整合在一个平台上，实现七大功能（分别是基础功能、数据集成、远程监控、数据分析、智能联动、智能报警和诊断与辅助决策)

1.基础功能

人机交互　GIS集成　大屏交互　趋势曲线　权限管理　用户管理　日志管理　打印管理

2.数据集成

综采　连采　主运输　辅助运输　选煤厂　装车站　供电

供水　通风　压风　热力交换　安全监测　人员定位　排水

消防洒水　矿灯房　水文监测　矿井广播　火灾监测　污水处理　工业电视

数据采集点7.2万个

3.远程控制

主运输　供电

排水　供水

通风　压风

矿井广播　人员定位

远程监控设备3471台

4.数据分析

采煤机与支架回放

采煤机行走轨迹

工作面推进量分析

安全监测数据分析

水文监测数据分析

束管监测分析

5.智能联动

瓦斯报警联动

水仓水位超限联动

设备故障联动

人员超员超时联动

局部通风机断电联动

带式输送机保护动作联动

6.智能报警

分级报警指示

分区域报警指示

分专业报警指示

多系统组合报警

7.诊断与辅助决策

周期来压评估

停机与维修协调

实时数据结合地理地质数据实现辅助决策

图11-17　锦界煤矿数字矿山整体建设情况

■ 锦界煤矿积极探索自动化开采工艺，通过引进进口自动化割煤技术，与国内相关厂家合作、消化、吸收，研发出了具有自主知识产权的智能自适应控制综采自动化割煤技术

图 11－18 锦界煤矿自动化割煤工作面

依托流程优化完善，革新改造数据传输方式，研发“十二”工步割煤工艺，实现稳定系统下的全采煤自动化工艺。“十二”工步割煤工艺，即第一工步：机头到机尾区间，根据记忆采高挖底调整左右滚筒高度；第二工步：机尾极限位置，停牵引、滚筒换向、自动返刀，反向牵引；第三工步：机尾极限位置到机尾三角煤折返点，煤机进煤窝，根据设定高度值调整前滚筒（左滚筒）高度……第十二工步：机头极限位置，停牵引、滚筒换向、自动返刀，反向牵引。主要创新成果及“十二”步割煤工艺如图 11－19、图 11－20 所示。

■ 工作面采煤机、三机、泵站电控系统全部国产化改造，统一了接口标准化协议，一套系统控制所有设备，控制系统实现了扁平化，数据交互实现了零延迟；采煤机、泵站等设备信息采用无线数据传输

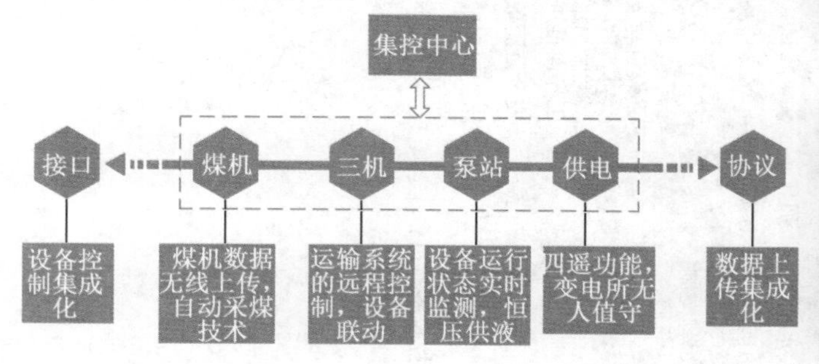

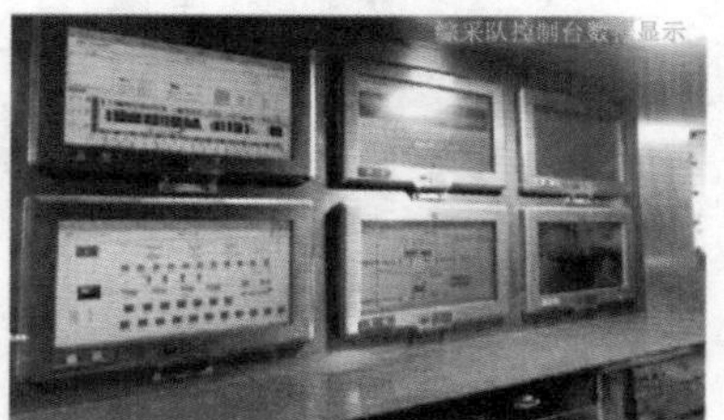

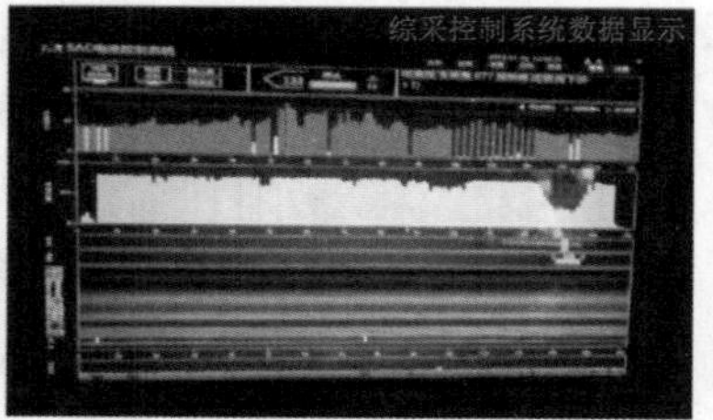

图 11－19 主要创新成果

在锦界煤矿智能化开采的建设发展中，以标准流程数据为基础，以开采环境数字化、采掘装备智能化、生产过程遥控化、信息传输网络化和经营管理信息化为特质，以实现安全、高效、经济、环保为目标的采矿工艺过程，为建设世界一流煤矿奠定了坚实的基础。

■ 研发“十二”工步割煤工艺，实现全采煤自动化

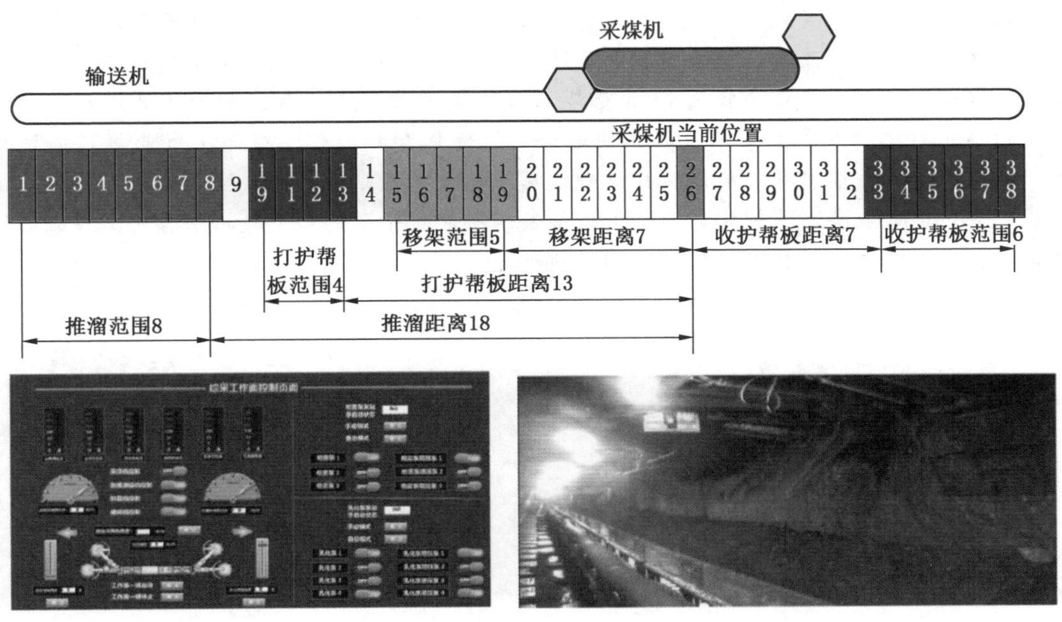

图 11－20　“十二”步割煤工艺

案例二：洗选中心煤矿岗位标准作业助力智能化选煤厂建设

智能选煤厂框架模型如图 11－21 所示。

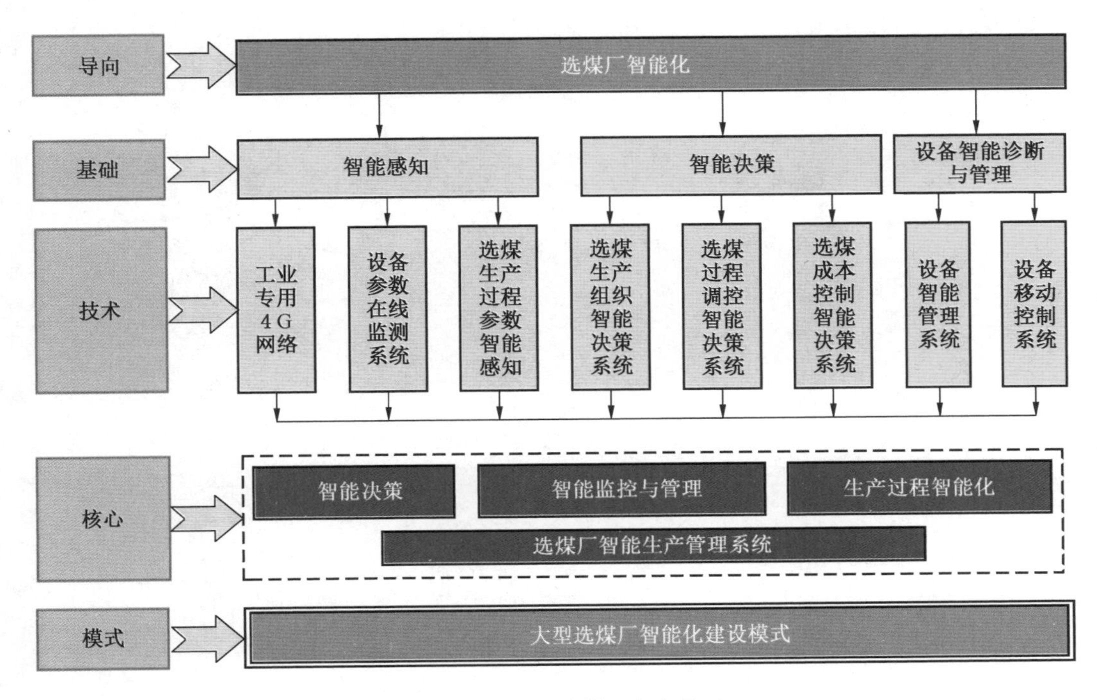

图 11－21　智能选煤厂框架模型

智能选煤厂的实质是以智能为实现手段的安全、规范、高效的业务管理体系。主要建设成果是生产系统运行效率的提高，降低了生产现场用人数量，降低了工人劳动强度，工人职业健康状态得到改善，设备维护和故障诊断效率得到极大提高。智能化选煤厂的建设发挥了洗选中心对神东煤炭集团11个选煤厂集中高效管理的优势，加强了选煤厂运营数据间的横向对比，促进了业务板块间的融合、规范化和标准化，提高了行业推广的适用性。而煤矿标准作业流程在智能化建设中发挥了极大的基础性作用，主要体现在作业规范的引用，对部分业务流程规定的引用，对涉及的智能化子项目和大数据平台所需基础数据的采集，以及对流程的标准化操作步骤的执行。

第五篇　规　　划　　篇

第十二章　助力世界一流矿井建设

党的十九大提出了建设世界一流企业的重要战略，煤炭行业通过建设世界一流煤矿实现对国家战略的贯彻与落实。什么是世界一流煤矿？世界一流煤矿具有哪些特征？怎样建设世界一流煤矿？这是煤炭行业首先需要回答的3个问题。本章梳理和总结了建设世界一流煤矿的相关政策，通过现状分析指出了建设世界一流煤矿的影响因素，最后论述了煤矿岗位标准作业流程在建设世界一流煤矿中发挥的重要作用，为煤炭行业创建世界一流矿井提供了借鉴。

第一节　政　策　导　向

一、政策梳理

（一）国家层面

2017年，党的十九大报告提出要“推进能源生产和消费革命，构建清洁低碳、安全高效的能源体系”。面对新时代、新形势、新要求，煤炭行业坚持以推动供给侧结构性改革为主线，贯彻新发展理念，以提高质量和效益为目标，以煤炭安全绿色智能化开采和清洁高效低碳集约化利用为重点，建立健全绿色低碳循环发展的经济体系，壮大清洁生产产业、清洁能源产业，促进煤炭行业高质量发展。

十九大报告同时指出要“深化国有企业改革，发展混合所有制经济，培育具有全球竞争力的世界一流企业”。中央关于深化国有企业改革的重要指导意见也明确提出“加强和改进党对国有企业的领导，做强做优做大国有企业”“培育一大批具有创新能力和国际竞争力的国有骨干企业”。从“培育具有国际竞争力的国有骨干企业”到“培育具有全球竞争力的世界一流企业”的中央政策中可以看出，培育具有全球竞争力的世界一流企业是国有企业深化改革的最终标准和目标。

2019年1月，包括国家能源集团在内的10家央企被国务院国资委选为示范企业，要求力争用3年左右的时间建设“三个领军”“三个领先”“三个典范”的世界一流企业。“三个领军”就是要成为在国际资源配置中占主导地位的领军企业，成为引领全球行业技术发展的领军企业，成为在全球产业发展中具有话语权和影响力的领军企业；“三个领先”就是要在全要素生产率和劳动生产率等方面领先，在净资产收益率、资本保值增值率等关键绩效指标上领先，在提供的产品和服务品质上领先；“三个典范”就是要成为践行绿色发展理念的典范，成为履行社会责任的典范，成为全球知名品牌形象的典范。

（二）行业层面

2018年10月，自然资源部出台的《煤炭行业绿色矿山建设规范》正式实施。这是目前发布的第一个国家级绿色矿山建设行业标准，将全面推进绿色矿山建设工作，为推进世界一流矿井建设提供了重要的政策支持。要求企业积极践行中国特色社会主义核心价值观、新发展理念，采用信息技术、网络技术、控制技术、智能技术，加大“互联网+”、大数据、物联网、移动互联技术在煤炭行业的应用，实现煤矿企业生产、经营决策、安全生产管理和设备控制的信息化，确保管理体系有效运行。这有利于全面建成安全绿色、高效智能矿山技术体系，实现煤炭安全绿色、高效智能生产。

2018年5月，《智慧矿山信息系统通用技术规范》（GB/T 34679—2017）（以下简称《技术规范》）正式开始实施。该《技术规范》是我国第一部以“智慧矿山”命名的标准规范，在一定程度上意味着智慧矿山建设开始以国家标准的形式落地推广。另外，产业趋势变换的影响是综合性的，煤炭企业必然要适应从偏硬（硬件）向偏软（软件）的过渡，从传统采矿技术向机电化、信息化过渡。

（三）企业层面

1. 国家能源集团

2019年7月29日，为深入贯彻落实习近平新时代中国特色社会主义思想和“四个革命、一个合作”能源安全新战略，增强机遇意识、发展意识、忧患意识和改革意识，牢牢把握集团公司在新时代的新责任、能源革命的新趋势、市场竞争的新态势、企业高质量发展的新定位，国家能源集团召开2019年年中工作会议，确立“一个目标、三型五化、七个一流”企业总体发展战略。一个目标是指建设具有全球竞争力的世界一流能源集团；三型五化是指打造创新型、引领型、价值型企业，推进清洁化、一体化、精细化、智慧化、国际化发展；七个一流是指实现安全一流、质量一流、效益一流、技术一流、人才一流、品牌一流和党建一流。

国家能源集团发展战略把建设具有全球竞争力的世界一流能源集团作为“一个目标”，是习近平总书记“培育具有全球竞争力的世界一流企业”和十九届四中全会“增强国有经济竞争力、创新力、控制力、影响力、抗风险能力”重要部署在集团的具体实践，高度契合了国务院国资委“三个三”的核心内涵，体现了集团践行新发展理念、建设现代化经济体系、服务“四个革命、一个合作”能源安全新战略、保障国家能源安全的责任使命，展示了集团追求世界一流、实现高质量发展的信心、决心。

打造三型企业，建立一套较为科学的世界一流能源企业评价指标体系，形成一套创建世界一流示范企业的做法经验，为更多中国企业建设世界一流企业提供示范。创新型：创新是引领发展的第一动力，是企业的灵魂。持续强化创新发展理念，着力实施创新驱动发展战略，不断推进科技创新、管理创新、改革创新等全方位创新，让创新贯穿始终，让创新蔚然成风。引领型：引领是企业的使命和追求。坚持党建引领、战略引领、行业引领，使集团真正成为“六种力量”的忠实践行者，成为具备全球竞争力的“国之重器”，成为保障能源供应、维护国家能源安全的“稳定器”和“压舱石”。价值型：价值增长驱动企业远航。坚持价值导向，强化价值创造，提升价值能力，服务人员、奉献社会、服务客户、服务员工，做强做大做优国有资本，与人民群众对美好生活的向往同向共进，与实现“两个一百年”奋斗目标同频共振。

推进五化发展世界一流企业，必须具备一流的运营能力和水平，要牢牢把握全球能源发展方向，扬长处、补短板、强弱项，实现集团运营水平持续升级。清洁化是能源革命的必然趋势。深入贯彻绿色发展理念，以技术创新为先导，以资源节约为目标，以高效利用为根本，推动化石能源清洁化和清洁能源规模化，助力打好污染防治攻坚战和蓝天碧水净土保卫战。一体化是国家能源集团的独特优势。牢固树立“一盘棋”理念，加强产业协调、市场协同、统筹平衡，以集团整体效益最大化为原则，巩固煤电路港航油一体化、产运销一条龙核心竞争力，增强发展的整体性、协调性。精细化管理是企业赢得竞争的必然选择。要对标国标先进，瞄准世界一流，弘扬工匠精神，在发展建设经营等全领域、全过程推行规范化、标准化和精细化管理，精益求精，提高质量效益。以信息技术的发展融合为驱动力，加快数字化开发、网络化协同、智能化应用，建设智慧企业，重构核心竞争力，实现数据驱动管理、人机交互协同、全要素生产率持续提升。国际化是建设世界一流企业的应有之义。统筹国内国际两个大局，用好国际国内两个市场、两种资源，坚持共商共建共享，推动“一带一路”建设走深走实，提升国际化经营水平，增强全球能源行业的话语权和影响力。

实现七个一流世界一流企业，必须具备一流的管理品质，要抓住管理品级跃升的核心要素，全面提升管理品质，实现高质量发展。安全一流：安全第一、预防为主、综合治理。凡事有章可循、凡事有人负责、凡事有据可查、凡事有人监督，装备先进、理念先进、管理模式先进，努力实现本质安全、零死亡、少事故。质量一流：百年大计、质量第一。以客户满意为标准，精益求精，追求卓越，提供好的产品质量、工程质量、工作质量、服务质量，提高全要素生产率，推动高质量发展。效益一流：做强主业、转型升级，持续调整结构、优化布局，瘦身健体，降本增效，推动国有资本功能有效发挥，资源配置更趋合理，拥有较高的经济效益和社会效益。技术一流：煤炭、发电、运输、煤化工行业引领全球技术发展，拥有众多行业标准和发明专利，技术发展布局领先，具有现代化的科技创新体系。人才一流：人才是第一资源。聚天下英才而用之，建设知识型、技能型、创新型劳动大军，创新活力竞相迸发，工匠精神、劳模精神、企业家精神蔚然成风。品牌一流：在践行社会主义核心价值观方面走在时代前列，坚持以创新为魂、质量为本、诚信为根，打造具有全球影响力的靓丽名片。党建一流：树立“迈向高质量、建设双一流”的工作导向，以更高标准、更严要求、更实举措推动党的建设，发挥各级党组织和党员的先锋模范作用，以一流党建引领一流企业建设。

国家能源集团发展战略的确立，是改革发展新阶段的战略抉择，国家能源集团将不忘初心、牢记使命、凝心聚力、继往开来，追求世界一流，实现高质量发展，为实现中华民族伟大复兴中国梦做出更大贡献。

2. 神东煤炭集团

为深入贯彻党中央关于培育具有全球竞争力的世界一流企业的战略部署和能源“四个革命、一个合作”的战略，按照国务院国资委《关于印发中央企业创建世界一流示范企业名单的通知》（国资发改革〔2018〕130号）、《国家能源集团创建世界一流示范企业推进方案》（国家能源党〔2019〕180号）和《煤炭板块创建世界一流示范企业专项推进方案》（综合发煤炭〔2020〕18号）要求，落实集团“一个目标、三型五化、七个一流”发展战略，为努力做好创建世界一流示范煤炭生产企业，提出以下建设内容。

创建世界一流示范企业的基本思路：全面贯彻习近平新时代中国特色社会主义思想和党的十九大精神，深入落实新发展理念、高质量发展和国资国企改革的要求，积极服务“四个革命、一个合作”能源安全新战略，落实集团“一个目标、三型五化、七个一流”

战略，加快建成世界一流示范煤炭生产企业，为集团建成具有全球竞争力的世界一流能源集团做出更大贡献。

创建世界一流示范煤炭生产企业要立足国资委提出的“三个领军”“三个领先”“三个典范”（具有全球竞争力的世界一流企业，是要能够在全球范围内的竞争中主导资源配置、拥有自主创新能力、引领行业技术和商业模式发展、实现价值创造和社会责任效益的优秀企业、标杆企业，甚至是领袖级企业，以下简称“三个三”）的基本要求，践行“社会主义是干出来的”伟大号召，坚持党对国有企业的领导，坚持建立现代企业制度是国有企业改革的方向，推动中国特色现代国有企业治理体系和治理能力现代化；以创新型、引领型、价值型为导向，以清洁化、一体化、精细化、智慧化、国际化为路径，以一流的安全、质量、效益、技术、人才、品牌和党建为标准，构建符合神东煤炭集团实际的一流指标体系；着力找差距、补短板、强弱项、扬长处，不断优化企业管控模式和管控体系，实现公司高质量发展。

创建世界一流示范企业的主要目标：到2021年，在创建世界一流示范煤炭生产企业方面取得一批标志性成果，公司初步建成世界一流示范煤炭生产企业。建立一套较为科学的创建世界一流示范煤炭生产企业评价指标体系，形成一套创建世界一流示范煤炭生产企业的做法经验。

建设创新型企业。从全球行业领军技术研发与应用、智慧化矿山建设、智能洗选厂建设、改革与管理创新、一流人才建设等方面创建，主要包括：煤炭生产和加工先进适用技术创新和应用能力显著增强，拥有世界一流水平的技术和产品不少于1项（神东煤炭集团千万吨矿井群核心技术），建成智能矿山示范工程不少于3个（补连塔煤矿、锦界煤矿、上湾煤矿），智能选煤厂10个（大柳塔选煤厂、布尔台选煤厂、补连塔选煤厂、榆家梁选煤厂、保德选煤厂、锦界选煤厂、上湾选煤厂、哈拉沟选煤厂、石圪台选煤厂、乌兰木伦选煤厂）；采煤智能化工作面17个；智能掘进成套装备2套（掘锚一体机快速掘进成套装备技术研究、煤巷快速掘进成套装备技术研究）；矿用10类机器人；稳步推进国有企业改革，更好地发挥党组（党委）领导作用，深入开展三项制度改革，完善法人治理结构，加强亏损企业的治理。实现人才队伍结构合理、充满活力，管理效能明显提升，专业化管理优势得到更好的发挥，全员劳动生产率不低于74万元/(人·a)。

建设引领型企业。从党的建设、发展战略、国内资源配置、话语权和影响力、品牌形象等方面创建，主要包括：以一流党建引领一流企业建设；公司发展战略契合“四个革命、一个合作”能源安全新战略和全球能源发展趋势；建成世界一流示范矿井不少于8家（集团要求大柳塔煤矿、补连塔煤矿、布尔台煤矿、哈拉沟煤矿、上湾煤矿、榆家梁煤矿、石圪台煤矿及锦界煤矿8个矿井，建议13个矿井全部开展创建工作）；拥有世界一流知名品牌不少于1项（神东煤炭集团）。

建设价值型企业。从运营效率领先、经济效益领先、清洁化发展、履行社会责任典范等方面创建，主要包括：实现集团公司考核A级，国有资本保值增值率不低于115%；实现营业收入超过639亿元，利润总额超过249亿元，经济增加值（EVA）超过140亿元；建成国家级绿色矿山不少于10处（大柳塔煤矿、补连塔煤矿、布尔台煤矿、哈拉沟煤矿、上湾煤矿、榆家梁煤矿、石圪台煤矿、乌兰木伦煤矿、保德煤矿、寸草塔二矿、柳塔煤矿、寸草塔煤矿、锦界煤矿），污染物排放控制水平达到世界一流水平。

十九大以来煤炭行业重要政策见表12-1。

表12-1 十九大以来煤炭行业重要政策

序号	政策名称	发布单位	实施/出台时间
1	《安全高效现代化矿井技术规范》(MT/T 1167—2019)	国家煤矿安全监察局	2019年7月1日
2	《关于中央企业创建世界一流示范企业有关事项的通知》	国务院国资委	2019年1月
3	《煤矿机器人重点研发目录》	国家煤矿安全监察局	2019年1月11日
4	《清洁能源消纳行动计划（2018—2020年)》	国家发展和改革委员会、国家能源局	2018年10月30日
5	《煤炭行业绿色矿山建设规范》(DZ/T 0315—2018)	自然资源部	2018年10月1日
6	《2018年各省（区、市）煤电超低排放和节能改造目标任务》	国家能源局、生态环境部	2018年8月19日
7	《智慧矿山信息系统通用技术规范》(GB/T 34679—2017)	国家质量监督检验检疫总局、国家标准化管理委员会	2018年5月1日
8	《关于进一步推进煤炭企业兼并重组转型升级的意见》	国家发展和改革委员会	2018年1月5日
9	《2018年能源工作指导意见》	国家能源局	2018年2月26日

二、趋势分析

建设世界一流企业是从集团层面提出的综合性发展目标，从目前的煤炭企业发展趋势来看，其产业链由最前端的煤炭资源开采和加工不断向下游拓展，业务板块也由单一的煤炭开采向火力发电、铁路运输、煤化工、新能源、港口等多元化发展，因此建设世界一流企业在某一具体板块就有不同的内涵和战略发展方向。而对于大多数煤炭企业来说，煤炭开采依然是其支柱产业，具体到煤炭板块，要实现建设一流企业的目标，就要先建设世界一流煤矿。从近年来国家出台的相关政策来看，本质安全、智慧矿山、科技创新、绿色开采、清洁生产、生态文明等相关发展方向是煤炭行业贯彻落实国家大政方针的具体路径，也给煤炭企业建设世界一流矿井、实现转型升级和高质量发展指明了方向。

（1）本质安全。本质安全的目的是在有安全隐患的环境条件下能够依靠内部系统和组织保证长效安全生产。通过企业生产流程中人、物、系统、制度等诸要素的安全可靠和谐统一，各种危害因素始终处于受控制状态，进而逐步趋近本质型、恒久型安全目标。本质安全是一种主动型安全理念，强调人的本质安全和风险预控，是煤矿进一步提高安全生产水平的有效途径。

（2）智慧矿山。智慧矿山建设趋势，必然服从于世界能源科技的发展趋势，也服从于我国能源结构升级调整的需要。这将有力促进我国智慧矿山信息化建设工作，未来特殊作业机器人制造行业和矿山机械制造等行业也将会进一步获国家战略性新兴产业的支持，推动智慧矿山信息化、标准化系统运行。

（3）科技创新。实现煤炭产业的高质量发展离不开强有力的科技支撑，相关部门会继续出台优惠政策保障新技术、新工艺、新装备和新技术的研发，指引煤炭科技创新发展，带动技术升级，以科技创新引领煤矿向高质量方向发展。

（4）绿色开采。推动煤炭安全高效绿色开发生产，鼓励煤矿绿色开采、保水开采、充填开采等技术发展，最大限度地减少煤炭开采对环境的影响，助力煤矿建立煤炭清洁高效集约化发展，保障煤炭由传统能源向清洁能源的战略转型。根据十九大报告关于推进绿色发展的论述，可以明确国家将继续加快建立绿色生产和消费的法律制度和政策导向，建立健全绿色低碳循环发展的经济体系。继续鼓励发展绿色金融，建设绿色技术创新体系。

（5）清洁生产。清洁生产是对生产过程与产品采取整体预防的环境策略，减少或者消除它们对人类及环境的可能危害，同时充分满足人类需要，是社会经济效益最大化的一种生产模式。煤矿清洁生产强调减少污染，降低能耗，是未来发展的大势所趋。

（6）生态文明。我国向来重视环保工作和清洁能源发展，总书记特别强调要向对待生命一样呵护环境，因此世界一流煤矿建设的政策扶持将坚持节约资源和保护环境的基本国策和绿色发展理念，从鼓励积极发展清洁能源的角度支持煤矿建设。

第二节　建设世界一流煤矿的影响因素

一、现状分析

（一）世界一流企业

1. 能源企业

在对大量的世界一流能源企业调研分析的基础上，总结归纳了几家典型的世界一流能源企业的特征，见表12－2。

表12－2　世界一流能源企业的特征

序号	企业名称	企业特征
1	法国道达尔公司	全球化的研发中心；标准化管理体系；部门优化整合；行之有效的发展战略；冒险精神
2	荷兰皇家壳牌集团	应变力强；研究开发力度大；发展大规模的项目；社会责任体系完善；社会责任与战略融合
3	美国瓦莱罗能源公司	卓有成效的资本运作；注重忠诚的销售策略；以人为本的企业文化；做大做强的发展战略
4	美国埃克森美孚公司	严谨的投资方针；行业领先的核心技术；追求完善的运营管理；多元化、全方位的人力资源战略
5	中国石油天然气公司	良好的信誉与品牌；出色的资本与融资战略；完整的一体化经营体系；丰富的国际化基础和经验；素质高且专业的技术力量

通过对世界一流能源企业案例的分析和归纳总结，可以发现这些企业之所以能在世界能源行业中保持领先地位，是因为大多数企业都具备下列特征。

（1）开展以核心能源产业为主体、进行多元化发展的经营形式。能源产业作为世界一流能源企业的核心竞争力，是其赖以生存的独占的竞争优势。因此，能源企业在开展以核心能源产业为主体、进行多元化发展经营时必须围绕其核心竞争力展开，凭借自身的优势，在相关领域扩展竞争优势。

（2）把握全球性开发的发展大方向。世界一流能源企业保持对全球市场的高度反应能力，全面了解全球化的大趋势及特点，这对于企业把握历史性大机遇，加快业务向世界各地扩展，实现资源、市场的全球化开发和优化配置具有重要的现实意义。

（3）加大对高新技术领域的投入，向高质量方向发展。世界一流能源企业要面向世界科技前沿、面向国家重大需求，坚持质量引领、深化改革，推进以科技创新为核心的全面创新，加快高新技术产业高质量发展，形成以创新为主要支撑和引领的发展模式。

（4）注重人才培养，加强人才战略实施。世界一流能源企业的经营活动总是面向最新的设备，最先进的工艺，使用最新的科技和设计成果。但这些设备的开发、使用都离不开高素质的员工、高科技的人才，为此在培训和教育方面，必须形成公司的战略。

（5）积极探索开发新能源和可再生清洁能源。化石燃料的大量利用破坏了生态环境，对人类的发展造成不良影响，而且化石能源日益枯竭和能源危机日益紧迫。因此，调整能源结构是当今世界一流能源企业不可避免的趋势。

（6）制定安全高效标准作业流程助力效率和生产力提升。安全是企业发展的灵魂，高效是企业发展的动力，标准是企业运作的准绳。在世界一流能源企业的建设中，制定安全高效标准作业流程不但能提高企业运行效率，而且能提升企业生产力。

2. 制造企业

制造业的发展是国民经济持续发展、繁荣的基础，以及国家安全的保障，是一个国家综合实力的象征，是在全球化竞争中赖以生存的资本和保障。随着国际社会的发展，一些世界一流制造业企业不断发展壮大，在其发展过程中也突显出一些企业特色。在对大量的世界一流制造业企业调研分析的基础上，总结归纳了几家典型的世界一流制造业企业的特征，见表12－3。

表12－3　世界一流制造业企业的特征

序号	企业名称	企业特征
1	日本丰田汽车公司	成功的市场营销策略；高超的化解危机能力；追求高品质；持续创新；重视人才培养
2	德国西门子股份公司	可持续性；勇担责任；敢于创新；服务社会、节能环保；追求卓越的业绩和运营成果
3	美国福特汽车公司	质量第一；客户为核心；持续改进；职工参与；注重企业形象
4	中国建筑股份有限公司	诚信、创新、超越、共赢理念；建筑与绿色共生，发展和生态协调；品质保障、价值创造
5	美国戴尔公司	信任；诚信；尊重；勇敢；负责

世界一流制造业企业通常具有如下特征：

（1）践行企业的社会责任和使命。立足于服务社会的宗旨，培养企业员工的社会责任意识，全面真实地展现企业公民形象，争做安全、节能、环保型企业。

（2）高度重视人才、走可持续发展道路。以人才发展为导向，吸引市场上最优秀的人才，并对这些人才进行全面技能培训，给他们提供发挥潜力的绝佳机会，从而使企业得以创造可持续的价值。

（3）敢于创新、创造价值。创新能力包括技术创新、商业模式创新和管理创新，是一流企业区别于一般企业的最重要标志。一是具有强大的技术研发能力。体现在拥有自主知识产权的核心技术，在国际标准的制订上具有话语权，成果转化率高。二是持续的管理创新，研究探索新的管理方法，持续改进内部管理，建立管理创新的常态机制、运行体系、创新成果的评价标准、成果推广应用方式方法。三是商业模式创新，提供全新的产品或服务、开创新的产业领域，或以前所未有的方式提供已有的产品或服务。

（4）以精益化管理来实现利益最大化。精益化管理源自于精益生产，是衍生自丰田生产方式的一种管理哲学。它能够通过提高顾客满意度、降低成本、提高质量、加快流程速度和改善资本投入，使价值实现最大化。

（5）具备优秀的企业文化。一流企业普遍具有富有自身特色、深入人心的优秀企业文化，具有健康发展的核心价值理念，能够与企业战略目标、发展规划、经营管理和员工发展深度契合，实现员工对企业发展和管理模式的高度认同，形成很强的凝聚力和执行力。

（6）加强工厂信息化、设备自动化革新。应用新一代通信技术（4G、5G、NB－IOT等），实现完整且实时可视，以支持智能制造的多阶段分析需求，要充分应用传感技术、协作机器人、数据采集、人机界面等。

3. 电信企业

电信业作为信息产业的一个重要组成部分，是全球的基础性与支柱性产业，对全球的发展有着不容忽视的作用。特别是随着科学技术的发展，电信企业的发展不仅关乎国家的安全、国民的生活，而且是一个国家科技和综合国力的象征。在对大量的世界一流电信企业调研分析的基础上，总结归纳了几家典型的世界一流电信企业的特征，见表12－4。

表12－4　世界一流电信企业的特征

序号	企业名称	企业特征
1	美国电话电报公司	敢于创新、致力于高端技术开发；加强一流企业间合作；营造内外环境，提高服务质量；大众融资，共御风险
2	华为公司	学习，创新，获益，团结的企业文化；重视科技研发；高效的流程管理；独立自主和敢于创造；尊重个性，集体奋斗
3	美国通用电气公司	本土化、国际化、多元化、人性化有机结合
4	苹果公司	对市场敏锐的洞察力；偏执于创新；追求人才的“精”和“简”；注重保密工作；注重消费市场，关注细节
5	微软公司	强调企业的社会责任感；客户至上；尊重每一个人；不断发展和创新；多层次平衡发展的企业战略

世界一流电信企业具有如下特征：

（1）市场融合、一体化。电信市场融合、一体化已成为全球电信业发展的趋势。世界一流电信企业通过各种形式的联盟来打造完整的价值链，重新整合各种电信资源。通过各种形式的联盟，电信企业可以实现优势互补，降低经营风险，增强自身的竞争实力，吸引全球范围的客户，扩大可供选择的市场范围。

（2）跨国合理性并购。世界一流电信企业全球范围内的并购理性推进，在充分考虑自身的发展需要、财务状况，以及管理能力的基础上，充分考察对方企业的资产、业务和财务等状况，选择合理适度的并购方式。

（3）注重品牌力量。电信企业面临的竞争越来越激烈，市场发展空间相对越来越小，利润空间被压缩。为了能应对竞争、融合的发展环境，品牌的重要性日益凸显，世界一流电信企业都非常注重品牌建设，品牌建设已成为运营商保障正确的信息传达到目标用户、改善企业销售、增加 ARPU、提高用户忠诚度的重要一环。

（4）大数据战略竞争。世界一流电信企业大部分在实施大数据战略。通过提高数据分析能力，试图打造全新的商业生态圈，实现从电信网络运营商到信息运营商的华丽转身，从曾经的“管道”到大数据的战略融合。

（5）标准化在企业中的应用。伴随着世界一流电信企业市场融合、一体化的发展，加上合理性的跨国并购和大数据的战略实施，要实现企业内部不同区域、不同国家、不同领域的人员进行高效融合运转，就必须制定统一的标准、固定的流程，让企业在全世界的管理、生产、经营、开发中有章可循，从而创造有影响力的品牌。

4. 世界一流企业特征分析

1）学者观点

美国《商业词典》认为“世界一流”是顶尖企业的前列，能够成为其他企业的标准和标杆。世界三大“质量奖”将领导力、战略规划、客户与市场等作为衡量一流企业的关键指标。美国《财富》杂志则主要从公司创新能力、产品服务质量、管理水平、社区与环境责任、吸引与留住人才、国际经营运作能力等方面对一流企业进行评价。还有一些学者和企业家如著名的管理专家吉姆·柯林斯、日本京都陶瓷创办人稻盛和夫等人则分别从组织特质、稳定的核心价值观、资源配置能力、影响力等不同角度对国际一流企业特质进行了阐述。目前，国内学者和机构对“世界一流”企业的描述见表 12－5。

表 12－5　国内学者和机构对“世界一流”企业的描述

序号	学者或机构	观　　点
1	国务院国资委研究中心　许保利	生产代表行业最高水平的产品；拥有生产同质产品的前沿技术；拥有很强的技术创新能力；企业必须是专业化的；企业具有明确的使命；企业具有相应的业务单元；有一定水平的持续盈利能力；企业拥有价值链管理能力
2	国务院发展研究中心企业研究所　张文魁	竞争、份额、价值、产业、品牌、人才、机制、文化
3	中国科学院研究生院管理学院　赵红	战略创新能力；企业的管理水平和资产质量；品牌；企业在国际市场上的获利能力；企业的社会责任；独特的核心竞争力

表 12-5（续）

序号	学者或机构	观 点
4	国务院国资委改革局 王润秋	自主创新能力强、资源配置能力强、风险管控能力强、人才队伍强，这是“四强”；以及经营业绩优、公司治理优、布局结构优、企业形象优，这是“四优”
5	国务院发展研究中心 李泊溪	始终关注全球市场、持续追求卓越业绩、调动全球最佳资源和塑造优秀企业文化
6	清华大学国情研究院 胡鞍钢	“世界级企业”，进入世界500强，主要经营指标和业绩达到世界“500”强的门槛；进入世界同行业前10名；具有世界知名品牌和核心技术
7	国网能源研究院 周原冰	较大的规模和持续良好的业绩表现；强大的品牌影响力；卓越的产品和服务；较高的国际化水平
8	工业和信息化部 陶少华	实行全球战略目标；实施多元化发展和跨国并购进行规模扩张；技术创新成为公司发展的原动力；将新技术、新产品作为企业竞争的制高点；高度重视人才和企业的科学管理
9	中国船舶重工集团公司 刘郑国	具备全球领先的科技创新能力；具备行业主导权；具备产业链整合能力；具备强大的品牌优势；具备独特的运营模式；具备国际化经营能力和水平

2）特征总结

基于对能源、制造、电信等行业中处于世界一流地位的企业特征进行综合分析，并结合国内外学者、机构对于世界一流企业的特征描述，可以看出世界一流企业更多的是一种基于最佳实践的“事实标准”，是靠实力、业绩、贡献逐步树立起来并经得起时间检验的公认标杆，是在行业发展中居于领先地位的企业，是行业中的标志性企业，具有举足轻重的作用。世界一流企业共性特征如图 12-1 所示。

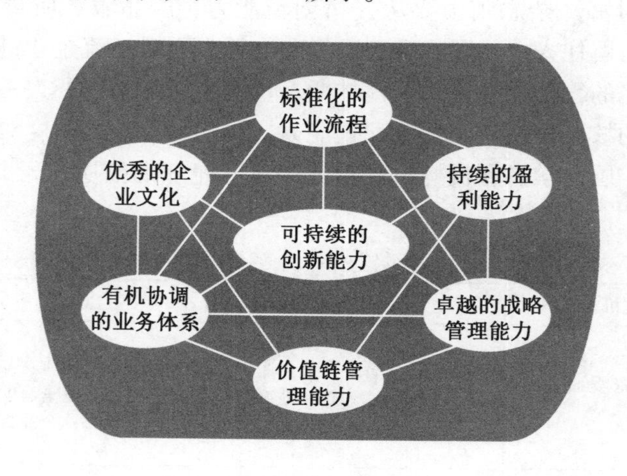

图 12-1 世界一流企业共性特征

（1）卓越的战略管理能力。世界一流企业的成功，首先是战略和领导的成功。战略定位和管理能力是企业的最核心优势：一方面表现在其建立了清晰的战略管理体系，重视战略引领和制订并实现了动态调整；另一方面，战略制定以卓越的领导力和企业家素质为基础。

（2）标准化的作业流程。世界一流企业围绕远景目标和业务模式，制定标准化的生产链和标准化的生产作业流程，生产出同质无差异的相关产品，建立相应的管控体系和激励约束机制，综合运用人员、财务、管理等控制协调杠杆，运用制度、文化、考核和信息化等手段加强对下属企业的管控和资源调配。

（3）可持续的创新能力。创新能力包括技术创新、商业模式创新和管理创新，是一流企业区别于一般企业的最重要标志。一是具有强大的技术研发能力。体现在拥有自主知识产权的核心技术，在国际标准的制订上具有话语权，成果转化率高。二是持续的管理创新。三是商业模式创新。必须具有完备的创新体系，拥有支撑主业发展的核心技术、前瞻性和基础性技术研究实力，具备培育和创造市场的能力。

（4）优秀的企业文化。世界知名企业管理演变的历史证明了发展的活力来自于企业文化，企业长青的奥秘在于独特优秀的企业文化基因。通用电气前首席执行官杰克·韦尔奇认为："健康向上的企业文化是一个企业战无不胜的动力之源。"一流企业普遍具有富有自身特色、深入人心的优秀企业文化，具有健康发展的核心价值理念，能够与企业战略目标、发展规划、经营管理和员工发展深度契合，实现员工对企业发展和管理模式的高度认同，形成很强的凝聚力和执行力。

（5）有机协调的业务体系。有机协调的业务体系，充分发挥协同效应和整体优势。能够妥善处理核心主营业务、延伸扩展业务和新兴业务之间的衔接和协同关系。一是在公司战略引领下，依托主营业务，建立进退有据的业务拓展和退出体系：一方面，以主业为依托，逐步实现产业链延伸和拓展新兴业务；另一方面，实施剥离非营利业务，确保有机增长。二是产业体系之间相互带动，相互支撑。

（6）一定水平的持续盈利能力。在企业发展过程中，企业必须要有相应的现金流来支撑企业发展的资金需要。而这个现金流的最终来源则是企业的盈利。因此，要成为世界一流企业必须要有相应的盈利能力，而盈利水平则要满足企业完成使命的需要。遇到困难时能够通过采取相应措施，使企业能够走出困境，继续步入完成自己使命的进程。

（7）企业拥有价值链管理能力。所谓价值链管理能力，是企业对于所生产的产品或服务的市场价格、生产过程中所需的各种投入价格具有一定的谈判能力，甚至具有相当程度的垄断定价能力。作为世界一流企业，它是行业的领先者，那么自然就应该有话语权，这是它的行业地位所决定的。另外，世界一流企业的规模都比较大，如果没有对生产的产品或服务的价格、投入品的价格具有一定程度的锁定能力，而任凭它们自由波动，只是靠管理来保证企业的运行，这是很难实现的。

（二）世界一流矿井

1. 煤矿

在经济全球化的时代背景下，世界煤炭行业呈现出采用先进技术、注重生态环境、生产规模集中，以及工作面无人化的趋势，而我国煤炭行业自改革开放以来，取得了突破性的发展和进步，部分煤炭企业甚至超过了世界煤炭先进水平。对几家大型煤炭企业进行研究并总结归纳了其主要特征，见表 12－6。

表 12-6 世界一流煤矿主要特征

序号	企 业 名 称	企 业 特 征
1	神东大柳塔煤矿	安全意识强；高产高效；智能化程度高；注重生态环境保护；创新理念强
2	神东上湾煤矿	安全质量标准化；绿色开采理念；自动化程度高；制度体系健全；低成本管理模式
3	神东布尔台煤矿	制度体系健全；科学管理模式；自动化程度高；和谐发展；质量、环境、安全一体化
4	神东补连塔煤矿	发展战略先进；队伍专业化；自动化程度高；开发与治理并举；科技发展领先
5	哈尔乌素露天煤矿	人才专业化；注重生态环境保护；机械自动化；科学发展理念；管理体系健全

1）安全水平高

煤矿为高风险行业，保证安全生产是一切发展的基础和前提；是社会、政府对煤炭企业发展的法律性约束；是以人为本的重要体现；是全面落实科学发展观，实现煤炭企业可持续发展的根本要求；是世界一流矿井的首要任务，应努力实现零死亡。

2）经济效益高

煤矿作为企业，必须追求经济效益，通过降低吨煤成本，提高技术和管理水平，提高生产经营效率，实现规模化、集约化、专业化高效生产，使主要技术经济指标保持世界领先水平。

3）创新水平高

拥有技术创新和管理创新能力，引进、吸收和应用煤炭生产经营的最前沿技术，通过技术进步，推动安全及经济水平的提高。

4）智能化水平高

作为世界一流矿井，应通过信息化、数字化、智能化推动工业化水平的提高，实现全部机械化生产和主要作业环节的自动化和智能化，危险作业实现无人化和远程遥控，生产监测及监控实现高度集成化和自动化。

5）绿色开采水平高

坚持绿色开采，节约和保护不可再生资源，实现节能减排，保护生态环境，清洁高效生产，是国家产业政策的要求，是煤矿应主动承担的社会责任，是煤矿可持续发展的外部约束，是政府及公众对煤矿生产的客观要求。

6）和谐程度高

一流煤矿的科学发展，必须考虑所有利益相关者的诉求，只有内部及外部达到和谐共处，才能为煤矿的发展提供良好的内外部环境，才能调动煤矿内部员工的积极性和创造性。建立一流的员工队伍，形成良好的企业文化，使企业的使命与员工的意识、价值观、处事风格高度协调一致。同时，要与所在地区的社会、政府、社区、当地的农民等和谐共处，主动承担社会责任。

2. 非煤矿山

非煤矿山是指开采金属矿石、放射性矿石，以及作为石油化工原料、建筑材料、辅助原料、耐火材料及其他非金属矿物（煤炭除外）的矿山和尾矿库，在我国矿产资源储量中占有相当大的比例。随着时代的发展，一些世界一流非煤矿山不断发展壮大，在其发展过程中也突显出一些企业特色，总结归纳见表12－7。

表12－7　世界一流非煤矿山主要特征

序号	企业名称	企业特征
1	基律纳铁矿	智能化程度高；机械自动化；科技创新；全新的发展理念
2	姆波尼格金矿	先进的开采设备；重视研究开发；专业的技术团队；科技发展理念
3	东湾金矿	智能化程度高；专业的人才队伍；科技创新
4	内蒙古哈达门沟金矿	绿色开采；注重研究开发；科技创新
5	燕辽金矿区	自动化程度高；技术先进；创新理念

1）安全高效生产

安全高效的生产模式引领世界非煤矿山的高速发展。安全是一项能给企业带来丰厚回报的投资，它不仅能够提高企业的生产率和收益率，而且有益于建立长久的品牌效应。高效的运转模式是企业实现利润的动力源泉，世界一流非煤矿山都非常注重安全高效的生产模式，在开采技术的经济性、安全性、有效性、生命保障系统和地下矿石处理等方面均有独到之处，其矿山救援体系、救援装备系统、矿用安全器材的设计与材料运用等均达到世界先进水平。

2）创新智能化技术

创新智能化助力非煤矿山高速发展。世界一流非煤矿山在开拓设计、地测、采掘、运通、洗选、安全保障、生产管理等主要系统均实现智能化，并形成智能化建设技术规范与标准体系，实现各大系统智能化决策和自动化协同运行。重点岗位机器人作业，建成智能感知、智能决策、自动执行的智慧体系，实现绿色清洁可持续发展。

3）绿色开采理念

绿色开采有助于非煤矿山的可持续发展。世界一流非煤矿山在发展中一般都会不断完善矿山开采的技术方法和工艺，提高资源利用水平，同时注意对周边环境的保护，按照高标准、高水平建设矿山、发展矿业，绿色矿山建设也是非煤矿山企业发展的必然途径。

4）专业的人才培养

建立一套完整的专业培训与评价体系，对专业培训的每一个环节，制定合理的培养要求标准，并对培养工作进展与培养效果进行绩效考核，规范培养工作。树立以实践创新能力培养为目标的新的培养理念，建设一支适度发展、素质高、结构合理、具有可持续创新能力的专业人才队伍，建立老、中、青结合的人才梯队，鼓励进修培训。

5）秉持科技发展理念

坚持科技是第一生产力的发展理念，依靠科技的力量，不断研发新的设备，钻研新的技术知识，把科技发展放到核心位置，形成全新的科技创新理念。

6）健全的管理体系

实行岗位职责制和绩效考核制，制订各项工作步骤和责权的分配制度，把部门目标分解到每一个具体的岗位上，延伸和推理出多项工作指标，使每一个岗位都有清晰的工作目标。

二、影响因素

根据对世界一流企业及矿井共有特征的分析，建设世界一流煤矿应重点关注安全、高效、智能、创新、绿色、流程管理、精益化及和谐8个影响因素，如图12－2所示。

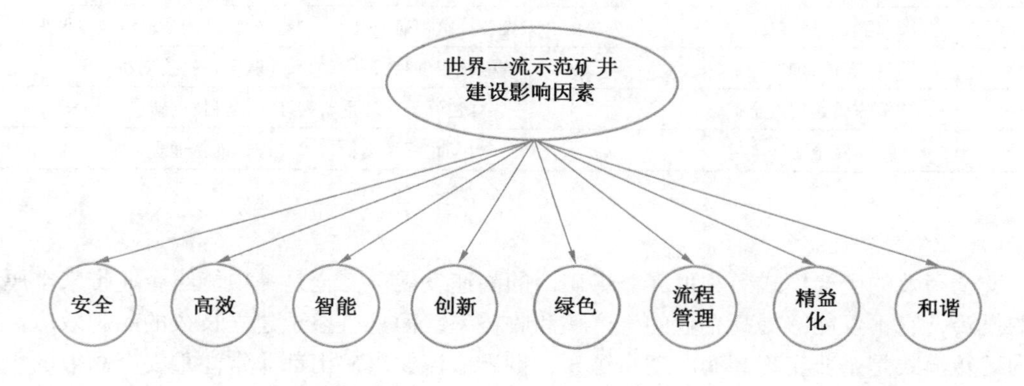

图12－2 世界一流示范矿井建设影响因素

（一）安全

实现本质安全是煤矿一切发展的前提和基础，是创建世界一流示范煤矿的稳定器。树立先进的安全理念，保证安全生产是一切发展的基础和前提，是社会、政府对煤炭企业发展的法律性约束；是以人民为中心的重要体现；是落实习近平新时代中国特色社会主义思想，实现煤炭企业可持续发展的根本要求；是世界一流矿井的首要任务。一流煤矿安全必须是一流的，应努力实现零死亡。

（二）创新

世界一流示范煤矿必须拥有技术创新、管理和制度创新能力，引进、吸收和应用煤炭生产经营的最前沿技术，积极推动管理和制度创新，进而激发内生活力，推动煤矿不断提升综合竞争力。

（三）精益化管理

当下，煤炭行业已走向高质量发展之路，追求低成本、高质量发展已成为破解当下发展难题的必由之路。因此，推行精益化管理成为建设世界一流示范煤矿的主抓手，只有深入运用精益化管理的思想和方法，减少浪费，提高效率，增加效益，强化成本管控，才能实现企业利益最大化，全面提升企业管理水平。

（四）高效

先进的煤炭企业要依托先进的管理思想，结合有效的人力资源管理模式，为实现高效管理提供有力保障。同时，通过内外部专业化服务体系的构建，形成了煤炭生产核心板块用人少、速度快、效率高的格局，实现了人员、装备、技术的资源共享，提高了工作质量和运行效率，实现了精干高效，降低了运营成本，提升了企业核心竞争力，从生产和经营管理两个方面达到高效管理的目的。

（五）智能

从本质安全理念来看，井下作业人员少人化或无人化才能根本避免伤害，而智慧矿山恰恰能够做到以智能机器代替人工劳动，采煤不再脏、累、险，矿工工作更轻松、更安全，生产效率也更高。智慧矿山建设是煤炭工业技术革命、产业转型升级的战略方向。作为世界一流矿井，应通过信息化、数字化、智能化推动工业化水平的提高，实现全部机械化生产和主要作业环节的自动化和智能化，危险作业实现无人化和远程遥控，生产监测及监控高度集成化和自动化。

（六）绿色

坚持绿色开采，节约和保护不可再生资源，实现节能减排，保护生态环境，促进清洁生产，既是“绿水青山就是金山银山”理念的应有之义，也是煤矿谋求长远发展的根本之路。坚持绿色开采，节约和保护不可再生资源，实现节能减排，保护生态环境，清洁高效生产，是国家产业政策的要求，是煤矿应主动承担的社会责任，是煤矿可持续发展的外部约束，是政府及公众对煤矿生产的客观要求。

（七）和谐

世界一流示范煤矿的建设，离不开党建引领和内外部环境和谐，只有保证思想和党中央高度统一、内部及外部达到和谐共处，才能为煤矿的发展提供良好的环境，才能调动煤矿内部员工的积极性和创造性，从而打造一流的员工队伍，形成良好的企业文化，促进地企和谐，形成相互推动、相互促进的良好发展局面，使企业做到与员工、地方同呼吸共命运。

世界一流示范矿井的建设是一个综合性问题，受诸多因素影响，上述 7 个关键性影响因素又包括诸多子影响因素。各个影响因素之间不是孤立的，它们之间有机联系，相互影响，因此不能孤立地对待，要形成一个有特定功能的有机整体，只有把这些相互作用、相互依赖的因素联系起来，才能形成建设世界一流煤矿的有机整体。

第三节　煤矿岗位标准作业流程助力世界一流煤矿建设

一、煤矿岗位标准作业流程助力安全开采

（一）人的核心影响因素

影响煤矿安全的生产因素较多，主要有两个方面，一是环境因素，包括煤层条件、埋藏深度、顶底板强度、地质构造、矿井水及瓦斯赋存等；二是人的因素，包括安全意识、技能水平、文化素质，以及心理等，从近些年我国煤矿事故的原因来看，人的因素是造成煤矿事故发生的主要原因。在全国煤矿特大事故中，因人为冒险原因造成的重特大事故起数占当年事故总起数的 88.3% 。表 12 – 8 为 1980—2000 年中国煤矿重大事故中的人为因素比率统计。

表 12－8 1980—2000 年中国煤矿重大事故中的人为因素比率统计

事故原因	瓦斯爆炸	瓦斯突出	瓦斯中毒	煤尘爆炸	火灾	水灾	顶板	爆破	运输提升	机电	自身伤亡	其他	总计
事故违章/起	227	9	16	18	22	30	104	9	74	8	20	15	552
管理失误/起	153	28	44	6	12	110	118	12	13	12	9	23	540
设计缺陷/起	16	1	3		5	16	13		28		1		83
人因总计/起	396	38	63	24	39	156	235	21	115	20	30	38	1175
事故总计/起	410	43	64	24	40	157	239	21	115	20	31	39	1203
违章比例/%	55. 37	20. 93	25. 00	75. 00	55. 00	19. 11	43. 51	42. 86	64. 35	40. 00	64. 52	38. 46	45. 89
失误比例/%	37. 32	65. 12	68. 75	25. 00	30. 00	70. 06	49. 37	57. 14	11. 30	60. 00	29. 03	58. 97	44. 89
缺陷比例/%	3. 90	2. 33	4. 69	0	12. 50	10. 19	5. 44	0	24. 35	0	3. 23	0	6. 90
人因比例/%	96. 59	88. 37	98. 44	100. 00	97. 50	99. 36	98. 33	100. 00	100. 00	100. 00	96. 77	97. 44	97. 67

通过统计分析表 12－8 中的数据可以看出：在所有导致煤矿重大事故的直接原因中，以人或人的行为为主导因素（包括故意违章、管理失误和设计缺陷 3 种）引发的事故所占比率实际上高达 97. 67%，远远高于一般性水平的认识结果。虽然表 12－8 中统计的是 1980—2000 年中国煤矿重大事故中的人为因素比率，但是近些年随着科技的不断发展和标准作业流程的提出，煤炭开采设备越来越先进，管理制度越来越完善，但是具体落实到个人还存在一定的难度，人为因素仍是诱发煤矿事故发生的主导因素。

与此同时，我国煤矿安全管理专家认为：煤矿生产系统中可能意外释放的能量是造成事故的内因；人、机、环、管中的不安全因素是导致能量意外释放并造成事故的外因，其中人的不安全行为、机的不安全状态、环境的不安全条件是直接原因，管理上的缺陷和技术上的不足是深层次的原因；内外因的综合作用，可能导致能量意外释放，从而诱发事故。煤矿内外因事故致因理论模型如图 12－3 所示。

事故致因理论指出影响煤矿安全的因素有人、机、环、管 4 个方面。但是核心因素是人，人处于主导作用，人的因素决定了机、物、环境之间的相互作用关系。事故致因理论模型表明人的不安全因素占了主要地位。结合煤矿事故统计表分析可以看出，事故的发生固然存在设施、技术、管理上的不足，安全行为或人的直接操作行为不当，是造成事故的直接原因。进一步分析可知，在实际生产中，造成人为安全隐患的主要原因是矿井没有制

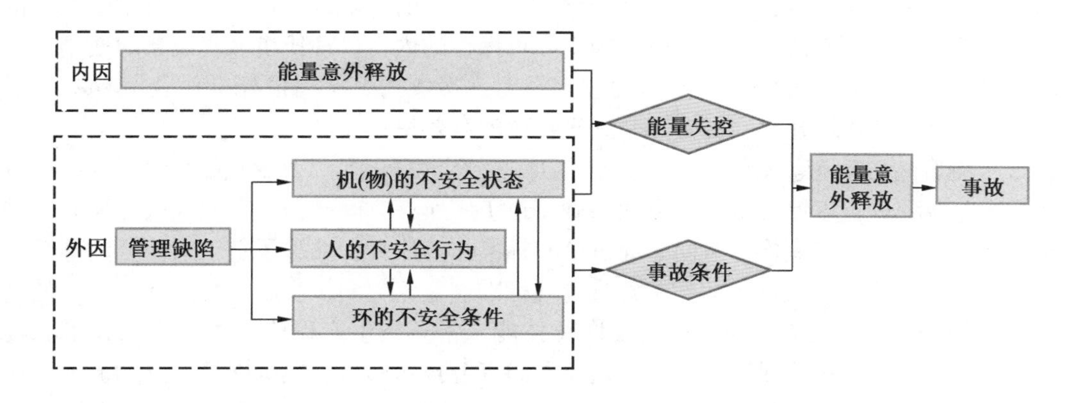

图 12-3　煤矿内外因事故致因理论模型

定统一标准的作业流程，作业内容不清晰，不规范。大多数工人在井下作业时都是以口头的方式来传授和调整的，经过多次的传递后总会有一些偏离，而且每个人的表达方式和理解的差异会造成不同的操作方法，这会造成工艺波动和影响作业安全。

（二）煤矿岗位标准作业流程实现规范作业

煤矿企业作为高危行业，国家和相关行业部门已经制定了许多行为规范，但大都只是具有方向性和指导性的准则，没有细化和量化的详细步骤，煤矿岗位标准作业流程在规范人的行为中扮演着重要的角色，对矿井实现安全高效生产具有重要意义。煤矿岗位标准作业流程对作业的各个环节进行细化和量化，将每个作业程序的关键节点进行优化，要求员工按照流程的作业内容和作业标准工作，使每个环节都有规可循、有章可依，形成了完整的闭环管控，这样员工按照煤矿岗位标准作业流程来操作就不会出现大的失误。煤矿岗位标准作业流程也为管理者监督检查提供了参考依据，通过应用 SOP 进行检查，可以更好地发现问题并加以改进，保证日常工作的连续性和相关知识的积累，也无形中为企业节约了管理成本。

二、煤矿岗位标准作业流程助力高效开采

（一）高效开采中人的核心地位分析

影响煤矿高效开采有 5 个方面的因素，一是采煤方法及工艺的影响；二是设备影响，包括故障损失、生产调整损失、突停与空转损失、速度损失等；三是工程质量的影响；四是组织管理方式的影响；五是人的因素。要实现高效开采，人的因素仍处于核心地位，设备、工艺、技术、管理等都需要以人的执行力为基础，人的因素往往影响或限制其他因素的发挥，从而对高效开采产生重要影响。

人的执行力在煤炭开采中发挥着主导作用，许多执行不到位现象的发生会严重影响煤矿生产的进度，导致生产成本的增加。造成这种现象的原因有两个方面：一是执行者个人方面的原因，包括工作能力和工作态度等；二是管理方面的原因，管理粗放，使得执行有伸缩空间，执行者有空子可钻。同时，高效开采离不开人、机、环、管的有序配合。

（二）煤矿岗位标准作业流程实现高效开采

煤矿岗位标准作业流程是推进技术转化、质量改进的基础，企业在实施技术改造，推行新的技术时需要将新的技术理念转化为实际可操作的内容。现代机械化设备的使用，数字矿山的发展，无人化智能开采技术的应用，无一不依托煤矿岗位标准作业流程基础作用，实现现代智慧矿山建设，提升整个煤炭行业的高效快速发展。

（1）融合精益理念。对煤矿所有岗位工序进行全面梳理，以工序流程为主线，将每个标准作业流程进行工序分解，一方面明确每道工序所耗时间，另一方面找出能够同步进行的平行作业工序，缩短检修时间。通过分解标准作业流程，加深了员工对流程的理解认识，提高了流程的应用效率，达到精益管理同标准作业流程同步实施、相互促进的目的。

（2）缩短了人才培养周期，提高了岗位技能水平。把生产作业人员积累的技术和经验形成规范，消除了技艺保密的弊端，避免了因专业技术人员、熟练岗位人员的流动而使技术流失；流程作为新入企员工的培训教材，杜绝了传统的“师带徒”模式避而不教的弊端，有效缩短了新员工掌握岗位专业知识的时间。以支架工培养为例，以前培养一名支架工需要6个月，通过在培训过程中加入流程内容，现只需3个月即可独立上岗。

（3）使工作程序化、规范化、流程化，代表了当前一种比较高效、规范、安全的作业方法，对每个员工应该做什么，怎么做，做到什么程度，工序衔接时进行哪些安全确认、如何确认都进行了细致描述，构建了一套“全员无一人例外、全方位无一处缺漏、全过程无一时疏忽、工序化无一环节错过”的现场管理和操作标准体系。有效执行就能够提高劳动生产效率，降低生产消耗，减少浪费，提高设备运行效率，提高作业质量，从而降低生产成本。

煤矿岗位标准作业流程的提出就是为实现人员无失误、设备无故障、系统无缺陷、管理无漏洞的目标，实现人、机、物、环等要素的优化匹配。这样，煤矿岗位标准作业流程为员工搭建了成长成材的平台，有效提升了员工技术业务素质，减少了生产的波动，为生产稳定运行提供了强劲动力，企业也必然会提高整体的运行效率，从而达到煤矿高效开采的目的。

第十三章　未　来　蓝　图

第四次工业革命已经悄然来临，人工智能、大数据、物联网、云计算、虚拟现实等技术将又一次颠覆人类的生产和生活方式，煤炭行业以智慧矿山为契机，不断加深前沿科技的应用与实践，向着“无人化”开采的终极目标发起了冲击。本章介绍了第四次工业革命的概念、特征及核心技术，并对智慧矿山建设的思路、主要内容及建设阶段等进行了总结，最后论述了“无人化”开采这一终极形式的实现路径，指出了煤矿岗位标准作业流程在“无人化”实现过程中所发挥的基础作用。

第一节　第四次工业革命

一、概述

（一）概念及背景

所谓工业 4.0（Industry4.0），是基于工业发展的不同阶段做出的划分。按照目前的共识，工业 1.0 是蒸汽机时代，工业 2.0 是电气化时代，工业 3.0 是信息化时代，工业 4.0 则是利用信息化技术促进产业变革的时代，也就是智能化时代。历次工业革命时间及特点如图 13－1 所示。工业 4.0 的目标是创造智能的产品、方法和流程。智能工厂是工业 4.0 的关键特征。智能产品具备了解自己如何被生产和使用的智能。通过这种由集中式控制向分散式增强型控制的基本模式转变，建立一个高度灵活的个性化和数字化产品与服务的生产模式。

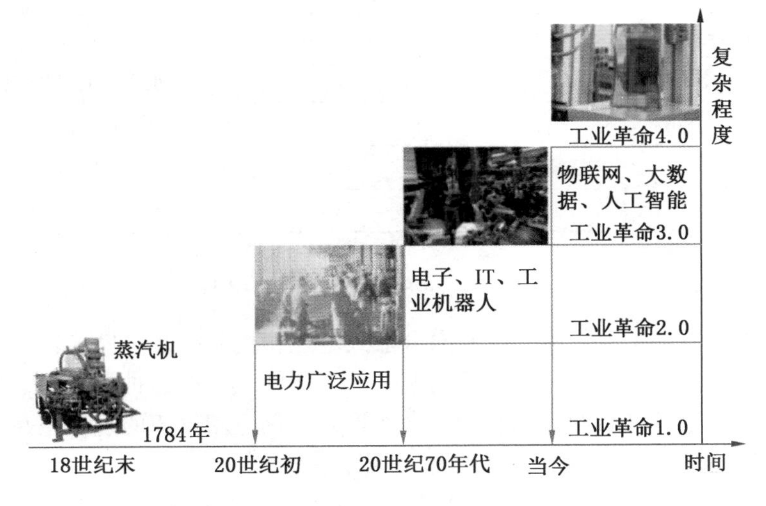

图 13－1　历次工业革命时间及特点

工业 4.0 的概念最早出现在德国，在 2013 年的汉诺威工业博览会上正式推出，其核心目的是为了提高德国工业的竞争力，在新一轮工业革命中占领先机。随后由德国政府列入《德国 2020 高技术战略》中所提出的十大未来项目之一。该项目由德国联邦教育局及研究部和联邦经济技术部联合资助，投资预计达 2 亿欧元。旨在提升制造业的智能化水平，在商业流程及价值流程中整合客户及商业伙伴，建立具有适应性、资源效率及基因工程学的智慧工厂。工业 4.0 技术基础是网络实体系统及物联网。德国所谓的工业 4.0 是指利用物联信息系统（Cyber Physical System，CPS）将生产中的供应、制造、销售信息数据化、智慧化，最后达到快速、有效、个人化的产品供应。

2014 年 11 月李克强总理访问德国期间，中德双方发表了《中德合作行动纲要：共塑创新》，宣布两国将开展工业 4.0 合作，该领域的合作有望成为中德未来产业合作的新方向。而借鉴德国工业 4.0 计划，是"中国制造 2025"的既定方略。2015 年 5 月，国务院正式印发《中国制造 2025》，部署全面推进实施制造强国战略。

《中国制造 2025》围绕实现制造强国的战略目标，明确 9 项战略任务和重点：一是提高国家制造业创新能力；二是推进信息化与工业化深度融合；三是强化工业基础能力；四是加强质量品牌建设；五是全面推行绿色制造；六是大力推动重点领域突破发展；七是深入推进制造业结构调整；八是积极发展服务型制造和生产型服务业；九是提高制造业国际化发展水平。《中国制造 2025》十大领域及重点项目见表 13－1。

表 13－1 《中国制造 2025》十大领域及重点项目

十 大 领 域	重 点 项 目
新一代信息技术	信息网络、5G、云计算、大数据、集成电路
高档数控机床和机器人	工业互联网、机器人
航空航天装备	航空发动机、嫦娥探月工程
海洋工程装备及高技术船舶	海工装备、船舶制造、燃气轮机
先进轨道交通装备	轨道交通
节能与新能源汽车	智能汽车
电力装备	新能源、能源互联网、智能电网
新材料	石墨烯、碳纤维
生物医药及高性能医疗器械	生物医药、精准医疗、移动医疗
农业机械装备	高端农机

（二）核心特征

工业 4.0 概念包含了由集中式控制向分散式增强型控制的基本模式转变，目标是建立一个高度灵活的个性化和数字化的产品与服务的生产模式。在这种模式中，传统的行业界限将消失，并会产生各种新的活动领域和合作形式。创造新价值的过程正在发生改变，产业链分工将被重组。

德国学术界和产业界认为，"工业 4.0"概念即是以智能制造为主导的第四次工业革命，或革命性的生产方法。该战略旨在通过充分利用信息通信技术和网络空间虚拟系统——信息物理系统（Cyber Physical System）相结合的手段，将制造业向智能化转型。工业 4.0 包含以下五大核心特征。

第一个特征是智能工厂。工业 4.0 将制造中涉及的所有参与者和资源的交互提升到一个新的社会-技术互动的水平（New Level of Social Technical Interaction）。它将推动制造资源形成一个可以循环的网络（包括生产设备、机器人、传送带、仓储系统和生产设施）。该网络具有自主性，可以根据不同的状况进行自我调控与配置，并包含相关的计划和管理系统。应该说，这里描述的就是智能工厂的特点，也是工业 4.0 愿景的核心部分，它不局限于企业内部，还被植入企业之间的价值网络中。其特点是包括制造流程和制造产品的端到端的工程，实现了数字世界和物理世界的无缝融合。智能工厂将会让不断复杂化的制造过程可以为工作人员所管理，并同时确保生产具有持续吸引力，可以在城市环境中具有可持续性，并能够盈利。智能工厂架构如图 13-2 所示。

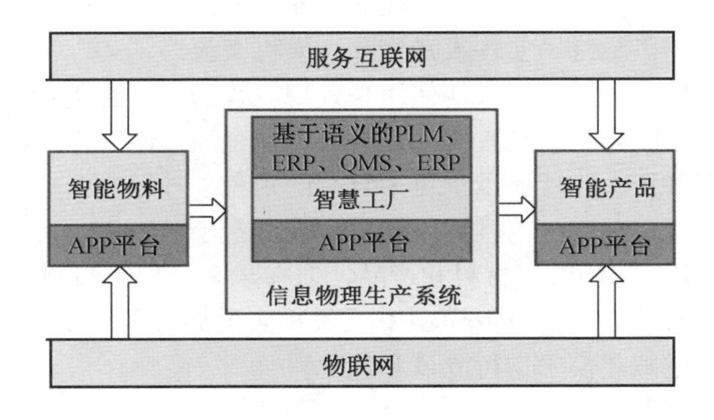

图 13-2　智能工厂架构

第二个特征是智能产品。工业 4.0 中的智能产品具有独特的可识别性，可以在任何时间被识别出来。甚至当它们还在被制造的时候，它们就知道自己在整个制造过程中的细节。这意味着，在某些领域，智能产品能够半自主地控制自身在生产中的各个阶段。不仅如此，它们还可以确保在变成产成品之后能够按照何种产品参数最优地发挥作用，并且还可以在整个生命周期内了解自身的磨损和消耗程度。这些信息可以被汇集起来，从而让智能工厂能够在物流、部署和维护等方面采取相应的对策，达到最优的运行状态，也可以用于业务管理应用系统之间的集成。

第三个特征是大规模定制。在未来，工业 4.0 有可能将单个客户和单个产品的特定需求直接纳入产品的设计、配置、订货、计划、生产、运营和回收的各个阶段。甚至有可能在生产就要开始或者生产过程中，将最后一分钟的变化需求纳入进来。这将使得即使制造一次性的产品或者小批量的产品，也仍然能够做到有利可图。

第四个特征是员工的工作。工业 4.0 的实施将使得企业员工可以根据对形势和环境敏感的目标判断，采取对应的行动来控制、调节、配置智能制造资源网络和生产步骤。员工的工作将从例行的任务中解脱出来，从而使他们能够专注在有创新性的、高附加值的活动上。结果是，他们将专注在关键的角色上，特别是质量保证方面。与此同时，通过提供灵活的工作条件，员工的工作和个人需求之间可实现更好的协调。

第五个特征是网络基础。工业 4.0 的实施需要通过服务水平协议，进一步拓展和提升现有的网络基础设施及网络服务质量的规格。这将使得满足高带宽需求的数据密集型的应用变为可能，对于服务提供商来说，也可以为具有严格时间要求的应用提供运行上的保证。

（三）核心技术

1. 大数据

人类社会已经由 IT 时代进入 DT 时代，基于大数据的分析模式最近只在全球制造业大量出现，它的优势在于能够优化产品质量、节约能源、提高设备服务。在工业 4.0 背景下，将对来自开发系统、生产系统、企业与客户管理系统等不同来源的数据进行全面的整合评估，使其成为支持实时决策的标准。

2. 机器人

机器人被誉为制造业皇冠上的明珠，随着机器人智能化趋势的不断发展，机器人变得更加自主、灵活、合作。最终，实现人机交互，人机交流。

在许多行业中，机器人已经被长期使用来处理复杂的任务且仍在不断发展。它们正在变得更加自主灵活，最终将学会与人交往，与人类安全地共同工作并向人类学习。这些机器人将价格更低且用处更大，能够承担更为复杂的角色。

3. 仿真模拟

在工程阶段，运用了 3D 仿真材料和产品，但在未来，模拟将更广泛地应用于装置运转中。模拟将利用实时数据，在虚拟模型中反映真实世界，包括机器、产品、人，等等，这使得运营商可以在虚拟建模中进行测试和优化。

4. 水平和垂直系统集成

目前，大多数的 IT 系统都没有被完全整合，公司、供应商和客户之间的联系并不密切，从企业到车间的功能也缺乏完整的一体化。即使是工程本身，从产品到工厂自动化，缺乏完全集成。随着工业 4.0 时代的到来，公司和部门间将更具有凝聚力，数据整合网络的发展将使价值链实现真正的自动化。

5. 物联网

随着物联网概念的普及，一些制造商的传感器和设备进行了联网和嵌入式计算，它们通常处于一个垂直化的金字塔中，距离进入总体控制系统的智能化和自动化水平仍有一定距离。随着物联网产业的发展，更多的设备甚至更多的未成品将使用标准技术连接，可以进行现场通信，提供实时响应。

6. 网络安全

许多企业依然依赖于未连接或者脱机的管理和生产系统，而到了工业 4.0 时代，连接性增强，网络安全威胁也急剧增加。不过人们可以对整个新框架充满信心，工业设备供应商正联手同网络安全公司进行合作和收购。

7. 云计算

在工业 4.0 时代里，更需要跨站点和跨企业的数据共享，与此同时，云技术的性能将提高，只在几毫秒内就能进行反应。其结果是设备数据将存储在云中，生产系统可以提供更多的数据驱动服务，许多工业监测和控制处理也将进入云端。

8. 增材制造

企业已开始采用增材制造，如用3D打印生产单个组件。进入工业4.0，这种增材制造方法将在小批量定制产品的生产中更加广泛地应用，它可以催生多种复杂而轻巧造型设计。高性能且分散的增材制造系统将减少运输距离和库存。

9. 增强现实

增强现实技术支持各种服务，如你可以在仓库里挑选部件并通过移动设备发送维修指令。这些系统目前正处于起步阶段，未来，企业将更加广泛地使用增强现实技术为工人提供实时信息，改进决策和工作程序。目前这种系统已经以谷歌眼镜的形式进入了市场，工人可以透过虚拟现实的眼镜看到实际的场景。

二、人工智能场景

（一）概述

人工智能（Artificial Intelligence）是指使用机器代替人类实现认知、识别、分析、决策等功能，其本质是对人的意识与思维的信息过程的模拟。人工智能经过60多年的发展进入了新的阶段。在移动互联网、物联网、大数据等新技术的驱动下，AI能学习，能与用户交流，变得更像人。

AI技术将对我们的工作和生活产生重要影响，世界主要发达国家把发展人工智能作为提升其国家竞争力、维护国家安全的重大战略，加紧出台规划和政策，围绕核心技术、顶尖人才、标准规范等强化部署，力图在新一轮国际科技竞争中掌握主导权，从而引领世界，引领潮流。各国人工智能政策规划汇总见表13－2。

表13－2　各国人工智能政策规划汇总

国　家	年　份	名　　称
美国	2016	《国家人工智能研究和发展战略计划》
	2017	《人工智能与国家安全》
	2017	《人工智能未来法案》
	2017	《人工智能政策原则》
	2018	《人工智能与国家安全：AI生态系统的重要性》
欧盟	2016	《人工智能立法动议》
	2018	《人工智能通讯》
	2018	《关于人工智能、机器人及“自主”系统的声明》
	2018	《人工智能时代：确立以人为本的欧洲战略》
	2018	《欧盟人工智能》
	2018	《人工智能道德准则》
英国	2016	《人工智能：来来决策制定的机遇与影响》
	2017	《在英国发展人工智能产业》
	2018	《人工智能行业新政》
	2018	《英国人工智能发展的计划、能力与志向》
德国	2018	《联邦政府人工智能战略要点》

表13－2（续）

国　家	年　份	名　　称
日本	2017	《下一代人工智能推进战略》
	2017	《人工智能的研究开发目标和产业化路线图》
	2017	《人工智能技术战略》
印度	2018	《人工智能国家战略》
新加坡	2017	《新加坡人工智能战略》
韩国	2018	《人工智能研发战略》

2017年7月8日，国务院印发《新一代人工智能发展规划》(国发〔2017〕35号)，文件指出人工智能已经进入新的发展阶段，新一代人工智能相关学科发展、理论建模、技术创新、软硬件升级等整体推进，正在引发链式突破，推动经济社会各领域从数字化、网络化向智能化加速跃升。人工智能成为国际竞争的新焦点、经济发展的新引擎、社会建设的新机遇和新挑战。同时，文件还提出了人工智能发展的总体要求和重点任务。

2017年12月，工信部发布了《促进新一代人工智能产业发展三年行动计划（2018—2020年)》，它是对《新一代人工智能发展规划》的补充，详细规划了人工智能在未来3年的重点发展方向和目标，每个方向的目标都做了非常细致的量化。

截至2018年，全国31个省市中已有15个发布了人工智能规划，其中有12个制定了具体的产业规模发展目标。另外，还有27个省市在“互联网＋”规划中提及人工智能、22个省市在战略新兴产业规划中设置了“人工智能专项”、19个省市在大数据规划中提及人工智能、9个省市在科技创新规划中设置了“人工智能章节”，我国人工智能战略规划已逐步拓展开来。各地方主要人工智能政策规划汇总见表13－3。

表13－3　各地方主要人工智能政策规划汇总

省　市	发文时间	文件名称
北京	2017年10月	《中关村国家自主创新示范区人工智能产业培育行动计划》
	2017年12月	《北京市加快科技创新培育人工智能产业的指导意见》
	2018年6月	《北京市人工智能产业发展白皮书（2018)》
	2019年2月	《科技部关于支持北京建设国家新一代人工智能创新发展试验区的函》
上海	2017年11月	《关于本市推动新一代人工智能发展的实施意见》
	2017年12月	《上海市人工智能发展专项实施细则》
	2018年9月	《关于加快推进上海人工智能高质量发展的实施办法》
	2018年12月	《上海市首批10大人工智能试点应用场景需求列表》
天津	2018年1月	《天津市人工智能产业科技创新专项行动计划》
	2018年10月	《天津市新一代人工智能产业发展三年行动计划（2018—2020)》
	2019年1月	《人工智能“七链”精准创新行动计划（2018—2020)》
重庆	2017年11月	《人工智能重大主题专项通报会》
浙江	2017年12月	《浙江省新一代人工智能发展规划》
	2019年2月	《浙江省促进新一代人工智能发展行动计划（2019—2022)》

表 13－3（续）

省　市	发 文 时 间	文　件　名　称
广东	2018 年 8 月	《广东省新一代人工智能发展规划》
	2018 年 10 月	《广东省新一代人工智能创新发展行动计划（2018—2020）》
江西	2017 年 10 月	《关于加快推进人工智能和智能制造发展若干措施的通知》
贵州	2018 年 6 月	《贵州省人民政府关于促进大数据云计算人工智能创新发展加快建设数字贵州的意见》
安徽	2017 年 8 月	《安徽省人工智能产业发展规划（2017—2025）》
	2018 年 5 月	《安徽省新一代人工智能产业发展规划（2018—2030）》
辽宁	2018 年 1 月	《辽宁省新一代人工智能发展规划》
吉林	2017 年 12 月	《关于落实新一代人工智能发展规划的实施意见》
黑龙江	2018 年 2 月	《黑龙江省人工智能产业三年专项行动计划（2018—2020）》
福建	2018 年 3 月	《关于推动新一代人工智能加快发展的实施意见》
四川	2018 年 3 月	《四川省新一代人工智能发展实施方案（2018—2022）》
江苏	2018 年 5 月	《江苏省新一代人工智能产业实施意见》

（二）地位和作用

从工业 4.0 的特征和技术来看，工业 4.0 主要实现机器、设备、装置互联，实现工业生产的标准化、数字化、个性规模化，其所产生的信息仍然需要人类进行识别、分析、决策、行动。AI＋不但可以实现连接和互联，还能够对连接和互联后产生的海量数字信息再次连接，通过 BOT 交互系统，与人工智能互动，帮助识别、分析、决策等。

工业 4.0 解决了生产线的低效问题，诞生了智能制造新经济；互联网＋解决了信息不对称的问题，诞生了能够对接供需信息的电商经济物流经济；人工智能解决了基于个人需求的精准配对，将个人需求转化为个人消费的难题，现在正在诞生 BOT 新经济。

互联网＋和工业 4.0 通过“连接和互联”，解决了信息不对称的问题，是一种商业的效率革命，可以说，它们就像生活中的水和电一样，你如何用、用多少，根据自己的需要决定。但是，AI＋通过万物的连接，能代替人类更快、更优地解决复杂难题，是一种商业的人机互动认知革命，它更像是给生活注入了额外的氧气，让生命更鲜活，让人类更有能量。互联网＋、工业 4.0，都是 AI＋不可缺少的基础。AI＋带来的 BOT 新经济，是信息搜索、电商、智能制造、大数据、云计算等新经济的升级版。

（三）应用场景

目前，人工智能已经在农业、教育、医疗、国防等行业中得到了深入应用，从应用的细分领域来看主要集中在深度学习、机器学习、自然语言处理、计算机视觉、图像识别、手势控制、虚拟私人助手、智能机器人、推荐引擎和协助过滤算法、情境感知计算、语音翻译、视频内容自动识别等方面。

典型应用 1：AI＋医疗

智能医疗，从技术细分角度来看，主要包括使用机器学习技术实现药物性能、晶型预测、基因测序预测等；使用智能语音与自然语言处理技术实现电子病历、智能问诊、导诊等；使用机器视觉技术实现医学图像识别、病灶识别、皮肤病自检等。从应用场景来看，主要有虚拟助理、医学影像、辅助诊疗、疾病风险预测、药物挖掘、健康管理、医院管理、辅助医学研究平台等八大 AI + 医疗市场应用场景，其中医学影像和疾病风险管理为热门领域。

典型应用 2：AI + 交通

智能驾驶涉及的领域包括芯片、软件算法、高清地图、安全控制等。目前主要商业产品有无人驾驶出租车、无人驾驶卡车、无人巴士和无人驾驶送货车。无人驾驶车辆将设计拥有更高的安全性且能极大地降低人力成本，成为诸多相关企业关注的焦点。

典型应用 3：AI + 生活

智慧生活是一个以 IoT 为基础的家居生态圈，主要包括智能照明系统、智能能源管理系统、智能视听系统、智能安防系统等。市场热点集中在硬件支持、智慧场景应用、产品、平台等方面，主要有机器学习、无线模块、智能家庭平台、智能家居娱乐系统、家居安防、健康家庭医疗系统等。

典型应用 4：AI + 金融

AI 技术赋能金融领域，主要包括智能风控、智能投顾、智能投研、智能支付、智能营销和智能客服等。从金融角度来讲，智能的发展依附产业链涉及从资金获取、资金生成、资金对接到场景深入的资金流动全流程，主要应用于银行、证券、保险、p2p、众筹等领域。

典型应用 5：AI + 教育

智能教育可以分为学习管理、学习评测、教学辅导、教学认知思考 4 个环节，全面覆盖“教、学、考、评、管”产业链条，并已在幼教、K12、高等教育、职业教育、在线教育等各类细分赛道加速落地。围绕教育机构、教师、学生等三大主体，智能教育产品主要应用于教育评测、拍照答题、智能教学、智能教育、智能阅卷等十三大场景。

典型应用 6：AI + 零售——实现零售购物的无人化、定制化、智能化，提升购物体验

AI + 零售将实现零售购物的全面无人化、定制化、智能化，实现消费者购物体验的全面升级。典型的应用场景主要有智能提车和找车、室内定位及营销、客流统计、智能穿衣镜、机器人导购、自助支付、库存盘点等场景。

典型应用 7：AI + 安防

智能安防是人工智能最先大规模应用，并持续产生商业价值的领域，主要依托低速无人驾驶、环境感知、目标检测、物体识别、多模态交互等技术，实现目标跟踪检测与异常行为分析，视频质量诊断与摘要分析，人脸识别与特征提取分析，车辆识别与特征提取分析等，实现平安城市、园区智能安防、校园智能安防、家居智能安防、金融智能安防等一体化智能建设。

典型应用 8：AI + 园区

在智慧园区场景下，从硬件设施到系统软件，从智慧物业到智慧服务，实现物业硬件信息化互联，服务智慧化、产业智能化。园区形成微型智慧生态，物业信息化互联，并为园区企业提供智慧化办公生产相关服务，吸引智慧产业入驻发展。

典型应用 9：AI + 环保

在智慧环保场景下，从监测到管理，从环保硬件到服务平台软件，实现环保装备智能

化、环保管理智慧化，并融合机器学习、机器人、人机交互、智能语音、大数据等技术，在智能环保机器人、环保服务平台领域发力，构建场景新生态。

典型应用10：AI+政务

（1）城市全景精细呈现。打造GIS地理信息技术平台，依托智能化城市基础设施建设，展现城市数据。

（2）部门数据融合互通。引入信息技术集成服务商，集成市政、警务、交通、电力等部门数据库系统，开辟数据接口，实现数据融合互通。

（3）智能化统计分析。构建城市政务管理云服务平台，实现智能化数据分析，为城市智慧化、精细化管理提供决策依据和建议。

（4）对话数据，交互查询。建设统一查询系统，引入系统开发服务商，设计实现交互查询的查询系统，非隐私数据可民用开放。

（5）可视化部署、指挥调度。通过数据可视化云平台打造，实现突发事件应急联动，有效结合各部门数据资源，达到高效决策、部门联动、信息共享的指挥调度系统。

第二节　智　慧　矿　山

一、概述

（一）必要性

智慧矿山是以矿山数字化、信息化为前提和基础，对矿山生产、职业健康与安全、技术支持和后勤保障等进行主动感知、自动分析、快速处理，建设智慧矿山，最终实现安全矿山、无人矿山、高效矿山、清洁矿山的建设。智慧矿山是工业4.0背景下煤炭行业新兴的一项技术，代表了煤炭行业未来发展方向，是一项煤炭行业必须要争取的战略高地。

1. 国家政策导向

政府推力是驱动智慧矿山信息化、标准化系统运行的重要力量，近年来出台了一系列政策文件推动我国智慧矿山的发展。

2016年11月，国土资源部发布了《全国矿产资源规划（2016—2020年）》，明确提出未来5年要大力推进矿业领域科技创新，加快建设数字化、智能化、信息化、自动化矿山。

2016年12月，国家发展和改革委员会、国家能源局发布的《煤炭工业发展“十三五”规划》要求，到2020年，建成集约、安全、高效、绿色的现代煤炭工业体系，煤矿信息化、智能化建设取得新进展，建成一批先进高效的智慧煤矿，促使煤炭企业生产效率大幅度提升，全员劳动工效达到1300 t/（人·a）以上。

2017年，国家发展和改革委员会发布《安全生产“十三五”规划》，要求在矿山领域实施“机械化换人、自动化减人”，推广应用工业机器人、智能装备等，减少危险岗位人员数量和人员操作。推动矿山企业建设安全生产智能装备、在线监测监控、隐患自查自改自报等安全管理信息系统。推动企业安全生产标准化达标升级。推进煤矿安全技术改造；创建煤矿煤层气（瓦斯）高效抽采和梯级利用、粉尘治理，兼并重组煤矿水文地质普查，以及大中型煤矿机械化、自动化、信息化和智能化融合等示范企业，建设智慧矿山。

《“十三五”资源领域科技创新专项规划》指出，为全面提升我国矿山行业的生产技术水平，推动传统行业的转型升级，充分利用现代通信、传感、信息与通信技术，实现矿山生产过程的自动检测、智能监测、智能控制与智慧调度，有效提高矿山资源综合回收利用率、劳动生产率和经济效益收益率。

2. 煤炭行业转型升级需求

国民经济步入新常态，煤炭行业处于四期叠加，即“需求增速放缓期、过剩产能和库存消化期、环境制约强化期、结构调整攻坚期”，煤炭行业必须不失时机地变化革命，促进转型升级。以云计算、物联网、大数据为代表的新一代信息技术与传统煤炭行业融合创新，从而促成煤矿迈入“智慧化”阶段，将对行业整体提升科技实力、树立品牌形象、提高经营质量等方面产生重大而深远的影响。同时，应推动煤炭行业的发展进入新形态，并形成新的产业增长点，促使传统煤炭行业转型升级。

3. 解决煤炭行业用工“荒”问题的需要

近年来“老龄化”现象越来越明显，劳动力资源明显减少，同时一些大学毕业生又不愿意从事煤炭行业相关工作，而一些需要技术的岗位由于职业教育还没能够跟得上，导致了部分岗位人才短缺，出现了劳动力结构性失衡。“用工荒”对煤炭行业可持续发展的影响已经愈发严重，通过“智慧矿山”实现减人增效，通过机械化换人、自动化减人、智能化提质增效来提升企业的综合竞争力，同时缓解煤矿人员流失、人才短缺的问题。

4. 企业发展需求

智慧矿山建设以“信息标准化”为基础，坚持需求导向，充分运用云计算、大数据、物联网、移动互联网、人工智能技术，将工业技术、信息技术、管理技术高度融合，突出风险预控，进行实时成本、优化管理、远程诊断等流程，最终将煤矿打造成安全、协同、共享、高效的智慧矿山。智慧矿山不仅能够实现煤炭生产本质安全，还能大幅度提高煤炭生产效率，满足煤炭企业未来发展需要。

（二）建设思路

智慧矿山的建设思路主要包括6个方面的内容。

（1）精准适时采集。能准确采集到任何地点、任何时间所需要的安全、生产和管理等信息，并保证信息的及时性。

（2）网络化传输。所有信息包括实时数据、多媒体数据和管理数据可以通过局域网和广域网进行准时、可靠、安全的传输，必要的数据要保证时钟同步。

（3）规范化集成。通过标准的数据格式、开放的通信协议和统一的管理规范所定义的数据仓库实现各种应用中信息的互联互通，确保数据的唯一入口和一致性。

（4）可视化展现。对于数据仓库中的所有信息和模型均可用四维地理信息系统技术、虚拟现实技术、模拟仿真技术、多媒体技术和可视化分析技术进行表达和展现，实现透明管理。

（5）自动化操作。对于主要生产执行环节，监听监视环节，时限性强、准确度高的环节，以及环境恶劣、易疲劳环节实现操作自动化或无人化。

（6）智能化服务。在一些如危险源辨识、灾害预警、方案设计、计划编制、过程控制、经济分析、调度优化等方面提供智能化工具和综合决策支持，最大限度地降低脑力劳动强度，避免人为决策失误。

智慧矿山建设思路如图 13－3 所示。

（三）主要内容

智慧矿山包括矿山的各个方面，按照通常的划分方法，可以分为3个方面，即智慧矿山基本架构如图 13－4 所示。智慧生产系统、智慧职业健康与安全系统、智慧技术与后勤保障系统。

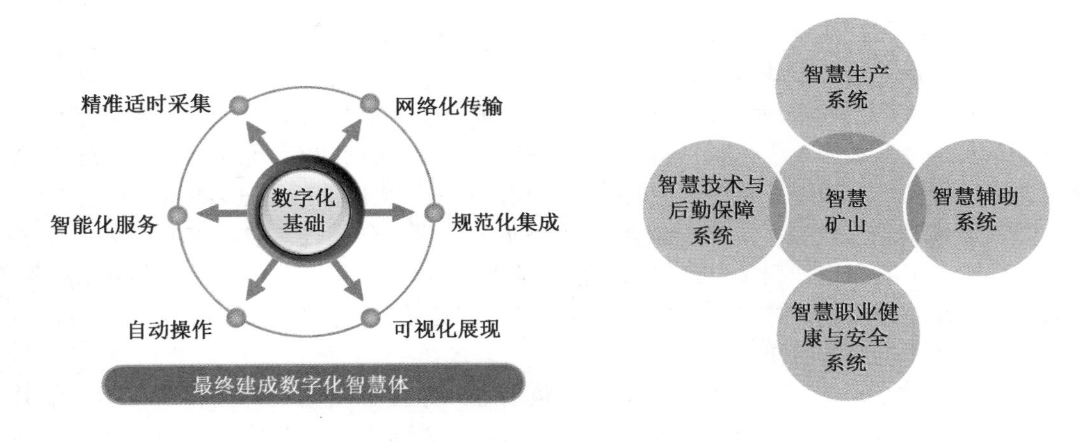

图 13－3　智慧矿山建设思路　　图 13－4　智慧矿山基本架构

1. 智慧生产系统

智慧生产系统包括智慧主要生产系统和智慧辅助生产系统，智慧主要生产系统包括采煤工作面的智慧化和掘进工作面的智慧化，对于煤矿来说，就是以无人值守采掘技术为代表的智慧综采工作面和无人掘进工作面。对于非煤矿山来说，可能是以智慧爆破采矿为代表或者以自动机械采矿技术为代表的无人采矿工作面和无人掘进工作面系统。

智慧生产系统包括两方面：一是智慧采煤工作面，包括智慧薄煤层无人工作面系统、智慧中厚煤层无人工作面系统、智慧综采放顶煤无人工作面系统、智慧充填开采工作面系统等；二是智慧掘进工作面，包括智慧机械无人掘进工作面和智慧炮掘无人工作面等。

智慧生产辅助系统就是以无人值守为主要特征的智慧运输系统（含带式输送机运输、辅助运输）、智慧提升系统、智慧供电系统、智慧排水系统、智慧压风系统、智慧通风系统、智慧调度指挥系统、智慧通信系统等。辅助系统的智慧化工作，近年来发展迅速，无人排水系统、无人供电系统、无人带式输送机集中控制系统、无人压风系统、无人提升系统、主风机无人系统等在一些煤矿安装使用。山东能源集团等在矿井调度指挥、通讯方面进行了智能化建设，实施了“e”矿山工程、矿井“一卡通、物联网”工程，在通信技术方面，装备了井下无线通信、有线通信、广播通信以及井下千兆光纤环网通信系统。山西、河南、安徽等省，以及神化、中煤等大型国有煤矿也推出了一些智能辅助系统。

2. 智慧职业健康与安全系统

智慧职业安全健康系统主要包括智慧职业健康安全环境系统、智慧防灭火系统、智慧爆破监控系统、智慧洁净生产监控系统、智慧冲击地压监控系统、智慧人员监控系统，智慧通风系统、智慧水害监控系统、智慧视频监控系统、智慧应急救援系统、智慧污水处理系统等。主要包含的技术和内容如下：

（1）智能激光感知技术。由激光驱动的传感技术，实现了现场无电无人工作，无电传输，免维护，是传感技术的革命性进步。

（2）智能二氧化碳防灭火系统。在易操作性、防灭火效果等方面超过了氮气防灭火技术。

（3）智能爆破技术。依照本质安全理念，智慧控制理念，实现了对爆破全过程的自动监控、自动控制，实现了“爆破本质安全，不安全就不能爆破”。数码雷管技术、智能炸药技术也取得了快速发展。

（4）无线传感与物联网技术。物联网就是一种基于无线传输、自动组网技术的传感器组合系统，传感器的无线化和自动组网功能提高了安装使用的效率和适应性，为监控数据的获取、传输、利用提供了更方便的技术手段，开拓了更广阔的空间。

（5）智能清洁生产技术。主要发展了智能防尘技术，包括注水技术和设备、净水技术，以及设备、喷雾添加剂、风流控制、粉尘监控技术，等等。对于综采、综掘、普掘、普采作业工作面的防尘、降尘、除尘都产生了非常好的效果，使煤矿的生产安全环境由重污染快速向洁净生产方向转变。

（6）智能冲击地压防治技术。冲击地压是最近几年才频发的一种灾害，在山东等开采深度大的矿井引起了多起事故。在该技术方面，一方面引进波兰等一些国家的先进技术；另一方面北京科大、山东科大、中国矿大等，进行了深入研究，形成了基本成熟的理论体系模型和相应的监控系统，正在控制这一新的灾害。

（7）智能人员监控技术。正在发展的精确定位系统，将改变现有人员管理系统定位不准或者不能定位的缺点，扩大人员管理系统的应用范围。

（8）智能通风系统方面。在自动风门、主要通风机变频自动控制、局部通风机自动控制、通风参数监测、通风网络自动解算和整个系统自动控制等方面，都进行了一些深入研究，其目标是实现全矿井通风系统的智慧化、无人值守、自动调节。

（9）智能水害监控技术。水文监控系统、水害探测系统、自动排水系统等取得发展。

（10）智慧视频监控系统。发展了基于无线传输系统、光纤数码传输系统、海量图片储存识别系统，并向高速摄像、自动脸谱识别方向快速发展。

（11）应急救援智能化、通信、人员探测等技术也有较好的发展。

（12）环境保护方面。快速发展了污水处理、矸石处理、除尘等技术。

（13）安全距离智能监控方面。正在向自动实时监控、自动成图方面发展。

3. 智慧技术与后勤保障系统

保障系统分为技术保障系统、管理和后勤保障系统。技术保障系统是指地、测、采、掘、机、运、通、调度、计划、设计等的信息化、智慧化，包括智慧化 ERP 系统、办公自动化系统、物流系统、生活管理、考勤系统等。目前，在技术保障方面发展了地测、通风、设计、供电等软件管理系统，在后勤方面有财务管理、设备管理、库房管理等多个系统。但是，缺少对全部信息的综合分析处理系统。例如将现场采集的数据与已有的数据进行综合分析处理，给出处理意见，并实施处理。

二、特点及实现阶段

（一）“无人”是智慧矿山的最高形式

智慧矿山的显著标志就是“无人”，即开采工作面无人作业、掘进工作面无人作业、危险场所无人作业、大型设备无人作业，直到整座矿山无人作业，整个矿山的各个方面都在智慧机器人和智慧设备下操作完成。因此，智慧矿山的最高形式是“无人”开采，这也是智慧矿山发展的终极目标。

（二）智慧矿山的建设阶段

智慧矿山的发展是一个不断进步的过程，而且随着科技水平的提高，智慧化程度也将不断提升。智慧矿山建设可以划分为4个阶段（图13－5）。

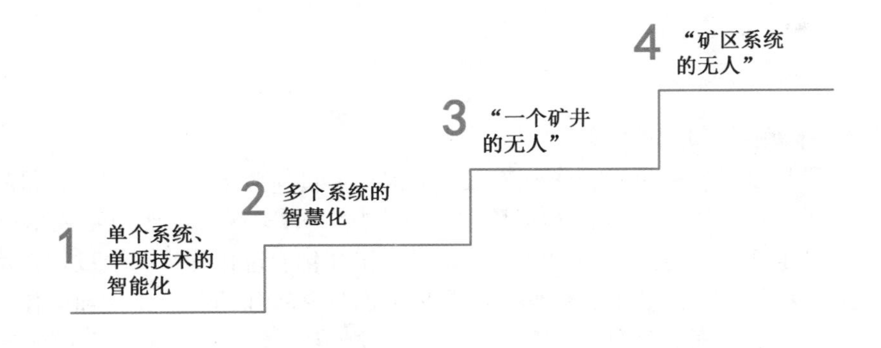

图13－5　智慧矿山建设阶段

一是单个系统、单项技术的智能化，实现一个系统、一个岗位的“点上的无人”。

二是多个系统的智慧化，实现部分系统的集成，实现“面上的无人”。

三是实现“一个矿井的无人”，就是井下生产、安全、后勤系统的全面无人。

四是实现“矿区系统的无人”，包括矿井生产安全、洗选、运输等矿区一级系统无人作业。

在此条件下，随着技术的进步，各个环节的无人技术还将不断进步和优化，达到更高的效率。

第三节　无　　人　　化

一、实现路径

无人化的实现是基于对生产系统智能化的理解，就是物联网、云计算、大数据、人工智能、自动控制、移动互联网、机器人化装备等与现代矿山开发技术融合，形成矿山感知、互联、分析、自学习、预测、决策、控制的完整智能系统，实现矿井开拓、采掘、运通、洗选、安全保障、生态保护、生产管理等全过程无人化运行。无人化开采实现途径可以分为5个阶段，如图13－6所示。

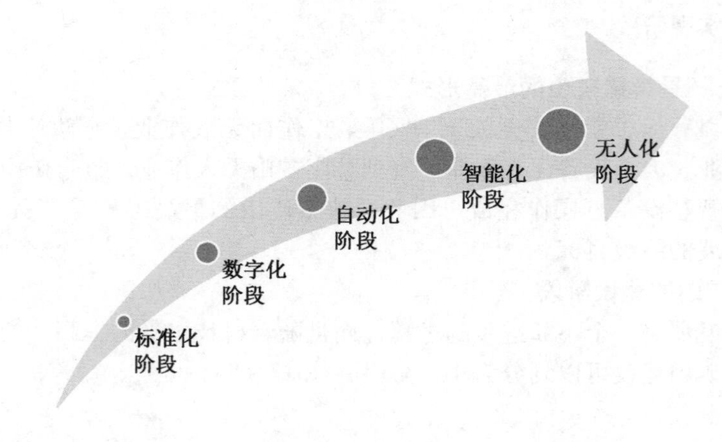

图 13-6　无人化开采实现途径

（一）第一阶段：标准化阶段

标准化阶段是以煤矿岗位标准作业流程为前提，通过新技术、新工艺、新材料、新装备的应用所形成的作业工序最优的初级阶段。这一阶段的实现要求矿山企业依据国家标准，结合实际制定切实可行的实施细则，把每项工作细化、量化到生产全过程，落实到每一部门、每一工种、每一岗位上，使作业各个环节都具有较强的可操作性和可控性，从而实现“人人、事事、时时、处处”有科学、严谨、规范的流程去约束，实现所有岗位的合理管控、各个作业过程的闭环管理，实现煤矿的安全高效生产。通过煤矿岗位标准作业流程将煤矿庞大繁杂的作业系统化、规范化、模块化，标准化阶段是实现煤矿无人开采的基础阶段。

（二）第二阶段：数字化阶段

数字化阶段是以互联网信息技术为平台，对生产设备和各个生产调节系统等进行统一的数字化，将许多复杂多变的信息转变为可以度量的数字、依据，再以这些数字、依据建立适当的数字化模型，把它们转变为一系列二进制代码，引入计算机内部，进行统一处理，方便实现动态演示、数据分析、比较、查询。

煤炭开采数字化阶段主要是对资源勘探、规划、建设、生产、管理决策等全过程进行数字化表达，优化、固化生产管理业务流程，实现业务数据的互联互通和信息的高度集成、共享。与此同时，煤矿岗位标准作业流程数据库、人力资源主数据、文档数据、多媒体数据、安全管理数据等也可以为煤矿信息区域数字化模块管理提供可靠的大数据积累，达到流程、岗位、设备、工人高度匹配，实现煤矿信息管理数字化阶段。

（三）第三阶段：自动化阶段

煤矿自动化阶段是在前两个阶段的基础上，应用现代电子技术、数字化技术及自动化技术对煤矿进行全面实时监控。具体是依靠煤矿岗位标准化实现的规范操作、流程和信息管理数字化累积的大量数据，把煤矿系统中的生产监控系统、带式输送机运输监控系统、辅助生产监控系统、瓦斯监测监控系统和选煤厂监控系统等部分子系统集中监控，实现生产及辅助参数的科学统计，并通过一系列的仪器上传至管理办公室，随时监测煤矿安全生产情况，实现高效科学的管理，提高煤矿的生产效益，为发展成为具有高质量、高效益、高效率、高技术的世界一流煤矿奠定基础。

（四）第四阶段：智能化阶段

该阶段主要把真实矿山的整体以及与它相关的现象整合起来，以数字的形式表现出来，从而了解整个矿山动态的运作和发展情况，随后构建一个多系统信息融合的智能煤矿综合架构，实现工作面开采、主煤流运输等系统的区域化智能决策和自动协同运行。在单个系统智能化取得突破的基础上，实现智能开采的第4阶段目标，即实现区域化智能决策和自动协同运行。煤炭开采综合自动化实现了单个系统智能化，再应用煤矿信息管理数字化向多系统智能化方向发展，建立“感知→互联→分析→自学习→预测→决策→控制”的基本运行框架，初步形成空间数字化、信息集成化、设备互联化、虚实一体化和控制网络化的智能化矿山。目前，部分世界一流煤矿的机械化程度达到90%以上，单机自动化也日趋完善，并开发了初级的多系统数字矿山综合自动化系统，逐步向煤矿智能化阶段过渡。

（五）第五阶段：无人化阶段

煤矿远程智能无人化开采是将机械化、自动化和信息化整合为一体的无人化开采技术，利用智能化装备和自动化网络，由采掘机械自行完成井下开采任务，同时井上操作人员利用软件平台对井下实时监测监控，必要时进行远程控制，进一步优化煤矿生产的安全、高效、绿色和可持续发展。无人开采矿山最大的依托是人工智能的发展程度，主要是从信息相互关联性的角度，使整个系统的人、机、环高度协调统一运行，并通过不断收集、学习、分析数据、知识和经验，提升自动运行、自我分析和决策、自学习的能力，实现自我更新和自我升级，实现系统不断优化、更加强大，最终形成高级的人工智能。总体来说，远程自主无人化开采系统是对于一个生产系统而言的，构建整个煤矿及全矿区多单元、多产业链、多系统集成的智能煤矿体系，全面实现生产要素和管理信息的数字化精准实时采集、网络化实时传输、可视化展现，采、掘、运、通、洗选等全部主要生产环节的智能决策和自动运行，达到全矿井一线无人化作业。

二、煤矿岗位标准作业流程的基础地位

通过上述分析，要实现煤矿无人开采，首先需要对煤矿作业进行标准化，而煤矿岗位标准作业流程提供了一套完整的思路和解决方案。煤矿岗位标准作业流程规范了某一岗位具体作业的操作步骤和要求，明确了员工岗位作业内容，解决了企业“如何做”的问题，而“无人化”从需求分析、技术研发到应用升级都离不开煤矿岗位标准作业流程，因此煤矿岗位标准作业流程与无人开采紧密联系。

（1）煤矿岗位标准作业流程是无人化开采应用和发展的基础。“无人化”开采的目标是实现机器的“人类思维”逻辑，在适当条件下尽可能代替人力作业，同时发挥机器设备高效运算的优势，提高作业效率，节省更多人力资源。而实现这一目标的前提是要理清岗位作业流程，明确机器设备运行程序，但由于目前人工智能发展的局限性，还无法形成自主“思维”，对于具有较强逻辑性的作业和劳动，暂不能形成合理的作业流程。因此，无人化开采的应用需要借助标准作业流程的逻辑关系、作业内容以及作业要求等相关内容，在标准作业流程的框架下实现各类场景应用。

(2) 煤矿岗位标准作业流程是"无人化"开采的技术支撑。"无人化"开采需要借助的计算机软件和程序编制是核心之一，从软件编制的流程来看，需求分析、软件功能设计、软件总体架构、算法实现、软件测试等都与标准作业流程密切相关，软件本质上也是一种"标准化程序"，其编制和运行都严格遵循逻辑顺序和技术标准，在人工智能研发过程中引入标准作业流程思维和方法，将进一步提升人工智能的开发速度和质量。

煤矿岗位标准作业流程的推广应用为智能开采提供了可靠的数据积累，并形成数据库，人工智能通过对数据与技术的分析整合，切实推进了发展更安全、更高效的智能开采，煤矿岗位标准作业流程是推进矿山智能开采的坚实基础。

附录　煤矿岗位标准作业流程示例

示例一：采煤机双向割煤标准作业流程

采煤机双向割煤标准作业流程如附图1所示，采煤机双向割煤标准作业工单见附表1。

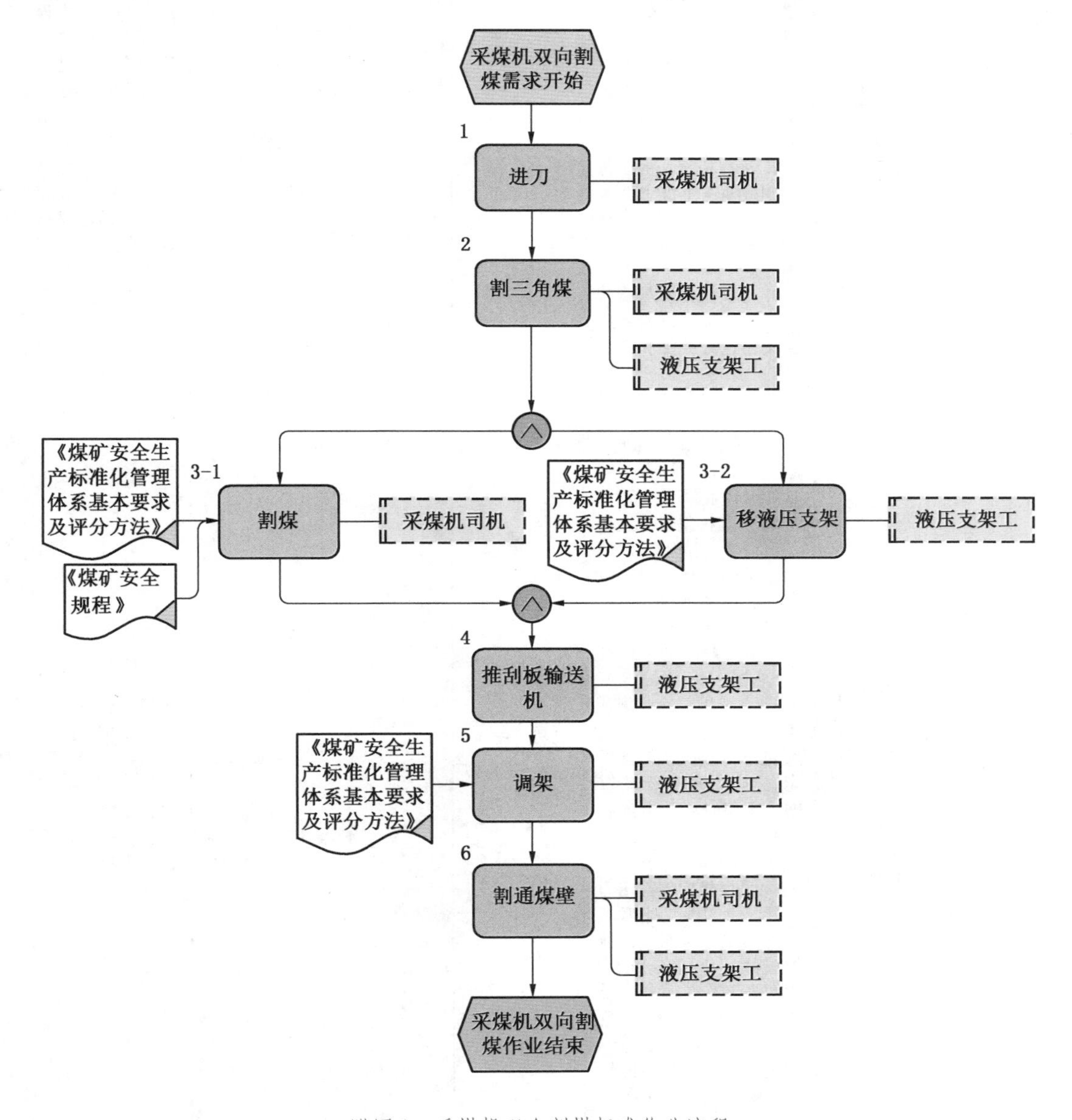

附图1　采煤机双向割煤标准作业流程

附表1 采煤机双向割煤标准作业工单

序号	流程步骤	作业内容	作业标准	相关制度	作业表单	作业人员	危险源及风险后果提示
1	进刀	端部斜切进刀（以刮板输送机机头进刀为例）	采煤机应从刮板输送机弯曲段逐渐进刀，直至采煤机机身完全进入刮板输送机直线段			采煤机司机	
2	割三角煤	1. 倒换采煤机滚筒，割三角煤 2. 退采煤机 3. 推刮板输送机机头 4. 移端头液压支架及过渡液压支架	1. 采煤机前滚筒割顶煤，后滚筒割底煤，煤壁割通，工作面顶底板与巷道顶底板的过渡符合作业规程规定（采煤机前进方向滚筒为前滚筒） 2. 采煤机机身完全进入刮板输送机直线段 3. 推移杆行程与循环进度相符且推溜方向正确 4. 端头液压支架行程按要求拉足，过渡液压支架错距满足要求			液压支架工、采煤机司机	1. 推刮板输送机机头过程中，安全出口处不得有人通过 2. 推溜时机头部所发出的信号不清晰，造成人员伤害 3. 割三角煤时注意回收锚杆和托板 4. 割通煤壁时，确保安全出口处不得有人通过
3－1	割煤	1. 收护帮板 2. 检查作业环境 3. 倒换采煤机滚筒，向刮板输送机机尾方向割煤 4. 观察采煤机运行状态	1. 护帮板紧贴液压支架顶梁，收回护帮板架数符合作业规程规定 2. 采煤机附近无人员及障碍物，液压支架端面距足够，刮板输送机弯曲长度不小于20 m，水平弯曲度不超过1°～2°，垂直弯曲度不超过3° 3. 采煤机前滚筒割顶煤，后滚筒割底煤，采煤机牵引速度符合规定，顶底板平，煤壁直，不留伞檐，沿顶底板割煤，采高在规定值的±100 mm范围内 4. 采煤机内喷雾压力不低于2 MPa，外喷雾压力不低于4 MPa，拖拽电缆、水管不受力，电缆夹不落在槽外或受挤压，电机电流、电压、温度、液压油温不超过规定值，牵引链轮等采煤机组件无异响	《煤矿安全质量标准化基本要求及评分方法》第4部分表4－1、《煤矿安全规程》第六百四十七条		采煤机司机	1. 采煤机司机佩戴合格的头盔、防护面具、防砸靴 2. 采煤机割煤速度较快，空顶面积过大造成冒顶事故

附表1（续）

序号	流程步骤	作业内容	作业标准	相关制度	作业表单	作业人员	危险源及风险后果提示
3－2	移液压支架	1. 降液压支架 2. 拉液压支架 3. 升液压支架	1. 降液压支架高度不超过 200 mm，以能够移动液压支架为标准，移液压支架及时，滞后采煤机后滚筒距离符合作业规程规定，顶板破碎时带压移架 2. 拉液压支架必须拉满行程 3. 液压支架初撑力不低于工作阻力的 80%	《煤矿安全质量标准化基本要求及评分方法》第4部分表4－1		液压支架工	1. 液压支架工在立柱后操作 2. 移液压支架时确认架前、架间、相邻支架无人及障碍物 3. 支架工在跟机拉架时，距煤机较近，面向煤机滚筒，滚筒旋叶带出的煤块飞溅伤人
4	推刮板输送机	依次成组推刮板输送机	1. 刮板输送机弯曲段长度不小于 20 m 2. 刮板输送机水平弯曲度不超过 1°～2°，垂直弯曲度不超过 3° 3. 推刮板输送机滞后采煤机后滚筒距离符合作业规程规定			液压支架工	推刮板输送机前确认架前无人，信号准确，人员配合得当
5	调架	1. 调整液压支架 2. 伸出护帮板	1. 液压支架排成直线，偏差不超过 ±50 mm，液压支架顶梁与顶板平行支设且接触严密，最大仰俯角不超过 7°，相邻液压支架错茬不超过侧护板高度的 2/3；架间间隙不超过 200 mm，中心距偏差不超过 ±100 mm，不挤架、不咬架，液压支架垂直于顶底板 2. 护帮板紧贴煤壁，伸护帮板滞后采煤机后滚筒距离符合作业规程规定	《煤矿安全质量标准化基本要求及评分方法》第4部分表4－1		液压支架工	
6	割通煤壁	1. 割通煤壁 2. 退采煤机 3. 推刮板输送机机尾 4. 移端头液压支架及过渡液压支架	1. 割通煤壁，工作面顶底板与巷道顶底板的过渡符合作业规程规定 2. 采煤机机身完全进入刮板输送机直线段 3. 推移杆行程与循环进度相符 4. 端头液压支架行程按要求拉足，过渡液压支架错距满足要求			液压支架工、采煤机司机	割通煤壁时，端头出口 5 m 范围内不得有人工作或停留

示例二：初采强制放顶标准作业流程

初采强制放顶标准作业流程如附图2所示，初采强制放顶标准作业工单见附表2。

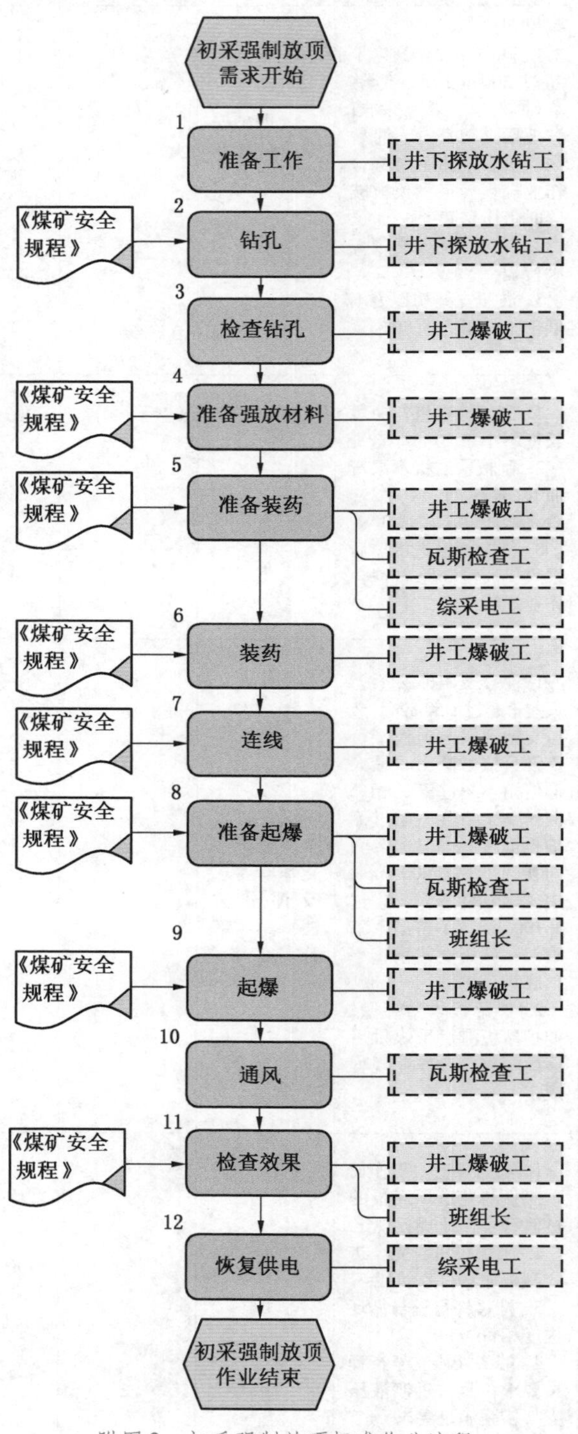

附图2　初采强制放顶标准作业流程

附表2　初采强制放顶标准作业工单

序号	流程步骤	作业内容	作业标准	相关制度	作业表单	作业人员	危险源及风险后果提示
1	准备工作	1. 人员准备 2. 准备设备及工具	1. 井下探放水钻工经过专门培训，持证上岗，学习初采强制放顶的技术措施 2. 设备完好，工具齐全			井下探放水钻工	
2	钻孔	1. 敲帮问顶 2. 打钻孔	1. 帮、顶支护完好 2. 按设计要求打钻孔	《煤矿安全规程》第一百零四条		井下探放水钻工	钻孔期间防止掉渣伤人；顶板破碎，漏矸伤人
3	检查钻孔	1. 钻孔成型检查 2. 钻孔数量、尺寸检查	1. 钻孔成型圆滑、平直，位置符合设计要求 2. 钻孔数量、间距、深度符合设计要求			井工爆破工	
4	准备强放材料	1. 准备爆破材料 2. 准备炮棍、木楔子	1. PVC管、管箍、炸药、雷管、炮线数量、质量满足设计要求 2. 工具齐全	《煤矿安全规程》第三百一十二条、第三百一十三条		井工爆破工	PVC管厚度不小于1.5 mm，塑性好，抗静电，并和管箍配套
5	准备装药	1. 检查气体 2. 检查钻孔 3. 切断电源 4. 检查杂散电流	1. 两巷道和工作面的气体、煤尘浓度符合爆破要求（瓦斯浓度不超过1%） 2. 每个钻孔顺畅 3. 切断两巷道及工作面电源 4. 杂散电流符合安全要求	《煤矿安全规程》第一百三十五条、第三百二十七条		瓦斯检查工、综采电工、井工爆破工	工作面风量不足，造成瓦斯等有害气体积聚，人员缺氧，瓦斯燃烧或爆炸
6	装药	1. 装药 2. 封孔	1. PVC管推至孔底，严禁挤压，药卷接触紧密 2. 炮泥充填密实，长度符合抵抗线要求，剩余炮孔填满	《煤矿安全规程》第三百一十六条、第三百三十九条		井工爆破工	装药过程中，瓦斯检查工随时监测氧气、一氧化碳、甲烷的浓度

附表2（续）

序号	流程步骤	作业内容	作业标准	相关制度	作业表单	作业人员	危险源及风险后果提示
7	连线	连线	符合设计要求	《煤矿安全规程》第三百三十四条		井工爆破工	1. 爆破母线要绝缘良好、禁止与其他电缆悬挂一起 2. 爆破母线与脚线连接，只准爆破工一人操作
8	准备起爆	1. 设警戒线 2. 检查气体	1. 所有人员全部撤离到警戒线外，并设置警示牌 2. 起爆前要保障通风系统正常，并保持通风，两巷道端头和爆破地点瓦斯浓度小于1%	《煤矿安全规程》第三百一十六条、第三百三十九条		瓦斯检查工；班组长；井工爆破工	所有工作面出口都设有警戒；爆破前未按规定设置警戒，爆破误伤人员
9	起爆	1. 爆破工接收信号和发出信号 2. 起爆	1. 信号正确无误 2. 操作准确	《煤矿安全规程》第三百一十六条、第三百三十一条		井工爆破工	
10	通风	吹散炮烟	爆破后 0.5 h 经检查瓦斯及有毒、有害气体不超限			瓦斯检查工	
11	检查效果	1. 检查爆破效果 2. 检查放顶效果	1. 无漏爆、拒爆现象 2. 顶板垮落达到设计目的	《煤矿安全规程》第三百四十一条		井工爆破工、班组长	检查人员只允许在液压支架内巡视，禁止进入采空区
12	恢复供电	给工作面及两巷道恢复供电	两巷道及工作面供电正常			综采电工	

示例三：更换掘锚机截齿标准作业流程

更换掘锚机截齿标准作业流程如附图3所示，更换掘锚机截齿标准作业工单见附表3。

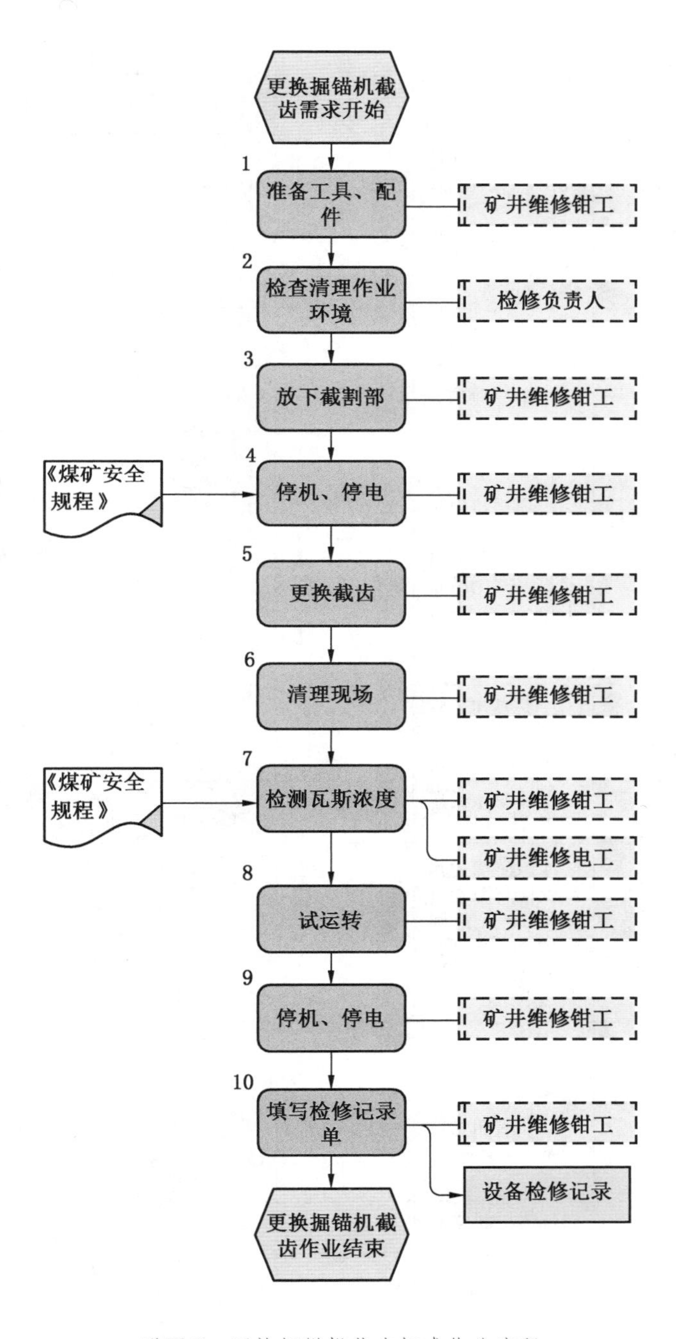

附图3　更换掘锚机截齿标准作业流程

附表3　更换掘锚机截齿标准作业工单

序号	流程步骤	作业内容	作业标准	相关制度	作业表单	作业人员	危险源及风险后果提示
1	准备工具、配件	1. 准备工具、材料：钳子、手锤、螺丝刀、护目镜、棉纱等 2. 准备配件：截齿	1. 工具、材料齐全、完好 2. 配件规格与设备配套			矿井维修钳工	
2	检查清理作业环境	1. 检查支护情况 2. 清理作业环境	1. 顶、帮支护完好，无鳞片、无离层 2. 清洁干净，无杂物、无淤泥、无淋水			检修负责人	防止冒顶、片帮伤人。顶板、两帮状况差，冒顶、片帮造成人员伤害
3	放下截割部	操作升降手柄落截割部	截割部放到距底板距离不大于100 mm的地方			矿井维修钳工	操作掘锚机未及时发现人员及两帮设备造成人员伤害、损坏设备
4	停机、停电	1. 停止泵电机运行 2. 掘锚机断路器手把打到零位	1. 泵电机停止可靠 2. 掘锚机断路器断电，闭锁、上锁	《煤矿安全规程》第一百二十条		矿井维修钳工	1. 停电时必须对设备进行停电闭锁，钥匙由专人随身携带 2. 在设备运行区域内进行作业活动，未将设备停电闭锁，设备动作造成人员伤害
5	更换截齿	1. 拆除坏截齿 2. 安装新截齿	1. 坏截齿回收 2. 新截齿安装到位、转动灵活			矿井维修钳工	1. 佩戴防护眼镜 2. 不得点动电机来更换截齿
6	清理现场	清点工具、回收坏截齿	工具、坏截齿无丢失			矿井维修钳工	
7	检测瓦斯浓度	检测瓦斯浓度	使用便携式瓦检仪检测掘锚机周围20 m范围内的瓦斯浓度，达到1%时，严禁送电	《煤矿安全规程》第四百四十二条、第一百七十三条		矿井维修电工、矿井维修钳工	未检查瓦斯浓度或检查不到位，未及时发现瓦斯浓度超标，可能造成人员伤亡，发生瓦斯事故
8	试运转	1. 合上断路器，发出掘锚机启动预警，启动掘锚机 2. 观察掘锚机运行状态	1. 掘锚机启动正常 2. 掘锚机运转正常，无异响			矿井维修钳工	启动设备前未发出预警，人员撤离不及时可能造成人员伤害
9	停机、停电	掘锚机停机，断路器手把打到零位	掘锚机断路器断电，闭锁、上锁			矿井维修钳工	
10	填写检修记录单	填写掘锚机更换截齿记录	记录填写字迹清晰，内容完整		设备检修记录	矿井维修钳工	

示例四：掘进锚、网、梁（钢带）支护标准作业流程

掘进锚、网、梁（钢带）支护标准作业流程如附图4所示，掘进锚、网、梁（钢带）支护标准作业工单见附表4。

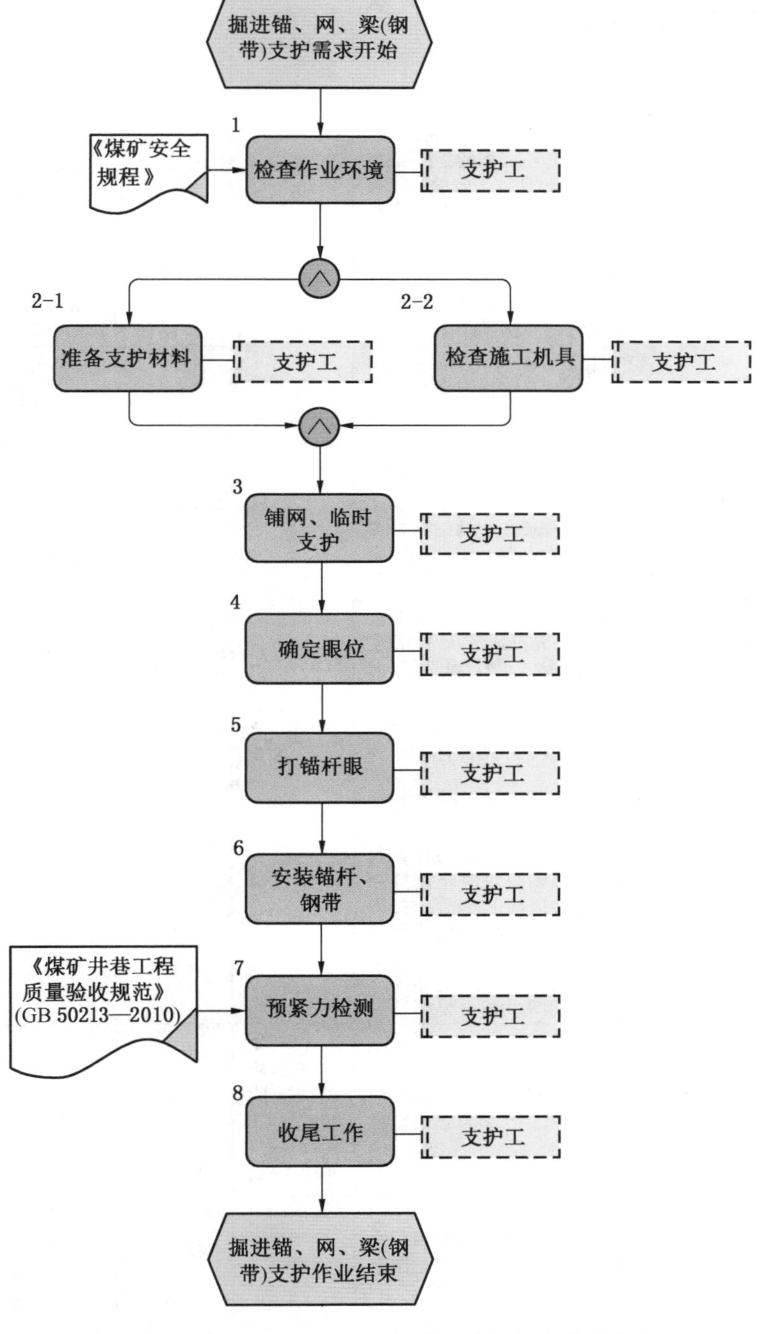

附图4　掘进锚、网、梁（钢带）支护标准作业流程

附表4 掘进锚、网、梁（钢带）支护标准作业工单

序号	流程步骤	作业内容	作业标准	相关制度	作业表单	作业人员	危险源及风险后果提示
1	检查作业环境	1. 检查巷道支护情况 2. 检查工作面风量及有毒、有害气体	1. 工作面支护良好，无漏顶、无片帮 2. 有毒、有害气体不超限，风量符合相关规定	《煤矿安全规程》第一百零四条、第一百三十五条		支护工	顶板、两帮状况差，冒顶、片帮造成人员伤害；瓦斯浓度超限，有害气体中毒、瓦斯燃烧或爆炸
2－1	准备支护材料	备齐锚杆、网、钢带等支护材料	支护材料符合规定要求： 1. 锚杆和配套材料不锈蚀、不变形、不弯曲、不径缩的锚杆杆体 2. 不使用过期、失效的锚固剂 3. 网格规格型号、质量符合要求，不使用锈蚀的金属网及钢带			支护工	
2－2	检查施工机具	检查施工所需风、水、电和机具	风、水压力符合设备使用要求，风、水管路无破损，钻机各部件齐全完好，运转正常			支护工	
3	铺网、临时支护	1. 铺网 2. 临时支护	1. 搭设好工作台，铺设连接网时，铺设顺序、搭接及连接长度要符合作业规程的规定 2. 前移前探梁，挑起顶网并用木板配合木楔、刹杆把顶背紧，使网紧贴顶板			支护工	严禁人员空顶作业
4	确定眼位	确定眼位做出标记	根据作业规程规定的锚杆布置方式，量取中（腰）线，确定间排距，并对确定的眼位进行标记			支护工	
5	打锚杆眼	打顶、帮眼	1. 打锚杆眼时应从外向里进行，同排锚杆先打顶眼，后打帮眼 2. 当钻杆钻入设计深度时反向退出钻杆，清理煤岩粉			支护工	支护工要扎紧袖口，严禁戴手套
6	安装锚杆、钢带	按操作程序及时安装锚杆、钢带	1. 按作业规程规定的树脂药卷型号、数量及顺序用锚杆杆体轻轻推入孔内 2. 安装搅拌器，把搅拌器尾端与钻机连接好 3. 开机搅拌，边搅拌边推直到锚杆顶端，推到眼底时全速搅拌不少于 30 s，顶推 1 min 左右，待 1 min 初凝后，按作业规程安设钢带 4. 安装锚杆时，必须用专用工具上紧使托盘（或托梁、钢带）紧贴岩面，预紧力符合要求			支护工	
7	预紧力检测	锚杆预紧力检测	采用力矩示值扳手检查每根锚杆螺母预紧力，预紧力必须符合作业规程要求	《煤矿井巷工程质量验收规范》（GB 50213—2010）第九条		支护工	
8	收尾工作	清理现场，收拾工具	1. 关闭风、水阀门，将风、水管挂整齐，锚杆机具放到工作面外的安全地点，拆除工作台 2. 对遗留问题落实责任，填写验收记录			支护工	

示例五：主要通风机叶片角度调整标准作业流程

主要通风机叶片角度调整标准作业流程如附图5所示，主要通风机叶片角度调整标准作业工单见附表5。

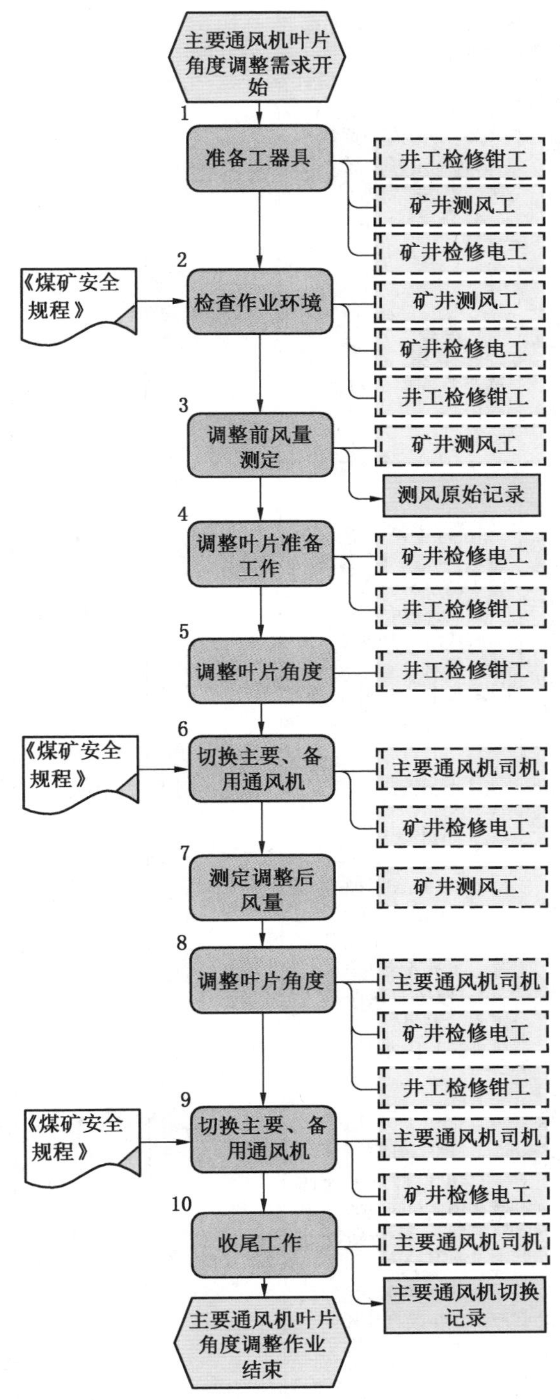

附图5 主要通风机叶片角度调整标准作业流程

附表5　主要通风机叶片角度调整标准作业工单

序号	流程步骤	作业内容	作业标准	相关制度	作业表单	作业人员	危险源及风险后果提示
1	准备工器具	1. 准备便携式甲烷检测仪、风表 2. 准备调整叶片角度专用工具、活动扳手、手锤、螺丝刀、秒表、钢卷尺、记录工具等	1. 风表开关、回零装置、指针灵敏可靠，校正曲线吻合 2. 秒表开关、指针灵敏可靠，计时准确 3. 便携式甲烷检测仪外观完好，显示正常，电压符合要求 4. 工器具齐全、完好			矿井测风工、矿井检修电工、井工检修钳工	
2	检查作业环境	检查作业地点通风及有毒、有害气体情况	1. 通风良好 2. 有毒、有害气体浓度不超限，符合相关规定	《煤矿安全规程》第一百三十五条、第一百零四条		矿井检修电工、井工检修钳工、矿井测风工	巷道支护不完好、检查不到位，顶板冒落、片帮造成人员伤害
3	调整前风量测定	1. 测风工对矿井总进风巷、总回风巷风量进行测定 2. 测风结束后，检测测风点瓦斯浓度、二氧化碳浓度、温度等 3. 测风结果相关数据填写在测风原始记录本并汇报矿调度室	1. 每个测风点至少测风3次，每次测量误差不超过5% 2. 所测风速乘校正系数或减人体断面，消除人体对风速的影响 3. 测定数据准确，汇报内容翔实		测风原始记录	矿井测风工	
4	调整叶片准备工作	1. 检修电工接到矿调度室指令后，按主要通风机检修作业流程切断备用通风机电源，向矿调度室汇报 2. 检修钳工做好调整叶片角度准备工作	1. 汇报内容准确、翔实 2. 切断备用通风机电源，电源闭锁可靠 3. 调整工作准备充分、工具齐全 4. 悬挂“线路有人工作，禁止合闸”警示牌，并挂接地线			井工检修钳工、矿井检修电工	
5	调整叶片角度	1. 按预先制定经审批的方案对备用通风机叶片角度进行调整 2. 将备用通风机固定叶片的螺栓松开，调到所需角度再拧紧 3. 检查调整的叶片角度与方案一致	1. 根据调风方案调整备用通风机叶片角度 2. 调整叶片角度准确，固定牢靠 3. 调整叶片角度时，严禁直接敲打叶片			井工检修钳工	未严格执行停送电制度，误送电，造成人员伤害或设备损坏

附表5（续）

序号	流程步骤	作业内容	作业标准	相关制度	作业表单	作业人员	危险源及风险后果提示
6	切换主要、备用通风机	1. 检修电工、主要通风机司机按标准作业流程将主要通风机切换到备用通风机 2. 观测备用通风机运行情况	1. 10 min 内完成切换 2. 备用通风机运行稳定、可靠、工况合理	《煤矿安全规程》第一百五十八条		矿井检修电工、主要通风机司机	未严格执行停送电制度,误送电,造成人员伤害或设备损坏
7	测定调整后风量	1. 备用通风机运行稳定后测定风量 2. 备用通风机运行稳定后测风工对矿井总进风巷、总回风巷风量进行测定 3. 测风结束后,检测测风点瓦斯浓度、二氧化碳浓度、温度等 4. 测风结果相关数据填写在测风原始记录本并汇报矿调度室	1. 每个测风点至少测风3次，每次测量误差不超过5% 2. 所测风速乘校正系数或减人体断面，消除人体对风速的影响 3. 测定数据准确，汇报内容翔实			矿井测风工	
8	调整叶片角度	1. 检修电工切断主要通风机供电电源 2. 检修钳工按方案要求对主要通风机进行叶片角度调整	1. 备用通风机运行稳定，风量、风压满足方案要求方可调整主要通风机叶片角度 2. 切断备用通风机电源，电源闭锁可靠 3. 调整叶片角度准确，固定牢靠			主要通风机司机、矿井检修电工、井工检修钳工	未严格执行停送电制度,误送电,造成人员伤害或设备损坏
9	切换主要、备用通风机	1. 检修电工、主要通风机司机按标准作业流程将备用通风机切换到主要通风机 2. 观测主要通风机运行情况 3. 主要通风机稳定运行后测定主要通风机风量、风压	1. 10 min 内完成切换 2. 主要通风机运行稳定、可靠、工况合理 3. 主要通风机运行风量、风压满足方案要求	《煤矿安全规程》第一百五十八条		主要通风机司机、矿井检修电工	
10	收尾工作	1. 填写主要通风机切换记录 2. 向相关部门汇报工作内容及存在问题	1. 记录准确、字迹清晰 2. 汇报工作内容翔实		主要通风机切换记录	主要通风机司机	

示例六：隔爆变压器定期检查检修标准作业流程

隔爆变压器定期检查检修标准作业流程如附图 6 所示，隔爆变压器定期检查检修标准作业工单见附表 6。

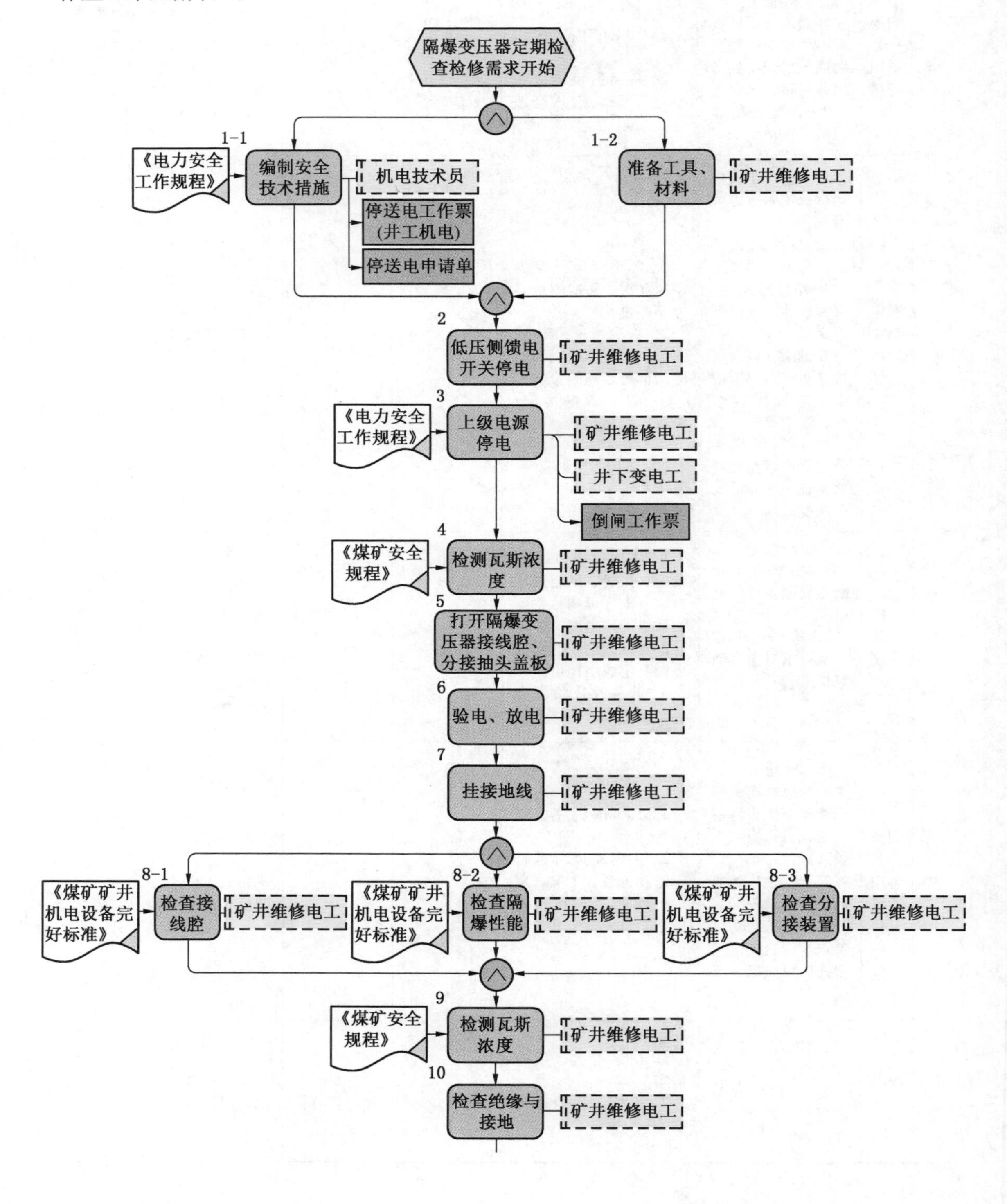

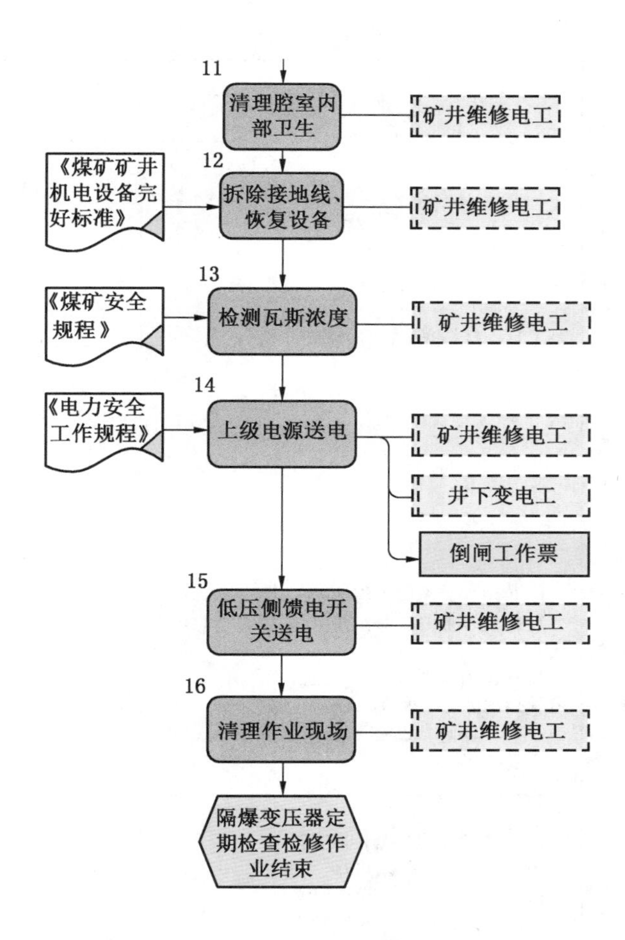

附图6　隔爆变压器定期检查检修标准作业流程

附表6　隔爆变压器定期检查检修标准作业工单

序号	流程步骤	作业内容	作业标准	相关制度	作业表单	作业人员	危险源及风险后果提示
1-1	编制安全技术措施	1. 编制、审批、学习安全技术措施 2. 办理停、送电申请单 3. 持审批后的停、送电申请单，办理停、送电工作票 4. 在生产调度会上提前通知相关单位	1. 措施编写准确可行，具有现场指导性、可操作性 2. 影响范围确认准确，单位相关领导及总工程师要签字认可 3. 停、送电申请单由主管部门签字同意后，办理停、送电工作票 4. 在生产调度会上平衡确认	《电力安全工作规程》第3.2项	停、送电申请单；停、送电工作票（井工机电）	机电技术员	

附表6（续）

序号	流程步骤	作业内容	作业标准	相关制度	作业表单	作业人员	危险源及风险后果提示
1－2	准备工具、材料	准备工具、材料：螺丝刀、扳手、塞尺、放电绳、接地线、便携式瓦斯报警仪、10 kV 高压验电器、绝缘靴、绝缘手套、绝缘台、防锈油、2500 V 兆欧表、防锈油等	工具、材料齐全，符合要求			矿井维修电工	
2	低压侧馈电开关停电	1. 汇报调度准备停电 2. 按分闸按钮，分断路器 3. 拉开隔离开关 4. 闭锁	1. 停电影响范围汇报清楚 2. 断路器断开，分闸指示灯亮 3. 隔离开关处于分闸位置，电源指示灯处于熄灭状态 4. 机械闭锁到位			矿井维修电工	停电后未进行验电、放电，造成触电事故
3	上级电源停电	1. 填写操作票 2. 核对开关编号、名称 3. 按分闸按钮，分断路器 4. 拉开隔离开关或退出小车 5. 闭锁 6. 上锁 7. 挂牌	1. 操作票填写规范，内容符合规定，停电由2人执行，一人操作，一人监护，操作时必须唱票复诵，每项操作监护人在操作票有关栏内打“√” 2. 停电的开关编号与名称相符 3. 断路器断开，分闸指示灯亮 4. 通过观察窗观察，确认隔离开关处于分闸位置或小车退出到位 5. 机械闭锁到位 6. 锁具完好，保证隔离开关或小车不能合闸 7. “有人工作，不准送电”警示牌挂在隔离开关手把处，字面向外	《电力安全工作规程》第二章第三节	倒闸工作票	矿井维修电工、井下变电工	停电时戴绝缘手套、穿绝缘靴或站在绝缘台上
4	检测瓦斯浓度	检测瓦斯浓度	便携式瓦检仪检查设备周围20 m 范围内的瓦斯浓度达到1% 时，禁止检修	《煤矿安全规程》第一百七十三条、第四百四十二条		矿井维修电工	未检查瓦斯浓度或检查不到位，造成人员伤亡，发生瓦斯爆炸

附表6（续）

序号	流程步骤	作业内容	作业标准	相关制度	作业表单	作业人员	危险源及风险后果提示
5	打开隔爆变压器接线腔、分接抽头盖板	1. 拆下接线腔盖板螺栓 2. 取下接线腔盖板 3. 拆下分接抽头上盖螺栓 4. 取下分接抽头盖板	1. 螺栓、弹垫放在专用盒内 2. 盖板防爆面朝上，放在干燥无淋水处 3. 拆下分接抽头盖板螺栓时，工具一头用绳子捆绑牢固，另一头抓紧，防止工具、螺栓掉入变压器内			矿井维修电工	未使用合格的工具器，造成设备损坏
6	验电、放电	1. 用验电器逐相对接线柱、储能元件验电 2. 放电绳一端接地，另一端对接线柱、储能元件逐相进行放电	1. 验电器与电压等级相符且完好 2. 验电时无指示、无报警，确认无电 3. 先验电源侧，再验负荷侧 4. 放电绳搭接牢固，放电完全 5. 放电绳截面积不小于 25 mm^2，连接牢固可靠			矿井维修电工	未验电、未放电或使用电压等级不相符的验电器，造成触电事故
7	挂接地线	接地线一端接地，另一端分别接在电源侧3个接线柱上	1. 接地线完好，无破皮，绝缘符合规定 2. 接地线截面积不小于 25 mm^2 3. 接地线先接接地端，后接接线柱 4. 接地线连接牢固可靠			矿井维修电工	停电后未挂接地线，突然来电时造成人员触电
8－1	检查接线腔	1. 检查电缆接线 2. 检查紧固件 3. 检查绝缘套管、绝缘座	1. 线头紧密，接线整齐无毛刺、不压绝缘层 2. 线头压紧，有平垫和弹簧垫 3. 三相动力线不能交叉，接地线芯长度要比相线长 1/3 4. 电缆护套深入接线腔距内壁 5～15 mm 5. 紧固件齐全、完好、可靠 6. 绝缘套管、绝缘座完整、无飞弧或炭化现象	《煤矿矿井机电设备完好标准》第四章第一节		矿井维修电工	

附表6（续）

序号	流程步骤	作业内容	作业标准	相关制度	作业表单	作业人员	危险源及风险后果提示
8-2	检查隔爆性能	1. 检查紧固件 2. 检查结合面 3. 检查电缆接入装置 4. 检查设备外壳	1. 紧固件齐全、完好、可靠 2. 结合面完好、无变形、无锈蚀，定期涂防锈油 3. 法兰式的进线嘴压紧胶圈后一般用单手扳动喇叭嘴上下左右晃动时，喇叭嘴无明显晃动为准；螺旋式喇叭嘴最少啮合扣数不得低于6扣，拧紧程度一般用单手三指用力右旋不超过1/3扣为合格 4. 凡有电缆压线板的电器，引入、引出电缆必须用压线板压紧，压紧后电缆的直径压缩量不得大于10% 5. 线嘴压紧要有余量，余量不小于1 mm，线嘴应平行压紧，两压紧螺栓扣入差应不大于5 mm 6. 密封圈内径与电缆外径差小于1 mm，密封圈的分层侧在接线时向里 7. 外表清洁、无污垢、无变形、无锈蚀，完整、无裂痕	《煤矿矿井机电设备完好标准》第四章第一节		矿井维修电工	
8-3	检查分接装置	1. 检查分接线板 2. 检查压紧螺母、联片	1. 分接线板无灼烧痕迹，无松动 2. 压紧螺母、联片紧固，无变色痕迹			矿井维修电工	
9	检测瓦斯浓度	检测瓦斯浓度	便携式瓦检仪检查设备周围20 m范围内的瓦斯浓度达到1%时，禁止作业	《煤矿安全规程》第一百七十三条、第四百四十二条		矿井维修电工	
10	检查绝缘与接地	1. 检测一、二次侧绝缘 2. 使用放电绳对接线柱放电 3. 检查接地装置	1. 一、二次侧绝缘符合要求 2. 放电绳搭接牢固，放电完全 3. 接地装置符合规定	《煤矿矿井机电设备完好标准》第四章第一节		矿井维修电工	
11	清理腔室内部卫生	1. 检查腔室内工具 2. 清理腔室内卫生 3. 清洗油污部位	1. 腔室内无遗留工具 2. 腔室内无铜丝、杂物 3. 腔室内各部位无油污			矿井维修电工	未清理或清理不干净，设备检修不完好或工具配件丢入设备内造成设备损坏

附表6（续）

序号	流程步骤	作业内容	作业标准	相关制度	作业表单	作业人员	危险源及风险后果提示
12	拆除接地线、恢复设备	1. 拆除接地线 2. 隔爆面涂抹防锈油 3. 恢复接线腔、分接抽头盖板 4. 检测隔爆面间隙	1. 接地线先拆接线柱端，后拆接地端 2. 防锈油涂抹均匀 3. 螺栓上满扣，穿透螺丝孔螺栓露出1～3个螺距 4. 螺栓、螺母、弹垫、平垫齐全、紧固可靠，完好 5. 隔爆面间隙不大于0.5 mm	《煤矿矿井机电设备完好标准》第四章第一节		矿井维修电工	
13	检测瓦斯浓度	检测瓦斯浓度	便携式瓦检仪检查设备周围20 m范围内的瓦斯浓度达到1%时，禁止送电	《煤矿安全规程》第一百七十三条、第四百四十二条		矿井维修电工	
14	上级电源送电	1. 填写操作票 2. 取下停电警示牌 3. 取下锁具 4. 解除机械闭锁 5. 合隔离开关或摇进小车 6. 按合闸按钮，合断路器	1. 操作票填写规范，内容符合规定，送电由2人执行，一人操作，一人监护，操作时必须唱票复诵，每项操作监护人在操作票有关栏内打“√” 2. 停电牌放置到合适位置 3. 锁具放置到合适位置 4. 机械闭锁退出到位 5. 通过观察窗观察，确认隔离开关处于合闸位置或小车摇进到位 6. 合闸指示灯亮	《电力安全工作规程》第二章第三节	倒闸工作票	矿井维修电工、井下变电工	1. 人员误操作，造成人员触电 2. 送电操作前未使用绝缘用具，设备漏电造成触电事故
15	低压侧馈电开关送电	1. 核实停电线路上无其他检修人员作业 2. 合隔离开关 3. 按合闸按钮，合断路器 4. 送电完毕向调度汇报	1. 无人作业时，方可送电 2. 隔离开关处于合闸位置，电源指示灯亮 3. 合闸指示灯亮 4. 检修人员汇报调度已经送电			矿井维修电工	
16	清理作业现场	1. 填写检修记录 2. 清点工具 3. 清扫现场卫生	1. 检修记录填写清晰，内容无缺项 2. 工具齐全 3. 作业环境整洁、无杂物			矿井维修电工	

示例七：主立井信号工信号操作标准作业流程

主立井信号工信号操作标准作业流程如附图7所示，主立井信号工信号操作标准作业工单见附表7。

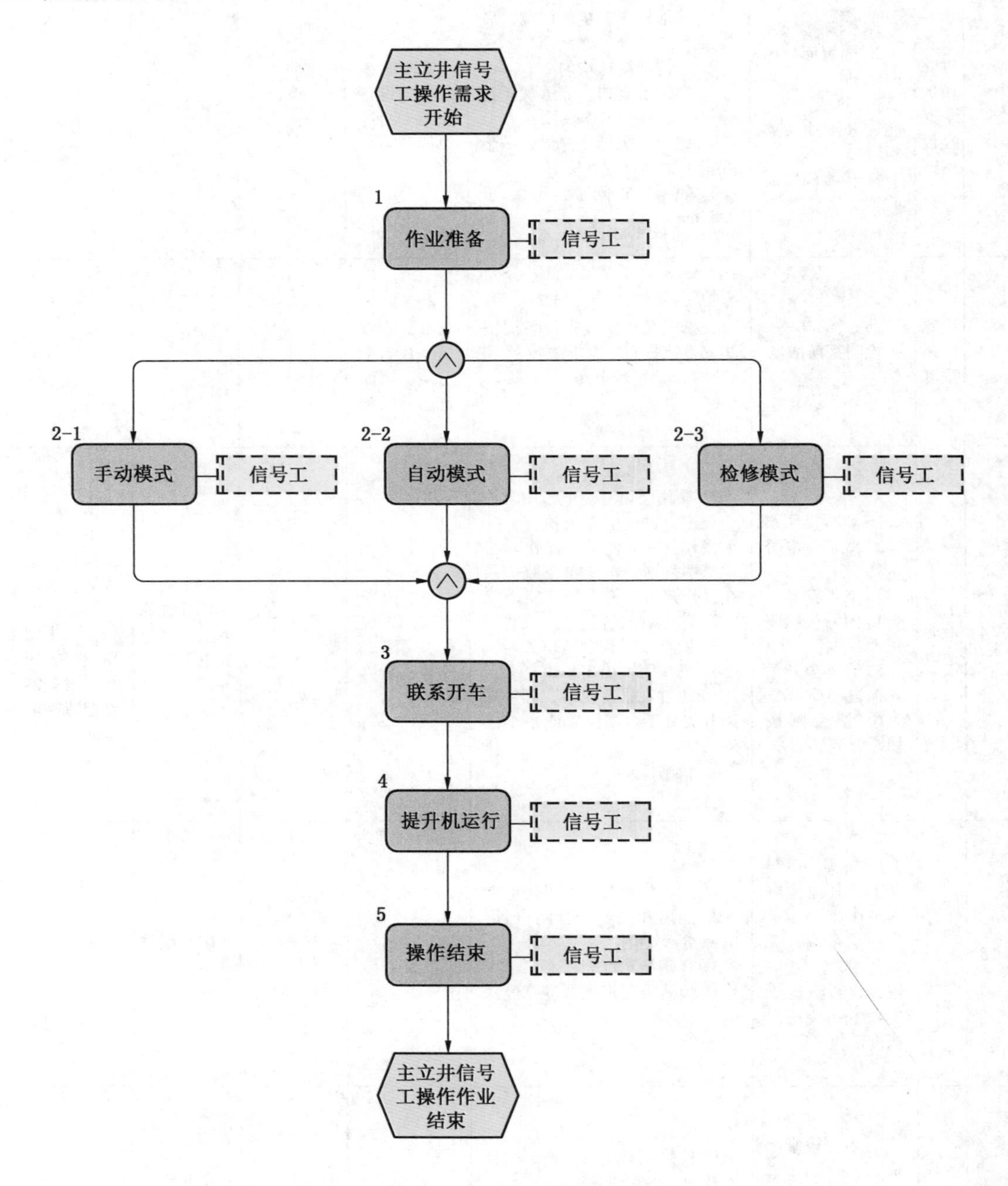

附图7　主立井信号工信号操作标准作业流程

附表7　主立井信号工信号操作标准作业工单

序号	流程步骤	作业内容	作业标准	相关制度	作业表单	作业人员	危险源及风险后果提示
1	作业准备	根据工作需要选择运行模式	运行模式选择恰当			信号工	
2-1	手动模式	手动操作顺序为箕斗到位—自动打停车信号—按“闸门开”按钮定量斗装煤—按“闸门关”按钮停止装煤—发开车信号—箕斗离开—按“给煤机开”按钮给煤—重量达到设定值自动关给煤机	按手动模式顺序安全操作			信号工	
2-2	自动模式	自动模式下将自动执行手动模式步骤	按自动模式运行			信号工	
2-3	检修模式	将钥匙开关选择为检修模式	检修模式下操作同“手动模式”			信号工	检修模式下系统无闭锁，存在危险性，除检修时间和处理特殊故障情况不得使用
3	联系开车	1. 井上下信号工联系 2. 发开车信号	联系确认后发出开车信号			信号工	
4	提升机运行	提升机按选择模式运行	运行正常			信号工	
5	操作结束	观察提升情况	设备及操作面板指示灯运行正常，按下紧急停车按钮			信号工	

示例八：处理带式输送机跑偏标准作业流程

处理带式输送机跑偏标准作业流程如附图8所示，处理带式输送机跑偏标准作业工单见附表8。

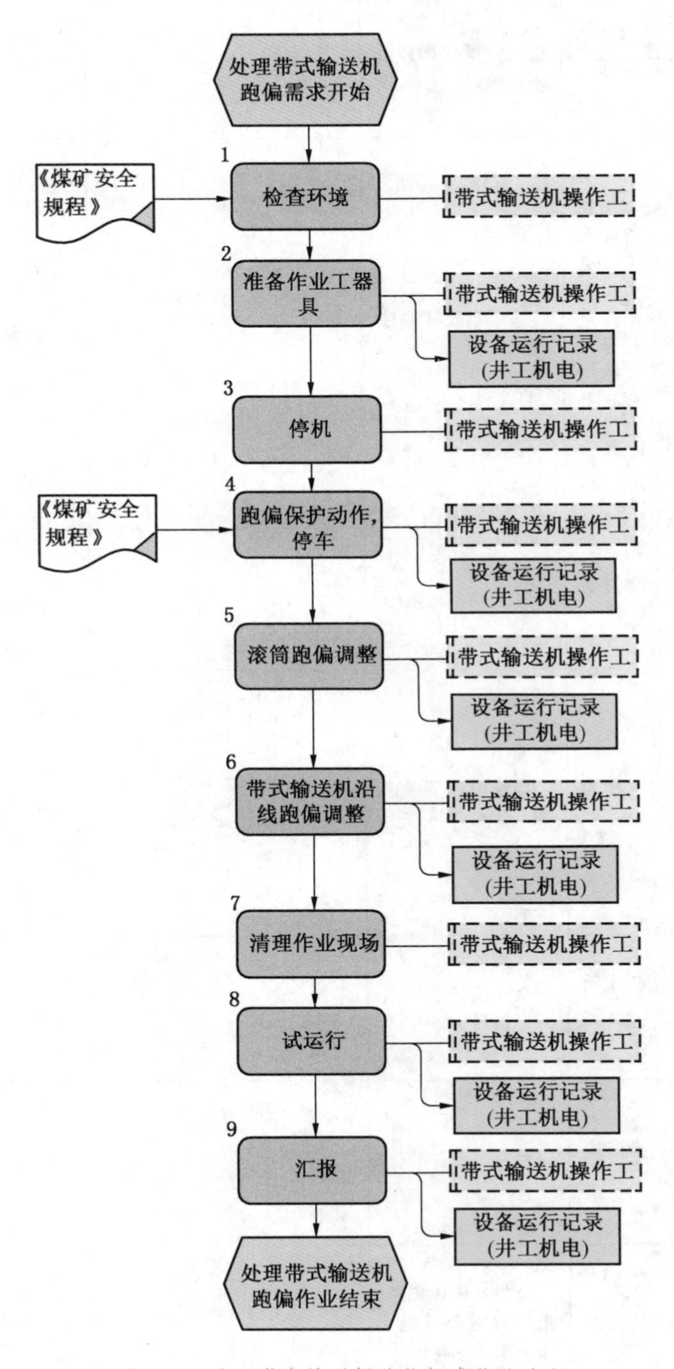

附图8　处理带式输送机跑偏标准作业流程

附表8　处理带式输送机跑偏标准作业工单

序号	流程步骤	作业内容	作业标准	相关制度	作业表单	作业人员	危险源及风险后果提示
1	检查环境	1. 检查作业地点有毒、有害气体，氧气浓度情况 2. 检查顶板	1. 气体浓度符合相关规定要求 2. 巷道支护完整	《煤矿安全规程》第一百三十五条		带式输送机操作工	
2	准备作业工器具	准备手锤、撬杠、大锤、扳手、木垫板、带式输送机卡子、钉扣机、螺丝刀等	齐全、完好		设备运行记录（井工机电）	带式输送机操作工	
3	停机	带式输送机停机、闭锁、上锁、挂警示牌	闭锁按钮可靠，锁具完好			带式输送机操作工	停机前未拉空带式输送机，带式输送机重载导致无法启动或发生断带事故
4	跑偏保护动作，停车	1. 检查跑偏保护动作原因 2. 检查跑偏保护安装位置	1. 安装在距离机头、机尾10～15 m处，坡度变化时，安装在变坡位置处 2. 带式输送机防跑偏传感器安装正确	《煤矿安全规程》第三百七十四条	设备运行记录（井工机电）	带式输送机操作工	严禁在带式输送机运转中调整跑偏
5	滚筒跑偏调整	调整滚筒	1. 滚筒表面不粘料，包胶完好 2. 安装位置准确，平行度合适		设备运行记录（井工机电）	带式输送机操作工	

附表8（续）

序号	流程步骤	作业内容	作业标准	相关制度	作业表单	作业人员	危险源及风险后果提示
6	带式输送机沿线跑偏调整	1. 调整托辊，缓慢垫高跑偏方向另一侧的托辊支架，垫高数以第一个垫起的托辊为准，“跑高不跑低”规律 2. 检查托辊表面粘料 3. 检查落料 4. 检查机架平直 5. 检查输送带接头 6. 检查水煤、张紧压力	1. 托辊安装正确，托辊完好 2. 表面无粘料 3. 落料位置正确 4. 机架平直 5. 重做接头 6. 减少水量，张紧压力正常		设备运行记录（井工机电）	带式输送机操作工	1. 严禁进入防护设施内清理 2. 登高作业必须系好安全带
7	清理作业现场	1. 清点工器具 2. 清理卫生	1. 齐全完好，无遗漏 2. 干净整洁			带式输送机操作工	
8	试运行	1. 开机前检查人员是否撤至安全区域 2. 询问机尾、沿线是否允许启车 3. 摘牌，开锁，解除闭锁 4. 发出开车信号 5. 按下起动按钮	1. 确认人员撤离 2. 允许启动 3. 闭锁拔起到位 4. 预警信号符合规定 5. 按钮灵活、可靠		设备运行记录（井工机电）	带式输送机操作工	
9	汇报	1. 填写记录 2. 向上级汇报处理情况	1. 字迹清晰、准确，无涂改，无缺项 2. 汇报及时准确		设备运行记录（井工机电）	带式输送机操作工	

示例九：测风标准作业流程

测风标准作业流程如附图9所示，测风标准作业工单见附表9。

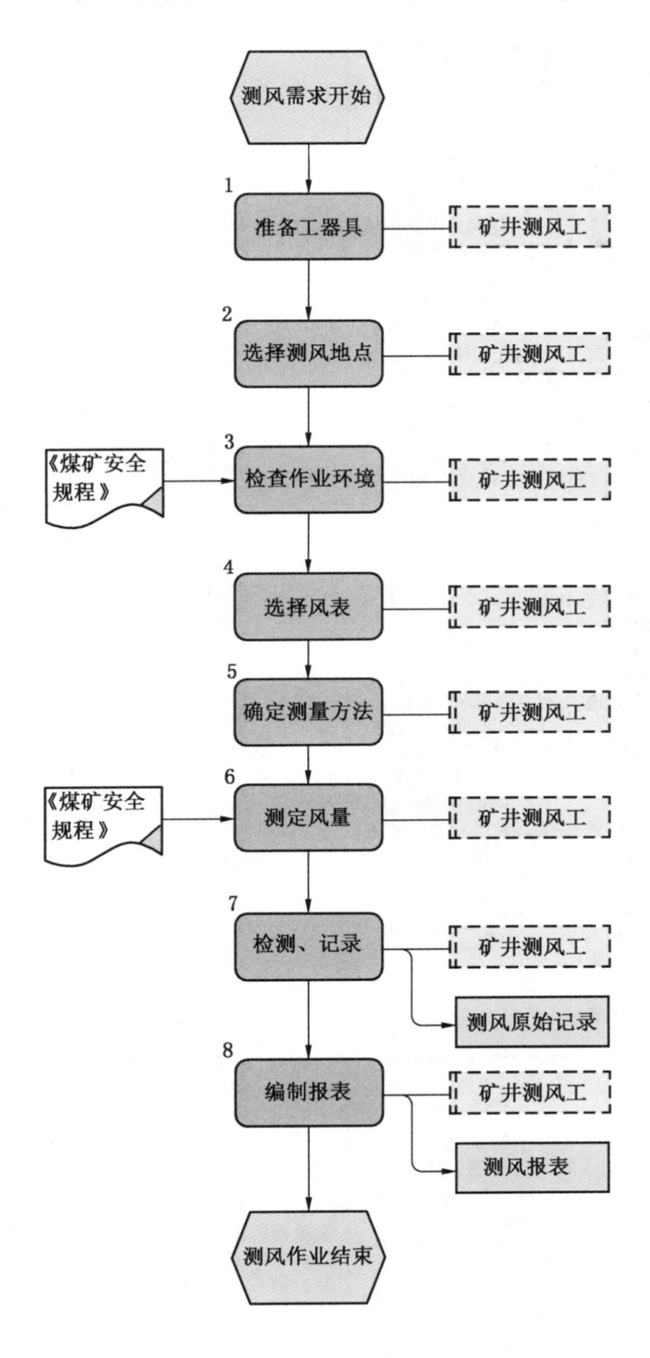

附图9　测风标准作业流程

附表9　测风标准作业工单

序号	流程步骤	作业内容	作业标准	相关制度	作业表单	作业人员	危险源及风险后果提示
1	准备工器具	1. 准备便携式甲烷检测报警仪、便携式氧气报警检测仪、便携式一氧化碳报警检测仪、便携式光学甲烷检测仪、测距仪、气压计、风速表、秒表等 2. 准备钢卷尺、温度计、记录工具等	1. 风表开关、回零装置、指针灵敏可靠，校正曲线吻合；检查仪器的校验日期是否过期 2. 秒表的开关、指针灵敏可靠，计时准确 3. 便携式光学甲烷检测仪部件完整，电（气）路畅通，气密完好，光谱清晰 4. 携带的测距仪发出的光线清晰，电量充足 5. 空盒气压计无破损，量程符合要求 6. 工器具齐全、完好			矿井测风工	
2	选择测风地点	1. 回采工作面风量在进、回风巷测定 2. 根据需要测定掘进工作面风量、掘进巷道风量、局部通风机风量、局部通风机所在巷道全风压风量等 3. 各硐室风量，应在硐室的回风侧进行测量 4. 矿井、采区进回风测应在测风站进行 5. 主要通风机风量测定在主要通风机扩散器出口布置测点 6. 测风地点巷道断面积计算	1. 在测风站测风，无测风站地点测风选择巷道断面规整、无片帮、空顶、无障碍物和前后 10 m 内无拐弯直线巷道内测定 2. 断面积按矩形巷道、梯形巷道、半圆拱形巷道、三心拱形巷道断面积计算公式计算			矿井测风工	
3	检查作业环境	1. 检查作业地点通风及有毒、有害气体情况 2. 检查作业地点巷道支护完好情况 3. 检查作业地点运输设备运行情况	1. 通风良好 2. 有毒、有害气体浓度不超限，符合相关规定 3. 巷道支护完好，无漏顶，无片帮 4. 作业环境无杂物，无淤泥，无积水 5. 作业地点无胶轮车、矿车等运行	《煤矿安全规程》第一百三十五条、第一百零四条		矿井测风工	1. 未检查或检查不到位，贸然进入缺氧或有毒、有害气体超限的地点作业，易造成人员窒息、中毒 2. 巷道支护不完好，检查不到位，易造成顶板冒落、片帮伤人

附表9（续）

序号	流程步骤	作业内容	作业标准	相关制度	作业表单	作业人员	危险源及风险后果提示
4	选择风表	测量地点风速超过 10 m/s 时选用高速风表；风速在 0.5 ~ 10 m/s 时，选用中速风表；风速在 0.5 m/s 以下时选用微速风表	根据测量风速，选择合适风表			矿井测风工	
5	确定测量方法	1. 定点法：右手持风表将手臂向风流垂直方向伸直，手臂和身体胸面成 105° ~ 110°，测风时，风表距巷帮 0.2 ~ 0.3 m；巷道断面积在 10 m^2 以上时测 120 s，巷道断面积为 4 ~ 10 m^2 时测 60 s 2. 路线法：风表在测风断面内按规定线路、规定时间（60 s、120 s）内匀速移动，根据断面大小分四线法、六线法和迂回八线法	1. 定点法测风按规定时间、测点数量逐点测量 2. 路线法测风根据断面选择四线法、六线法和迂回八线法			矿井测风工	
6	测定风量	1. 测风前，风表计数器指针回零，风表叶轮转动 30 s 左右后，启动风表计数器和秒表测定 2. 测风工在测风断面内背靠巷道壁站立，持风表手臂向风流垂直方向伸直，风表叶片迎向风流并与风流垂直，断面内按线路均匀移动，测定结束时，同时关闭风表与秒表	1. 每个测点测风 3 次以上，每次测量误差不超过 5% 2. 所测风速乘校正系数或减人体断面，消除人体对风速的影响 3. 根据测得风速、断面面积计算风量，测得风速乘巷道断面积即得通过该断面的风量值	《煤矿安全规程》第一百三十六、一百三十八条		矿井测风工	测定风量不准确，作业地点风量分配不均，配风不足，导致瓦斯及有害气体超限，易造成瓦斯事故
7	检测、记录	1. 测风结束后，检测测风点瓦斯浓度、二氧化碳浓度、一氧化碳浓度、气压、温度及相关数据 2. 测风相关数据及日期、姓名填写在测风地点记录牌板和测风原始记录本上	检测数据准确，填写规范，记录清晰		测风原始记录	矿井测风工	
8	编制报表	各个测风点风速、风量、温度、瓦斯等数据及时整理编制报表	报表数据准确、规范，符合相关要求		测风报表	矿井测风工	

示例十：防火密闭施工标准作业流程

防火密闭施工标准作业流程如附图10所示，防火密闭施工标准作业工单见附表10。

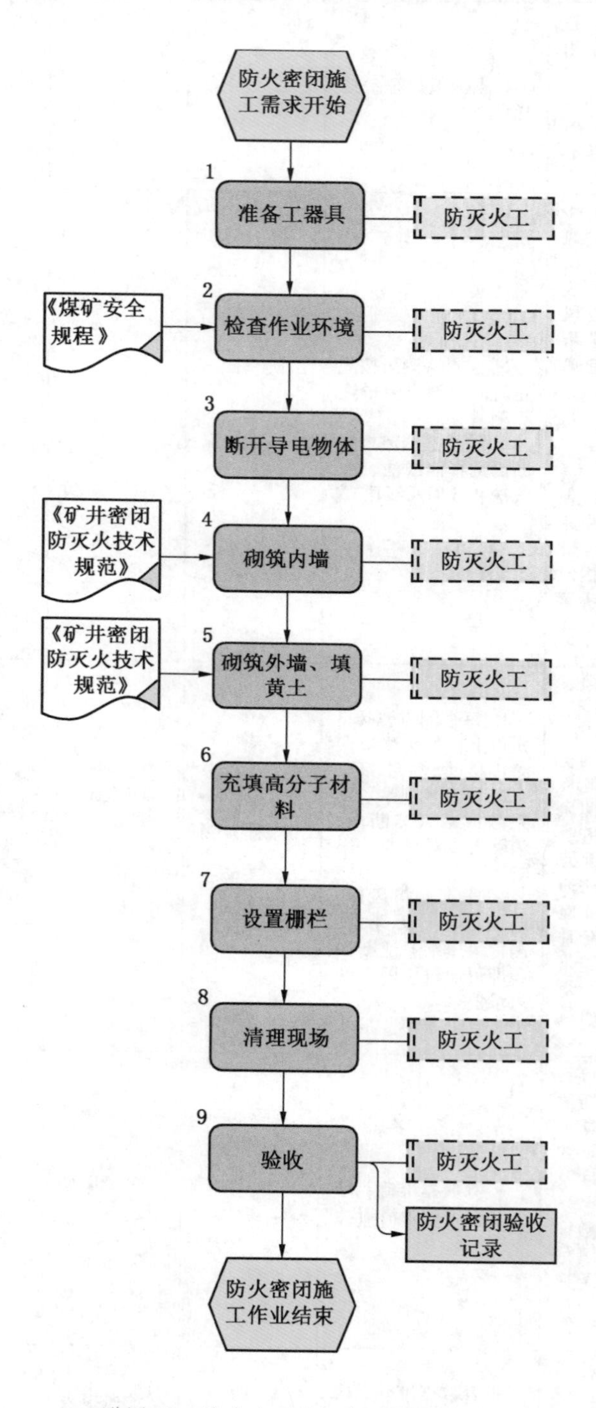

附图10　防火密闭施工标准作业流程

附表10　防火密闭施工标准作业工单

序号	流程步骤	作业内容	作业标准	相关制度	作业表单	作业人员	危险源及风险后果提示
1	准备工器具	1. 准备便携式氧气、一氧化碳、甲烷检测报警仪 2. 准备风动工具、敲帮问顶工具、铁锹、大铲、水桶、软管、断线钳、扳手等	工器具齐全完好			防灭火工	
2	检查作业环境	1. 检查作业地点通风及有毒、有害气体情况 2. 检查作业地点巷道支护情况	1. 通风良好 2. 有毒、有害气体不超限，符合规定要求 3. 巷道支护良好，无漏顶，无片帮 4. 作业地点无杂物，无淤泥，无积水	《煤矿安全规程》第一百零四条、第一百三十五条		防灭火工	1. 未检查或检查不到位，贸然进入缺氧或有毒、有害气体超限的地点作业，易造成人员窒息、中毒 2. 巷道支护不完好、检查不到位，易造成顶板冒落、片帮伤人
3	断开导电物体	断开密闭施工巷道内外相连的轨道、金属网、管路、电缆等导电物体	1. 隔绝导电物体，防止杂散电流导入 2. 必要时设置警示标识			防灭火工	未隔绝导电物体，杂散电流导入，易造成瓦斯爆炸
4	砌筑内墙	1. 墙体四周掏槽 2. 拌料 3. 用料石或砖砌筑 4. 按设计要求设置观测孔、措施孔、放水孔、溢流孔、束管保护管	1. 煤巷底槽深度见实煤 0.2 m，两帮槽深见实煤 0.5 m，顶部深度见实煤 0.3 m，掏槽宽度大于墙厚 0.3 m，岩巷见硬底、硬帮 2. 水泥砂浆搅拌均匀，配比满足要求 3. 砌墙竖缝错开，横缝水平，排列整齐，砂浆饱满，墙两面用细灰砂浆勾缝或抹平，墙面平整，无裂缝、空缝和重缝 4. 内墙底板 2/3 处设置直径大于 0.025 m 的检测孔，离底板高度 0.3 m 处安装直径大于 0.05 m 的放水管，顶部安设直径大于 0.1 m 的防灭火管路并将管路延伸到外墙外，封堵严实			防灭火工	基槽施工质量不符合规定，出现通风设施施工质量不符合要求，不能及时发现瓦斯等有害气体涌出、超限，造成缺氧窒息、有害气体中毒、瓦斯燃烧或爆炸等

附表10（续）

序号	流程步骤	作业内容	作业标准	相关制度	作业表单	作业人员	危险源及风险后果提示
5	砌筑外墙、填黄土	1. 外墙墙体四周掏槽 2. 根据砌墙进度，由下向上充填黄土 3. 墙体抹面 4. 观测管、措施孔管路设置阀门	1. 内、外墙间距符合设计及有关规定 2. 外墙砌筑按照内墙施工标准 3. 黄土湿润，逐层夯实，填到顶板最高处 4. 墙体四周不少于 0.2 m 的裙边，严密不漏风，墙厚不少于 0.8 m 5. 抹面厚度大于 0.01 m，墙面平整，每平方米凹凸不超过 0.01 m 6. 措施孔、检测孔阀门关闭严密，放水管（反水池）水流畅通，无漏风			防灭火工	防火密闭质量不符合规定瓦斯等，有害气体涌出、超限，造成缺氧窒息、有害气体中毒、瓦斯燃烧或爆炸等
6	充填高分子材料	1. 将密闭上方留设的防灭火管路与注高分子泵连接 2. 根据高分子材料配合比例，调配高分子材料，并将吸入管插入调配好的高分子材料 3. 启动高分子泵，向两道密闭空隙处注入高分子材料	1. 两道密闭之间空隙，充填高分子材料 2. 高分子材料配比符合规定 3. 两道密闭之间顶部空隙注满，从溢流孔溢出为止			防灭火工	罗克休未充满，密闭泄漏瓦斯，导致瓦斯积聚造成瓦斯事故
7	设置栅栏	密闭施工完毕后，设置栅栏、警标、密闭管理牌板	栅栏距离全负压通风巷道口 1～2 m，栅栏呈方格网状，网孔规格 0.2 m×0.2 m，高度不小于 1.6 m。牌板内容完善、字迹清晰			防灭火工	未及时对密闭、栅栏、警示牌、瓦斯等有害气体进行检查导致人员误入，造成有害气体中毒窒息，防火墙没有编号，发现灾情无法确定灾情地点
8	清理现场	回收设备、材料，清理杂物	设备、材料码放到指定位置，现场无杂物			防灭火工	
9	验收	对施工质量进行验收，并填写记录	1. 施工质量，符合相关规定 2. 记录清晰、翔实		防火密闭验收记录	防灭火工	防火密闭质量不符合规定，瓦斯等有害气体涌出、超限，造成缺氧窒息、有害气体中毒、瓦斯燃烧或爆炸等。

参 考 文 献

[1] 胡必刚，刘劲松．华为能，你也能：IPD重构产品研发［M］．北京：北京大学出版社，2015.

[2] 王贤胜．流程与制度［J］．粘接，2012，33（12）：32－32.

[3] 刘方畅．标准作业程序在信息系统维护中的应用初探［J］．电脑编程技巧与维护，2015，(19)：15－16.

[4] 何尚森，汤家轩．研发岗位标准作业流程 促进煤矿人工智能发展［J］．中国煤炭，2019，45（4）：19－24.

[5] 武蒙．煤制天然气项目采购业务流程优化与再造浅析［J］．化工管理，2019（29）：15－16.

[6] 石真语．管理就是走流程：没有规范流程，管理一切为零［M］．北京：人民邮电出版社，2014.

[7] 梁红霞，CFP图．人字旁的自动化与生产的准时化：解析丰田的生产方式［J］．品质：文化，2008(8)：24－27.

[8] 杜洁，张静，田广．中国企业有了自己的SOP［EB/OL］．(2012－01－05)［2020－06－20］．http：//finance. china. com. cn/roll/20120105/462260. shtml.

[9] 全面推行《煤矿岗位标准作业流程》，逐步提高煤矿安全生产管理水平［EB/OL］．(2014－06－14)［2020－06－22］．https：//wenku. baidu. com/view/426f4b69f111f18582d05a31. html.

[10] 盖琦琪．无锡市中小制造企业核心竞争力识别、培育与再造［J］．现代营销（下旬刊)，2019，8(6)：234－235.

[11] 范铭．基于价值链的煤炭企业管理会计报告体系研究［D］．西安：西安科技大学，2018.

[12] 张超，沈平．基于流程管理的组织优化设计［J］．中外企业家，2015（31）：73.

[13] 业务流程的分类问题和边界问题［EB/OL］．(2014－08－13)［2020－06－22］．https://wenku. baidu. com/view/1f10418949649b6648d747ea. html.

[14] 高清福，李启发．煤矿岗位标准作业流程管理系统研究与设计［J］．煤炭工程，2017，49（Z2）：50－52.

[15] 王书敏．架构式车联网中切换问题的研究［D］．沈阳：东北大学，2013.

[16] 姜天笑．浅谈科技查新工作中的5W1H分析法［J］．情报探索，2011（5)：100－101.

[17] 许前进．美国的系统管理学派及其价值［D］．广州：华南师范大学，2009.

[18] 赵香媄．基于系统管理理论的中国大学治理结构研究［D］．天津：天津大学，2014.

[19] 李庆梅．“大建设”体系下重庆电网建设项目管理模式研究［D］．重庆：重庆工商大学，2013.

[20] 王盛铭．煤矿安全风险预控管理体系与煤矿岗位标准作业流程融合研究［J］．煤炭工程，2019，51(4)：152－156.

[21] 曾照凯．大柳塔煤矿岗位标准作业流程的认识与实践［J］．陕西煤炭，2016，35（S1)：134－138.

[22] 罗维．国务院印发《中国制造2025》全面推进制造强国战略［J］．上海金属，2015，37（04）：69.

[23] 机器人库．工业4.0：第四次工业革命即将到来［EB/OL］．(2016－04－13)［2020－06－22］．https://m. sohu. com/a/69118313_371013.

[24] 张乃琳．第四次工业革命，来了？［J］．中国机电工业，2014（8)：64－68.

[25] 彭俊松．工业4.0的五大核心特征［EB/OL］．(2016－11－22)［2020－06－22］．https://book. 51cto. com/art/201611/522474. htm.

[26] 王喜文．从德国工业4.0战略看未来智能制造业［J］．中国信息化，2014（15)：8－9.

[27] 杨娜，刘晓欧．微动画的人机互动技术与表现形式［J］．美术教育研究，2016（1)：105.

[28] 李云志．“工业4.0”时代的管理架构研究［J］．管理观察，2014（24)：95－96.

[29] 刘爱冰，胥富元．工业4.0：制造业生产率增长的未来［J］．物联网技术，2016，6（1)：5－7.

[30] 王健．从全球制造业变革看工业4.0的提出［J］．世界科学，2014（6）：5－7.

[31] 徐星辰．探析计算机人工智能技术的发展及应用［J］．科学与财富，2018（29）.

[32] 多智时代．互联网＋、工业4.0和AI＋，主要有什么区别？［EB/OL］．（2018－06－21）［2020－06－22］．http://www.duozhishidai.com/article－2384－1.html.

[33] 廖义桃．人工智能产业的应用场景和发展模式［EB/OL］．（2019－05－10）［2020－06－22］．https://news.mbalib.com/story/246325.

[34] 王国法，王虹，任怀伟，等．智慧煤矿2025情景目标和发展路径［J］．煤炭学报，2018，43（2）：295－305.

[35] 矿山建设网．智慧矿山建设的必要性［EB/OL］．（2018－07－19）［2020－06－23］．www.sohu.com/a/242031049_823383.

[36] 伊志宣．数字化矿山技术发展及展望［J］．矿业工程，2014，12（2）：59－61.

[37] 王国法，王虹，任怀伟，等．智慧煤矿2025情景目标和发展路径［J］．煤炭学报，2018，43（2）：295－305.

[38] 矿山建设网．智慧矿山基本架构、定义及建设目标生产［EB/OL］．（2020－03－12）［2020－06－23］．www.sohu.com/a/379586716_823383.